跟NVIDIA學
深度學習

跟NVIDIA學深度學習

跟NVIDIA學深度學習

Learning Deep Learning: Theory and Practice of Neural Networks, Computer Vision, Natural Language Processing, and Transformers Using TensorFlow

感謝您購買旗標書，記得到旗標網站
www.flag.com.tw
更多的加值內容等著您…

- FB 官方粉絲專頁：旗標知識講堂
- 旗標「線上購買」專區：您不用出門就可選購旗標書！
- 如您對本書內容有不明瞭或建議改進之處，請連上旗標網站，點選首頁的 聯絡我們 專區。

若需線上即時詢問問題，可點選旗標官方粉絲專頁留言詢問，小編客服隨時待命，盡速回覆。

若是寄信聯絡旗標客服 emaill，我們收到您的訊息後，將由專業客服人員為您解答。

我們所提供的售後服務範圍僅限於書籍本身或內容表達不清楚的地方，至於軟硬體的問題，請直接連絡廠商。

學生團體　訂購專線：(02)2396-3257 轉 362
傳真專線：(02)2321-2545

經銷商　服務專線：(02)2396-3257 轉 331
將派專人拜訪
傳真專線：(02)2321-2545

國家圖書館出版品預行編目資料

跟 NVIDIA 學深度學習！從基本神經網路到 CNN・RNN・LSTM・seq2seq・Transformer・GPT・BERT，紮穩機器視覺與大型語言模型 (LLM) 的開發基礎/Magnus Ekman 著；哈雷 譯. -- 初版. -- 臺北市：旗標科技股份有限公司, 2024.01　面；　公分

譯自：Learning Deep Learning：Theory and Practice of Neural Networks, Computer Vision, Natural Language Processing, and Transformers Using TensorFlow

ISBN 978-986-312-776-5(平裝)

1.CST: 神經網路 2.CST: 人工智慧 3.CST: 自然語言處理 4.CST: Python(電腦程式語言)

312.83　　112021329

作　　者／Magnus Ekman
翻譯著作人／旗標科技股份有限公司
發 行 所／旗標科技股份有限公司
台北市杭州南路一段15-1號19樓
電　　話／(02)2396-3257(代表號)
傳　　真／(02)2321-2545
劃撥帳號／1332727-9
帳　　戶／旗標科技股份有限公司
監　　督／陳彥發
執行企劃／張根誠
執行編輯／張根誠
美術編輯／林美麗
封面設計／林美麗
校　　對／張根誠

新台幣售價：880 元
西元 2024 年 6 月 初版 3 刷
行政院新聞局核准登記-局版台業字第 4512 號
ISBN 978-986-312-776-5

推薦序 Foreword

人工智慧 (Artificial intelligence, AI) 在過去十年進展飛快，為了讓 AI 知識普及化，這本書來的正是時候。

Magnus Ekman 的著作凝聚了他在 AI 領域公認領導者 NVIDIA 積累的豐富知識，能為對 AI 領域有興趣的新手提供全方位的指導。本書由淺至深，從反向傳播等重要基礎知識到 NLP 領域最先進的 GPT 模型架構都有詳盡的介紹。

資料、演算法、運算設備，是人工智慧三要素；不管是 ImageNet 挑戰賽提供的大規模資料集，還是能提供平行處理能力的 NVIDIA GPU，都是大型神經網路的推手。現在大型模型的參數可達數十億甚至數兆個，建構和維護大型架構將成為 AI 工程師的必備技能。本書以獨到的方式，深入探討了建構大型模型的基礎知識。

此外，我個人認為，每位 AI 從業者都有責任思考 AI 在各層面對社會造成的影響。社群網站上的大量騷擾、仇恨言論和錯誤資訊表明，設計不當的演算法會對社會造成嚴重破壞。性別陰影 (Gender Shades) 專案和 Stochastic Parrots 等開創性研究均指出，大規模商業化的 AI 模型多存在嚴重偏見。我個人主張在適當的指導方針和測試到位之前，禁止將 AI 用於敏感任務 (例如執法部門以 AI 進行臉部辨識)。最後，希望 AI 社群能邁向光明、包容的未來。

Anima Anandkumar 博士
加州理工學院 Bren Professor
NVIDIA 機器學習研究總監

推薦序 Foreword

目前各行各業毫無疑問地都受到 AI 的影響，不管居家 / 辦公，車子 / 手機上、旅行、溝通、購物、金融、甚至吸收新知，都離不開 AI。

我是個經濟學家；在從事技術教育工作之前，我以完善的框架教授學生和專業人士如何了解這個世界、並做出決策。Magnus Ekman 在本書提供的深度學習 (Deep Learning) AI 知識，其實就跟經濟學家在多變的世界中做預測的方法差不多，因為深度學習就是一門研究如何根據周遭資料做出最佳判斷的技術。

作為 NVIDIA 的教育和培訓部門，深度學習機構 (Deep Learning Institute, DLI) 的存在是為了幫助個人和組織加深對深度學習的理解，進而找出更具開創性的解決方案。本書是完美的培訓補充教材，開門見山直奔主題，作者 Ekman 一開始將重點放在感知器、多種人工神經元、深度神經網路 (DNN) 等重要基礎，有條理地拆解層層交疊的概念，然後一路講到 Transformer、BERT、GPT 等先進的自然語言處理 (NLP) 模型。

本書是探索深度學習世界的絕佳起點。深度學習是什麼？它是如何開發的？它如何影響這個多變的世界？Ekman 用單刀直入的方式來說明，令人耳目一新。讀者可藉此思考未來深度學習可能帶我們走向何方。挺熱血的對吧？這就是為何我這個經濟學家認為本書生逢其時的原因。

Craig Clawson 博士

NVIDIA 深度學習機構 (DLI) Director

關於本書 How to Read This Book

本書從深度學習底層知識說起，循序漸進，最後以最先進的 Transformer、GPT 模型做結。以下是各章的大致內容：

- **第 1～2 章**：很多人接觸深度學習 (Deep Learning)，往往一下就栽進 tf.Keras、PyTorch 等框架工具，的確，即使沒有深刻理解神經網路的底層細節，也可以一下子就進行實作，但若想打好底子，從底層以及相關演算法扎實學習絕對是正確的選擇！因此，我們將利用 1～2 章來介紹神經網路的底層細節，包括人工神經元的基礎 (Ch01)，以及梯度下降法、反向傳播 (Ch02) 等神經網路底層演算法。

  這兩章免不了會有一些數學公式，若真的對數學苦手，先簡單瀏覽過這些底層知識也無妨，第 3 章會改用深度學習框架工具 tf.Keras 來處理底層細節。

- **第 3～4 章**：第 3 章開始會搬出 Tensorflow.Keras (本書簡稱 tf.Keras) 這個深度學習框架工具，用簡潔的 Python 程式碼快速建構神經網路模型。這兩章是建構、調校多層神經網路的基礎，範例包括經典的辨識手寫數字，以及用 CNN (卷積神經網路) 模型辨識飛機、車、鳥、貓…等機器視覺相關主題。

  請務必跟著這兩章紮穩建構多層模型的基礎，因為很多基礎的技術，例如密集層的正規化 (normalization) 做法，或者 CNN 當中的跳接 (skip connection) 機制、遷移學習…等，都會被往後一些先進的模型 (例如 Transformer) 所採用。

- **第 5～9 章**：這幾章將帶讀者踏入自然語言處理 (Natural Language Processing, NLP) 領域，自從 ChatGPT 爆紅之後，NLP 一直是深度學習的熱門研究話題。第 5 章會先從 RNN / LSTM 神經網路介紹起，雖然它們問世已有一段時間，現今一些先進的 NLP 或許不會用它們來建構，但由它們衍生出來的 hidden state (隱藏狀態) 概念可說是重中之重。請務必跟著本章好好熟悉它，以便能跟後續章節順利銜接上。

  這幾章會帶讀者用 Colab 雲端開發環境 ＋ tf.Keras 實作多國語言翻譯模型、Auto-Complete 文字自動完成模型…等範例。從處理原始文字訓練資料 → 切割資料集 → 建構模型 → 模型調校、優化，從頭到尾示範一遍，帶你紮穩大型語言模型 (LLM) 的建模基礎。

  第 5～9 章的內容環環相扣，尤其從第 5 章開始觸及 NLP 模型之後，次一章的模型幾乎都是為了解決前一章模型的特定問題所產生的。希望這種層層舖墊的方式能讓您深刻理解各技術的脈絡，進而看懂 Transformer、GPT 等最先進的神經網路技術！

- **附錄**：收錄多個延伸學習主題，包括多模態學習 (multi-modal learning)、多任務學習 (multi-task learning)、神經網路自動化調校 (network tuning) 等主題。

下載本書範例程式

Download Samples

讀者可以從底下的網址下載本書的範例程式，並參考本書最後的**附錄 D** 了解如何在 Google 的 Colab 開發環境開啟範例來使用：

https://www.flag.com.tw/bk/st/F4391

日後若程式需要異動時 (如 tf.Keras 改版或程式除錯)，我們也會公布在上述網址。

要提醒的是，範例程式均依賴 Python + tf.Keras 深度學習框架工具撰寫而成。建議讀者要有基本的 Python 程式設計能力，才有辦法自行修改範例程式。若此時才剛開始學寫程式，最好在閱讀本書的同時多花點時間磨練 Python 程式設計的功力。

關於作者 About the Authors

Magnus Ekman 擁有資訊工程博士學位與多項專利，現為 NVIDIA 的架構總監。他於 1990 年代後期首次接觸人工神經網路、親身體會進化計算的威力後，開始鑽研計算機架構，並與妻兒遷往矽谷居住。他曾在昇陽電腦和 Samsung Research America 從事處理器設計和研發，並與他人合夥創辦了兩間公司。他目前在 NVIDIA 領導一個工程團隊，開發自駕車、人工智慧 (AI) 資料中心專用的高效能、低功率 CPU。

由於深度學習這幾年在 NVIDIA 的 GPU、CUDA 技術的推動下成長飛快，Ekman 博士發現自己任職的公司已從電腦影像巨擘逐漸轉型為深度學習重要推手。為貢獻一己之力，他挑戰自己極限，亦步亦趨地跟隨該領域的最新進展。他在編寫本書時，亦與提供 AI 和資料科學培訓工作的 NVIDIA 深度學習機構 (Deep Learning Institute, DLI) 合作 (https://www.nvidia.com/zh-tw/training/)。DLI 預計將此書內容納入現有的線上自學課程、講師現場指導工作坊、教育計劃套件中，他本人對此深感欣慰。

致謝 / Acknowledgements

在此向所有成書過程協助過我的人，表達最誠摯的謝意：

- Eric Haines 將本書從頭讀到尾，並在閱讀過程中不時提供指導和回饋，有你這樣一位知音兼討論夥伴，無價。
- 感謝 Ankit Patel 和 Amanda Lam 對我的信任，即使與我素昧平生，也肯多花時間思考如何出版。感謝你們找到最適合的出版商，並感謝 Jenny Chen 制定了合作協議；合約方面有專業團隊代勞，我才能專注於本書內容編撰上。
- 感謝 Nick Cohron、Orazio Gallo、Boris Ginsburg、Samuli Laine、Ryan Prenger、Raul Puri、Kevin Shih、Sophie Tabac 對本書內容提供專業回饋與評論，進一步提昇本書水準。
- 感謝 Aaron Beddes、Torbjörn Ekman 率先閱讀本書草稿並提供寶貴意見，讓我更有底氣與上述專家交流。
- 感謝 Anders Landin、Feihui Li、Niklas Lindström、Jatin Mitra、Clint Olsen、Sebastian Sylvan、Johan Överby 從草稿和範例程式中抓出各種問題。
- 感謝 Andy Cook 提出將本書與 NVIDIA 深度學習機構 (DLI) 的工作聯繫起來的可能性。
- 感謝 Anima Anandkumar 和 Craig Clawson 撰寫前言。

- 感謝 Debra Williams Cauley、Carol Lallier、Julie Nahil、Chuti Prasertsith、Chris Zahn 等 Pearson 出版社所有參與出版過程的人。

- 感謝在我萌生出書念頭時就給予我支持的 Darrell Boggs，以及一同支持甚至協助牽線找人的 NVIDIA 同事 Tomas Akenine-Möller、Anima Anandkumar、Jonathan Cohen、Greg Estes、Sanja Fidler、David Hass、Brian Kelleher、Will Ramey、Mohammad Shoeybi 等人，無他們的幫助，本書不可能誕生。

- 感謝學術界眾多前輩的協助。雖然本書將重點放在如何以軟體框架來實現多種模型，但這些模型都是研究者的心血結晶，若無前人發表與撰寫相關參考資料，本書不可能面世。我已盡力列出所有參考文獻。

最後，我要感謝我的妻子 Jennifer 與兩個孩子 Sebastian 和 Sofia，感謝他們的體諒，讓我能抽空撰寫本書。我還要感謝我們家的狗 Babette 和貓 Stella，第 4 章的圖片分類樣本用的就是牠們的照片。

目錄 Contents

Chapter 01 從感知器看神經網路的底層知識

Chapter 02 梯度下降法與反向傳播

Chapter 03 多層神經網路的建立與調校

Chapter 04 用卷積神經網路 (CNN) 進行圖片辨識

Chapter 05 用循環神經網路 (RNN、LSTM…) 處理序列資料

Chapter 06 自然語言處理的重要前置工作：建立詞向量空間

Chapter 07

用機器翻譯模型熟悉 seq2seq 架構

Chapter 08 認識 attention 與 self-attention 機制

Chapter 09

Transformer、GPT 及其他衍生模型架構

Appendix A 延伸學習 (一)：多模態、多任務...等模型建構相關主題

Appendix B 延伸學習 (二)：自動化模型架構搜尋

Chapter

1

從感知器看
神經網路的底層知識

很多人接觸深度學習 (Deep Learning)，往往一下就栽進 tf.Keras、PyTorch 等框架工具來學習建模的手法。的確，即使沒有深刻理解神經網路的底層細節，也可以一下子就進行實作，但若想打好底子，從底層以及相關演算法扎實學習絕對是正確的選擇。為此，我們將利用前兩章來介紹神經網路的底層細節，包括人工神經元的基礎 (Ch01)，以及**梯度下降法**、**反向傳播** (Ch02) 等大名鼎鼎的神經網路底層演算法。這一章我們先從最早的人工神經元 - **感知器** (perceptron) 模型看起。

1-1 最早的人工神經元 - Rosenblatt 感知器

1-1-1 認識感知器

Rosenblatt 在 1957 年用電腦實作了最早的感知器模型，感知器是一種人工神經元 (artificial neuron)，是模仿下圖的生物神經元運作原理而成：

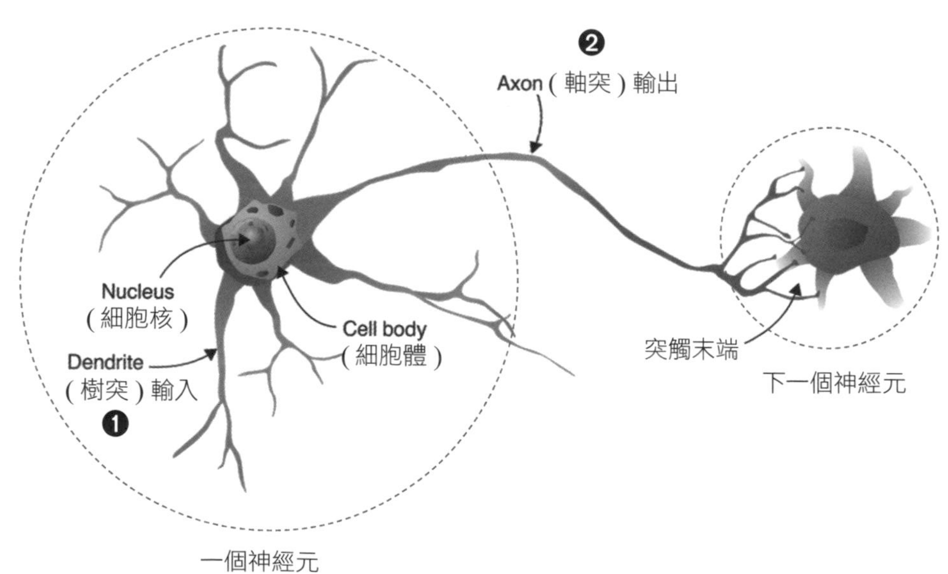

▲ 圖 1-1：生物神經元（出處：Glassner, A., Deep Learning: From Basics to Practice, The Imaginary Institute, 2018.）

如圖 1-1 所示，生物神經元是由多條**樹突**(dendrite)、**細胞體**與一條**軸突**(Axon)所組成。**樹突** ❶ 是輸入端、**軸突** ❷ 是輸出端，神經元之間則經由**突觸**(Synapse)來連接。當神經元從樹突接收強度超過一定幅度的刺激訊號，神經元就會被激活(或稱觸發)，然後將刺激訊號由軸突輸出，並藉由突觸傳輸到其他神經元的樹突(輸入端)。

小編補充

- **樹突**(Dendrite)：輸入端。
- **軸突**(Axon)：輸出端。
- **突觸**(Synapse)：神經元間傳輸電及化學訊號的機制，接下來要介紹的感知器 (人工神經元) 不會用到這一部份。

而感知器正是模仿上述結構，由**多組輸入、計算單元、單一輸出**組成。各組輸入 (包括**偏值** (bias)，後述) 均有對應的權重 (weights)。典型的感知器如圖 1-2 所示：

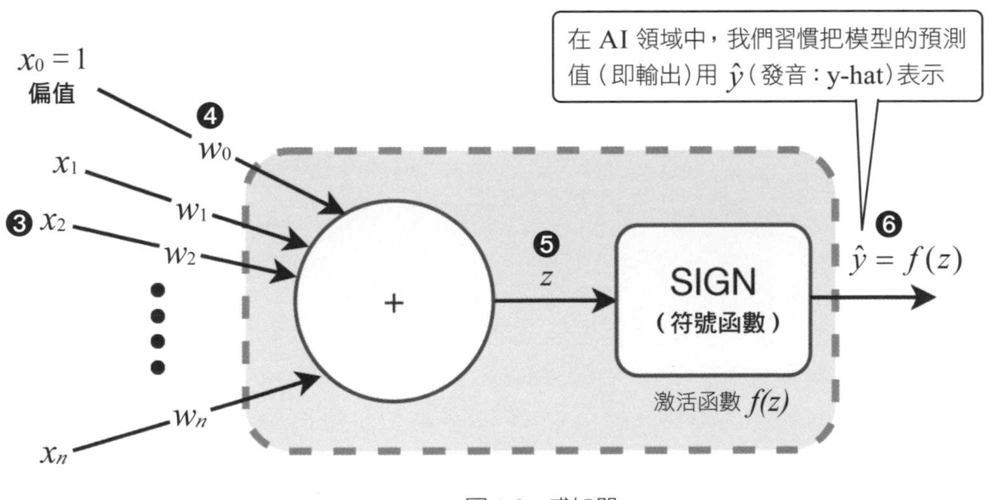

▲ 圖 1-2：感知器

前面提到感知器屬人工神經元之一，而上頁圖所看到的人工神經元的輸入與輸出大致對應生物神經元的樹突 (輸入) 和軸突 (輸出)，一般會將多個輸入以 x_0、x_1、⋯、x_n ❸ 表示（x_0 為**偏值** (bias)，其值固定為 1)，各輸入均有對應權重（w_i，$i = 0,\cdots,n$)，稱為**輸入權重** ❹。而偏值 x_0 雖固定為 1，但其對應權重 w_0 則與其他權重無異，都是一般的實數值。輸入值 x_i 得先乘上相應權重 w_i 才進入神經元的計算單元相加，相加的結果為 z **加權和** (weighted sum) ❺，接著將 z 代入**激活函數** $f(z)$ 輸出結果 $\hat{y}$ ❻。

不同的神經元有不同的激活函數，例如**感知器**這種神經元其激活函數為**符號函數**（sign function，即正負號函數)，其行為如圖 1-3 所示，若輸入加權和大於或等於 0，則輸出 1，否則輸出 -1：

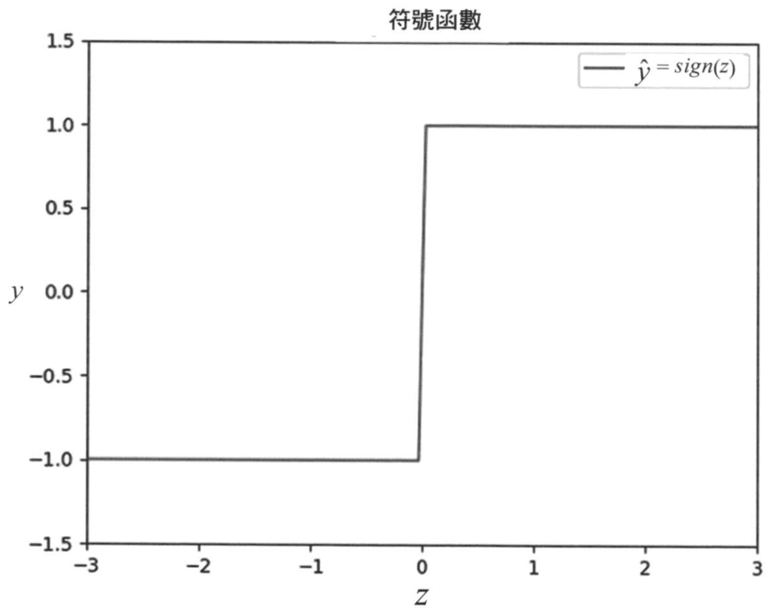

▲ 圖 1-3：符號（正負號）函數圖形。此處的 z 為輸入的加權和，當 $z \geqq 0$, $sign(z) = 1$，當 $z < 0$, $sign(z) = -1$

整個符號函數的運作可用以下的數學式子表示：

$$\hat{y} = sign(z), \text{ where}$$

$$z = \sum_{i \quad 0}^{n} w_i x_i$$

$$sign(z) = \begin{cases} -1, & z < 0 \\ 1, & z \geq 0 \end{cases}$$

$$x_0 = 1 \text{ (偏值項)}$$

公式 1-1

1-1-2 用 Python 實作感知器的運算

來看個例子吧！**書附範例 Ch01 / 1-1-perceptron_learning.ipynb** 內的程式 1-1 是用 Python 定義一個 compute_output() 函式，可以用來計算感知器的輸出值。傳入的參數 w 和 x 都是一個向量，其中 x 向量的第 0 元素 x[0] 為偏值，其值固定為 1。

▼ 程式 1-1：定義「計算感知器輸出值」的函式

```
# 向量 x 第 0 元素須為 1
# 感知器如果有 n 組輸入則需搭配元素數為 n+1 的 w 與 x 向量，因為多了 1 個偏值
def compute_output(w, x):
    z = 0.0
    for i in range(len(w)):
        z += x[i] * w[i]   ← 計算輸入加權和 z
    if z < 0:
        return -1
    else:
        return 1
```

套用符號函數 (sign function)（標示 if z < 0 至 return 1 四行）

註 前言已提醒讀者 Python 非學不可。若還不熟，參考旗標出版的眾多 Python 書籍或者 Python 線上教學都來得及。

有了計算輸出值的函式後，帶入實際的數值計算看看。假設有一個雙輸入外加一偏值的感知器，也就是這個感知器有 3 個輸入值，分別是 x_0、x_1、x_2，別忘了偏值項 x_0 的值永遠是 1，因此實際上能變動的輸入值只有兩個。假設 3 個輸入值對應的 3 個權重項依序為 $w_0 = 0.9$、$w_1 = -0.6$、$w_2 = -0.5$，如圖 1-4 所示：

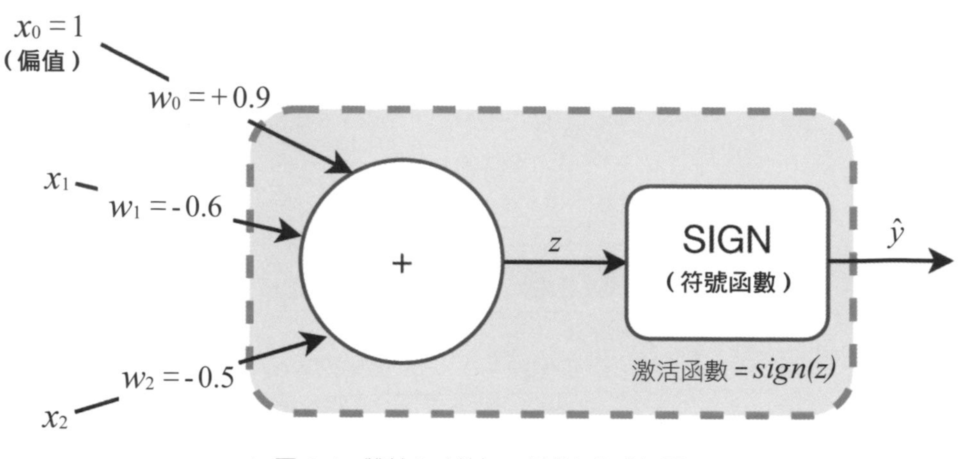

▲ 圖 1-4：雙輸入（外加一偏值）的感知器

先觀察感知器對不同輸入組合的反應。讀者可在 Google Colab 線上開發環境（Colab 的用法請見附錄 D）執行程式 1-1，然後在 compute_output() 函式內代入上述的 w 值，並任意指定 x 的值，再執行看看函式的輸出為何。為簡化起見，我們假設兩輸入值 x_1、x_2 不是 -1.0 就是 1.0，會有 4 種輸入組合，4 種輸入組合的計算結果如下：

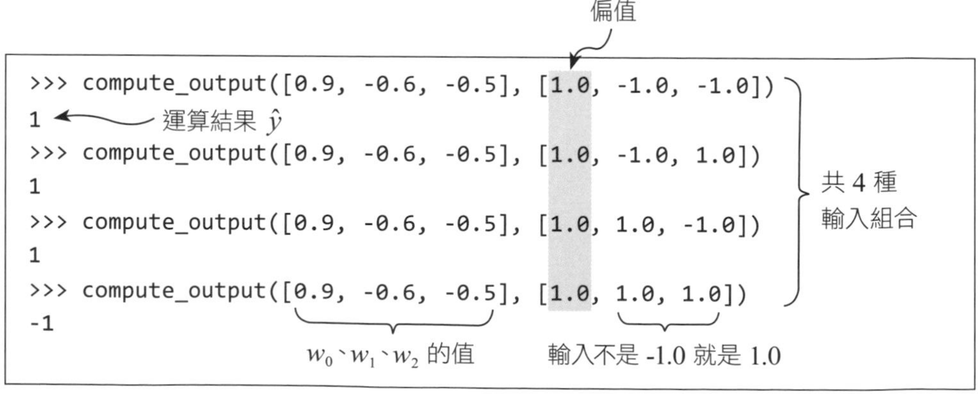

```
>>> compute_output([0.9, -0.6, -0.5], [1.0, -1.0, -1.0])
1
>>> compute_output([0.9, -0.6, -0.5], [1.0, -1.0, 1.0])
1
>>> compute_output([0.9, -0.6, -0.5], [1.0, 1.0, -1.0])
1
>>> compute_output([0.9, -0.6, -0.5], [1.0, 1.0, 1.0])
-1
```

我們將 4 種組合的結果整理在表 1-1，進一步探討感知器的行為：

▼ 表 1-1：雙輸入感知器對不同輸入值的反應

輸入值			乘上權重			加權和 = 符號函數的輸入	符號函數的輸出
x_0	x_1	x_2	$w_0{}^*x_0$	$w_1{}^*x_1$	$w_2{}^*x_2$	z	$\hat{y}$
1	−1 (False)	−1 (False)	0.9	0.6	0.5	2.0	1 (True)
1	-1 (False)	1 (True)	0.9	0.6	−0.5	1.0	1 (True)
1	1 (True)	−1 (False)	0.9	−0.6	0.5	0.8	1 (True)
1	1 (True)	1 (True)	0.9	−0.6	−0.5	−0.2	−1 (False)

* 註：輸入、輸出值非 -1 即 1，故亦可被視為二元邏輯值(True/False)。

表 1-1 詳列了 4 種不同輸入組合 (x_1, x_2) 的值、各自乘上權重的值、加權和 z、以及套用激活函數 sign(z) 後的輸出結果 $\hat{y}$。若將其中的 −1、+1 代換為邏輯值 False、True 後，可發現感知器 (人工神經元) 的運作方式跟 NAND 邏輯閘差不多！然而此發現令人喜憂參半，首先，花了大把力氣將一堆 NAND 閘組合一個感知器模型，就能實現任何二元邏輯函數 (**編註**：任何邏輯電路均可由 NAND 閘組成)，此為喜也；但即使花了大把力氣，得到的一樣是只能輸出 −1、+1 兩種結果的邏輯閘，此為憂也。

然而感知器跟一般邏輯閘之間還是有決定性的差異，使得前者比後者更能發揮驚人威力。先簡單列出幾點：

- 感知器雖也可接受任一實數輸入，但輸出僅限二元值，然而比感知器更進步的神經元則可輸出任一(有限範圍)實數。

- 目前的簡單感知器僅用雙輸入便能實現基本邏輯閘；而本書後面的神經網路會具備比典型邏輯閘多更多的輸入口，實現遠比 AND、NAND 和 OR 更複雜的功能。

- 神經網路只要搭配適合的演算法，便能自動從訓練樣本學習，調整參數以適配樣本，甚至可以進一步掌握資料的關鍵特徵，進而「普適」到樣本以外的資料。

1-1-3 訓練感知器模型

目前的感知器模型就只是對 x_1、x_2 輸入做 NAND 運算然後輸出，它並不具備任何學習能力，接著就來看如何對模型進行訓練。

訓練感知器模型的最終目標就是找到最佳的 (w_0, w_1, w_2) 權重配置，採用的是典型的**監督式學習(supervised learning)**，在訓練過程中必須將訓練資料輸入到模型(也就是感知器)，同時準備好正確答案(簡稱**正解(ground truth)**)以便和模型的輸出做比對。這就好比教練向模型提出問題並給予解答，期望模型能理解問題(輸入)與解答(輸出)之間的關聯，逐漸進步。

訓練模型用的就是所謂的**訓練資料集(training data set)**，如下例：

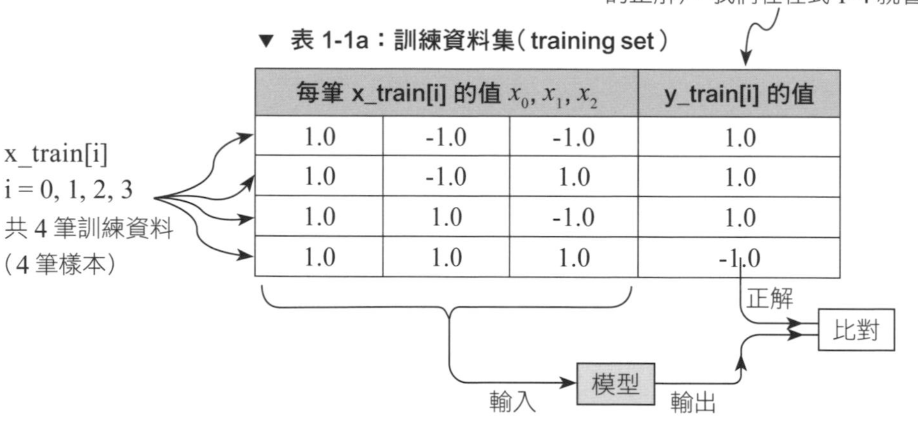

▼ 表 1-1a：訓練資料集(training set)

每筆 x_train[i] 的值 x_0, x_1, x_2			y_train[i] 的值
1.0	-1.0	-1.0	1.0
1.0	-1.0	1.0	1.0
1.0	1.0	-1.0	1.0
1.0	1.0	1.0	-1.0

擬定訓練模型的演算法

表 1-1 的輸出值是以假定的 (w_0, w_1, w_2) 權重所算出來的，這組權重不見得是最佳的配置，為此設計了以下演算法使感知器根據表 1-1a 的訓練資料來調整權重，目標是讓感知器的輸出值能與正解相同：

步驟 1 以隨機值初始化權重。

步驟 2 隨機選取一筆輸入 x_train[i] 和與其對應的正解(正確答案) y_train (即表 1-1a 的一列資料)。

步驟 3 將該筆輸入的值，例如：x_0、x_1、x_2 送入感知器，用 compute_output() 函式計算輸出 p_out。

步驟 4 若輸出 p_out 與正解 y_train 不同，則照以下方式調整權重：

a. 若 p_out < 0，則 w_i 各加上 ηx_i。(**編註**：若 p_out < 0 卻與正解 y_train 不同，則正解 y_train 必為 1，所以讓 w_i 的值加上 ηx_i，使加權和 z 值由負往正的方向走，希望使 p_out 變成 1)

b. 若 p_out > 0，則 w_i 各減去 ηx_i。(**編註**：若 p_out > 0 卻與正解 y_train 不同，則正解 y_train 必為 −1，所以讓 w_i 的值減去 ηx_i，使加權和 z 值由正往負的方向走，希望使 p_out 變成 −1)

將 a、b 合併可寫成 $w_i = w_i + \text{y\_train} * \eta * x_i$，這個公式的巧思在於把調幅多乘上 y_train，主要是利用 y_train 非 −1 即 +1 的值來控制調幅該增該減，這樣就可以僅用一個公式就滿足 a、b 兩種情況，這個公式將在程式 1-4 用到。

步驟 5 重複 **步驟 2**、**步驟 3**、**步驟 4**，直到感知器能正確預測所有樣本為止。

但以上步驟並不保證能調整出一組能算出正解的權重 $w[i]$。感知器的能力相當有限，只有當輸入與正解間的關聯相當簡單，並存在一組權重解使感知器能對所有樣本預測出正確答案時，學習演算法才能收斂，否則 **步驟 1** ～ **步驟 5** 可能再怎麼跑也跑不出結果(無法收斂)。演算法收斂速度是以**學習率** η 控制，這是獨立於演算法之外的超參數，η 可設成例如 0.1 等任意常數 (**編註**：一般我們稱 $w[i]$ 為權重參數，這是模型訓練時真正要調整的部份，本書目前將它簡稱為權重，而權重之外的參數，例如學習率，則稱為**超參數**)。感知器的權重可簡單初始化為 0，但更複雜的神經網路這樣做會出問題，一般建議用隨機值來初始化 $w[i]$。

開始訓練

現在就用 Python 來實作前頁所擬定的演算法，完整程式如**書附範例 Ch01 / 1-1-perceptron_learning.ipynb** 內的程式 1-2～程式 1-4 所示。程式 1-2 先匯入 random 亂數生成函式庫 ❶，再設定訓練樣本 ❷ 並初始化感知器權重 ❸：

▼ **程式 1-2：範例初始化**

```
import random  # 匯入亂數產生函式庫，在程式 1-4 會用到 ❶

def show_learning(w):  # 顯示目前 w 向量的內容
    print('w0 =', '%5.2f' % w[0], ', w1 =', '%5.2f' % w[1],
          ', w2 =', '%5.2f' % w[2])

# 設定訓練過程所需的控制變量
random.seed(7) # 固定亂數種子，方便重現結果
LEARNING_RATE = 0.1
index_list = [0, 1, 2, 3] # 設定索引以便隨機排序，在程式 1-4 會用到

# 設定訓練樣本 ❷
x_train = [(1.0, -1.0, -1.0), (1.0, -1.0, 1.0),
    (1.0, 1.0, -1.0), (1.0, 1.0, 1.0)] # 輸入
y_train = [1.0, 1.0, 1.0, -1.0] # 正解

# 初始化感知器權重 ❸
w = [0.2, -0.6, 0.25]

# 顯示權重初始值
show_learning(w)
```

注意！這是由 tuple 組成的 list，因此 x_train[i] 是一個 tuple，將在程式 1-4 用到

但 y_train[i]則是一純量

步驟 1 隨便設一組「亂數」**編註**：這裡是人工隨便設，並非由亂數產生

x_train 包含表 1-1a 的 4 筆輸入樣本，每一筆樣本各含 3 數值，排最前面的必為偏值 1.0

下頁的程式 1-3 則是把程式 1-1 的 compute_output() 函式搬過來用，要用它對每組 x_train 計算一個 p_out 預測值：

▼ **程式 1-3：與程式 1-1 相同的計算感知器輸出值函式**

```
# 向量 x 第 0 分量是偏值，須為 1
# 感知器若有 n 個輸入需搭配元素數為 n+1 的 w 與 x，因為還有一個偏值
def compute_output(w, x): ← 步驟 3 做的事
    z = 0.0
    for i in range(len(w)):
        z += x[i] * w[i] # 計算輸入加權和
    if z < 0: # 套用符號函數 (sign function)
        return -1
    else:
        return 1
```

程式 1-4 如下所示。程式中的感知器訓練迴圈呈巢狀結構，**內層 for 迴圈** ❹ 會以隨機順序 ❺ 走訪 4 筆訓練樣本，逐一計算 p_out 預測值 ❻。若預測值與正解 *y* (即對應的正解 y_train[i]) 不符 ❼，則用公式調整權重 ❽，並顯示更新後的值 ❾。由於 *y* 值非 −1 即 +1，前述權重調整演算法的 步驟 4 最後已經精簡成直接加上「調幅乘以 *y*」即可 (底下的 if 區塊內，就不用再以第 2 個 if 來決定 w[j] 該加還是該減 x[j])。**外層 while 迴圈** ❿ 則測試感知器是否能正確預測所有樣本的輸出，若完全正確即可結束訓練：

▼ **程式 1-4：感知器訓練迴圈**

```
# 感知器訓練迴圈
all_correct = False
while not all_correct: ← ❿ (步驟 5 做的事)
    all_correct = True
    random.shuffle(index_list)  ← ❺ (步驟 2 做的事)
❹→ for i in index_list: ← 對所有樣本做一輪訓練
        x = x_train[i]  ┐
        y = y_train[i]  ┘← x 是訓練集當中的一筆樣本 x_train[i]，
                           y 是對應的正解 y_train[i]
   (y：是一個純數字；x：是一個 tuple)

        p_out = compute_output(w, x) ← ❻
        if y != p_out:  ← ❼ (步驟 4 做的事)
            for j in range(0, len(w)):
                w[j] += (y * LEARNING_RATE * x[j]) ←
            all_correct = False   ❽ 調整所有 w[j] 的權重值，上面文字有說明為
                                  何要乘 y，而 x 是一個 tuple，所以可用 x[j]
                                  取得其中的元素值，即表 1-1a 方格內的值
            show_learning(w) ← ❾
```

編註 代號很多別搞混了喔！程式中的 p_out ❻ 就是感知器當前的預測值 $\hat{y}$，但 Python 程式並無 $\hat{y}$ 這個符號，所以我們用 p_out 來代替。而程式中的 y (也就是 y_train[i]) 則是我們希望機器能正確算出來的正解 y。

若在 Colab 逐一執行**書附範例 Ch01 / 1-1-perceptron_learning.ipynb** 內的程式 1-2～程式 1-4，輸出結果如下：

```
w0 = 0.20 , w1 = -0.60 , w2 = 0.25
w0 = 0.30 , w1 = -0.50 , w2 = 0.15
w0 = 0.40 , w1 = -0.40 , w2 = 0.05
w0 = 0.30 , w1 = -0.50 , w2 = -0.05
w0 = 0.40 , w1 = -0.40 , w2 = -0.15
```

權重的調整過程，最後一列是最後的結果

權重會從初始值一步步微調，直到對表 1-1a 的預測完全正確為止。本書大多數程式範例都採用隨機值初始化，因此讀者跑出的結果可能會與上面列的數字不同，這是正常的。

畫圖來看感知器的訓練過程

為了更清楚看出「感知器到底學到什麼？」，最後我們來繪圖看看歷次所調整出來的權重產生什麼樣的效果。

書附範例 Ch01 / 1-2-perceptron_learning_plot.ipynb 內的程式 1-5 將畫一張類似圖 1-5 的圖，這張圖的兩軸分別對應兩輸入值(x_1、x_2)，而平面上各點則依輸出值是 1.0 或 -1.0，分別標為「+」或「−」。當感知器訓練完成後，將可得到一條邊界線，這條線可將各 (x_1、x_2) 輸入值一刀切成兩邊，凡餵入一邊所在的輸入值給感知器，必輸出 −1。凡餵入另一邊所在的輸入值給感知器，必輸出 +1。

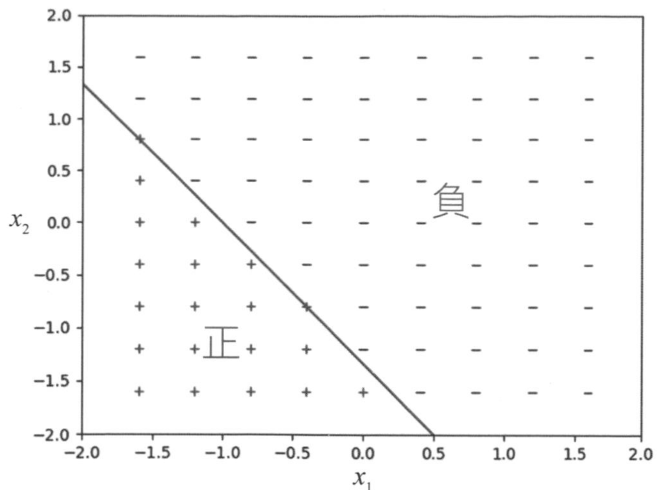

▲ 圖 1-5：繪製正、負輸出值的邊界線

熟悉圖 1-5 的表現手法後，就來繪圖觀察權重的調整過程吧！要以類似圖 1-5 的方式呈現權重調整過程，只要將前面程式 1-2 裡面的 show_learning() 函式做個擴展即可，如程式 1-5 所示：

▼ **程式 1-5：替 show_learning() 擴充繪圖功能**

```
import matplotlib.pyplot as plt
import random

# 設定繪圖所需參數
color_list = ['r-', 'm-', 'y-', 'c-', 'b-', 'g-']
color_index = 0

def show_learning(w):
    global color_index
    print('w0 =', '%5.2f' % w[0], ', w1 =', '%5.2f' % w[1],
          ', w2 =', '%5.2f' % w[2])
    if color_index == 0:
        plt.plot([1.0], [1.0], 'b_', markersize=12)
        plt.plot([-1.0, 1.0, -1.0], [1.0, -1.0, -1.0],
                 'r+', markersize=12)
        plt.axis([-2, 2, -2, 2])
        plt.xlabel('x1')
        plt.ylabel('x2')
```

繪製一個藍色底線 (表示負) 和三個紅色加號 (表示正)，並設置圖形的軸範圍、標籤

NEXT

```
    x = [-2.0, 2.0]
    if abs(w[2]) < 1e-5:
        y = [-w[1]/(1e-5)*(-2.0)+(-w[0]/(1e-5)),
             -w[1]/(1e-5)*(2.0)+(-w[0]/(1e-5))]
    else:
        y = [-w[1]/w[2]*(-2.0)+(-w[0]/w[2]),
             -w[1]/w[2]*(2.0)+(-w[0]/w[2])]
    plt.plot(x, y, color_list[color_index])
    if color_index < (len(color_list) - 1):
        color_index += 1

# 定義訓練過程的控制變量
random.seed(7) # 固定亂數種子，方便重現結果
LEARNING_RATE = 0.1
index_list = [0, 1, 2, 3] # 設定索引以便隨機排序

# 定義訓練樣本
x_train = [(1.0, -1.0, -1.0), (1.0, -1.0, 1.0),
    (1.0, 1.0, -1.0), (1.0, 1.0, 1.0)] # 輸入
y_train = [1.0, 1.0, 1.0, -1.0] # 輸出（正解）

# 初始化感知器權重
w = [0.2, -0.6, 0.25] # 隨便設一組「亂數」

# 顯示權重初始值.
show_learning(w)
```

其他繪圖相關程式非本章重點，之後可以慢慢研究，我們直接看結果

之後的範例初始化都跟程式 1-2 一樣

感知器訓練的部份跟前面的程式 1-3、程式 1-4 一樣，底下就不再列出，完整的畫圖、訓練程式可見**書附範例 Ch01 / 1-2-perceptron_learning_plot.ipynb** 內的程式 1-5。在 Google Colab 環境執行程式 1-5 所有內容後，結果如下頁圖所示。其中 3 個 + 和 1 個 − 是 4 筆（x_1、x_2）輸入值所對應的的正解。❶ 是以初始權重畫出的直線，此時尚無法正確將 + 跟 − 一刀切開；隨著權重一次次修正，一路從 ❷、❸、❹，逐步調整到能將所有 + 與 − 隔開的 ❺，訓練至此大功告成。

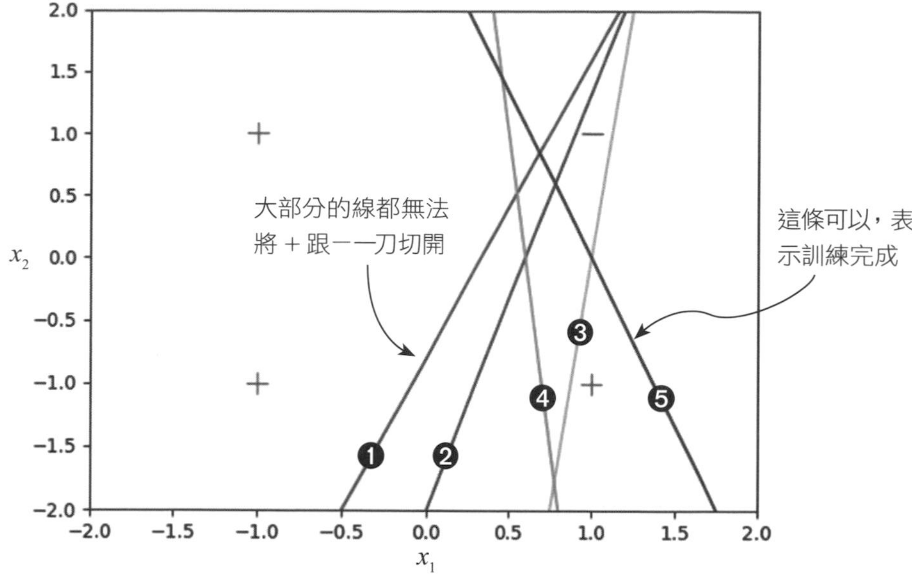

▲ 圖 1-6：兩類分界線隨學習過程的變化

1-2 增加感知器模型的能力

1-2-1 單一感知器的侷限性

感知器經過訓練後，便可將兩類資料點一刀切開，但若遇到某個無法一刀切的資料分佈該怎麼辦？例如右表的「互斥或」（XOR）邏輯閘，前例的感知器有辦法將 + (True) 與 − (False) 一刀切開嗎？

▼ 表 1-2：XOR 閘

x_1	x_2	輸出
False	False	False
False	True	True
True	False	True
True	True	False

底下兩張圖是作者用前述演算法所得的結果，為了將 + 與 − 一刀切開，多次調整權重，但怎麼切都切不開。下圖是前 6 次嘗試，下下圖則是嘗試 30 次，事與願違，永遠無法收斂：

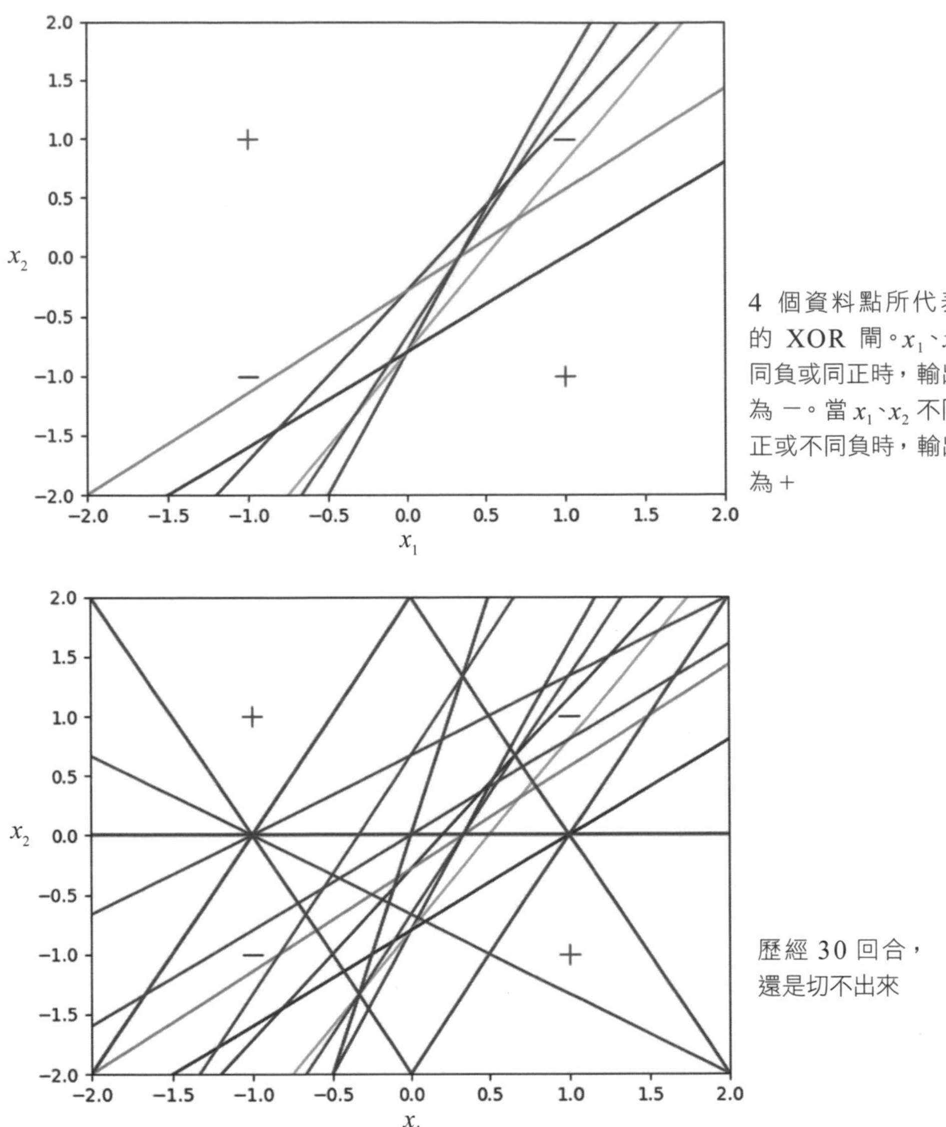

▲ 圖 1-7：感知器不斷調整權重以學習 XOR 閘的行為。
上圖：嘗試 6 回合。下圖：嘗試 30 回合

這樣的分佈當然無法用直線一刀切，而這也是單一感知器的缺陷，當兩輸入數值分佈可在二維平面被一刀切開，才能用感知器進行線性分類。要處理更複雜的問題，除了得改用其他類神經元外，另一個方法就是結合多個感知器來增加模型的能力，接著就來看看多感知器的做法。

1-2-2 結合多個感知器來增加能力

訓練好的單一感知器可用一條線將二維的（x_1、x_2）資料切成兩部份，若此時再加上一個感知器，就能於資料分佈上再切一條直線。圖 1-8 就用了這招，先用一條線 ❶ 將其中一個 − 與其他樣本分開，再用另一條線 ❷ 將另一個 − 與其他 + 分開，問題看起來就解決了：

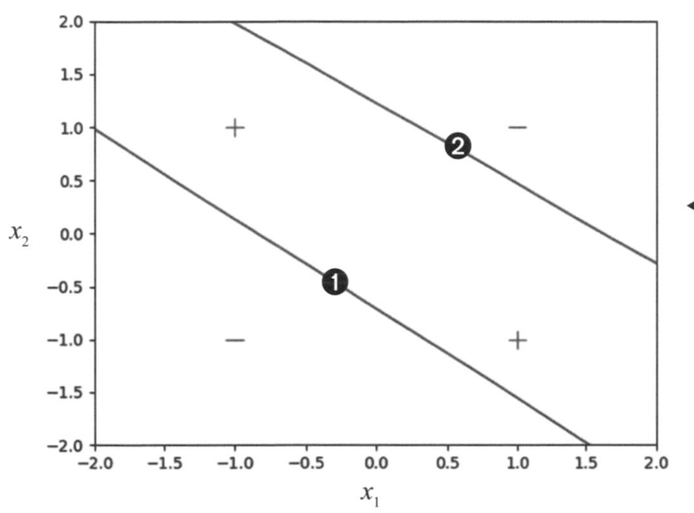

◀ 圖1-8：單只看 P_0 或 P_1 其中一條線，都無法完美把+ 與 −區隔開，各有一筆分錯，成功率為3/4。但若兩條線一起看就可以了，兩條線之間為 +，兩條線之外為 −

小編補充

加上第二個感知器後，模型的架構就變成如右圖這樣：

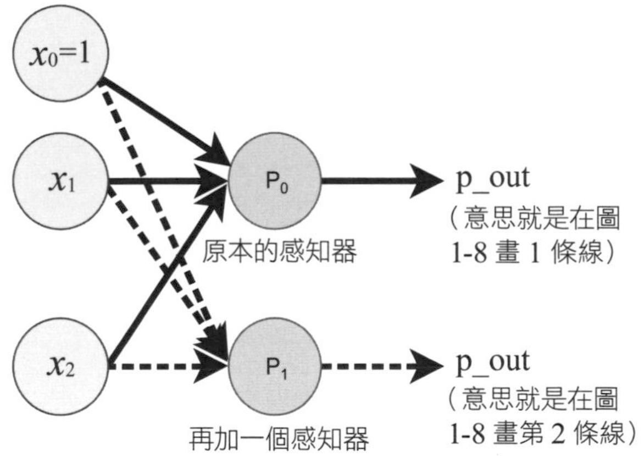

▲ 用兩個感知器畫出兩條線

針對上圖的符號，再強調一次，習慣上我們都把正解叫做 y，把模型算出來的值叫做 $\hat{y}$，但一般程式中並沒有 $\hat{y}$ 這種符號，所以寫程式時會以其他的名稱 (如本例的 p_out) 來代表預測值 $\hat{y}$。

以模型架構來看，如何做到圖 1-8 那樣把兩條線合起來解讀呢？很簡單，我們可以把兩個感知器的輸出結合起來，僅在「P_0、P_1 的輸出均為 1 (即 AND 閘)」時才輸出 1，那結果就會完全符合 XOR 閘的行為。做法就是再加另一個 P_2 感知器，用它做為 AND 閘：

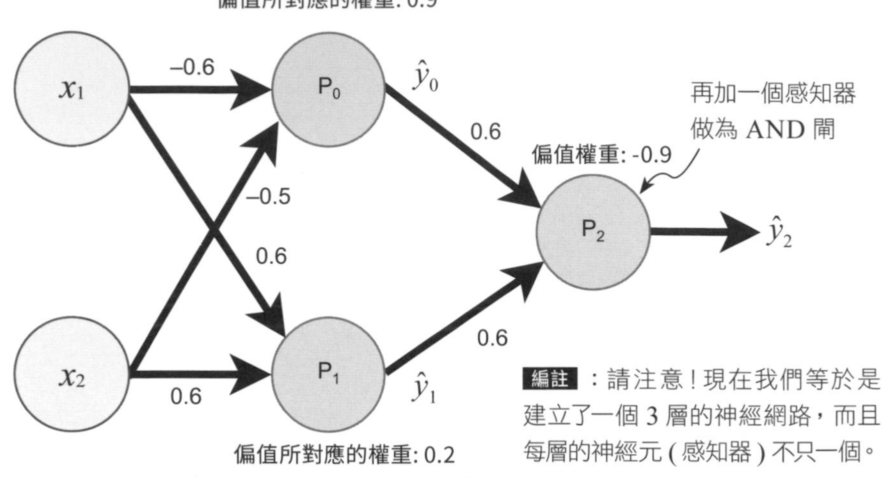

▲ 圖 1-9：以多個感知器模仿 XOR 閘

上圖的權重數值是作者所「湊」出來的，實際上應是經由訓練而來。經此計算，3 個感知器的輸出值如下表。從輸入值 x_1、x_2 比對最終的輸出 $\hat{y}_2$ 可發現，此模型成功的模仿了 XOR 閘的行為：

▼ **表 1-3：模仿 XOR 行為的多感知器模型**

x_0	x_1	x_2	$\hat{y}_0$	$\hat{y}_1$	$\hat{y}_2$
1	−1 (False)	−1 (False)	1.0	−1.0	−1.0 (False)
1	−1 (False)	1 (True)	1.0	1.0	1.0 (True)
1	1 (True)	−1 (False)	1.0	1.0	1.0 (True)
1	1 (True)	1 (True)	−1.0	1.0	−1.0 (False)

小結

前面用多個感知器模仿 XOR 閘的行為，其實已經建立了最基本的 3 層神經網路。在圖 1-9 的架構中，神經網路由一**輸入層**、一**隱藏層**、一**輸出層**組成。**輸入層**就是輸入 x_i 本身，無相關權重參數。**隱藏層**則是 P_0、P_1 那一層，該圖僅有一隱藏層（含 P_0、P_1 雙神經元），不過神經網路通常含多隱藏層，且每層神經元更多。至於**輸出層**則是 P_2 那一層，該圖的輸出層只有一個神經元，但實務上也可以有很多。

小編補充 偏值 (bias) 的補充說明

針對前面提到的感知器「偏值」我們來做個補充，它跟你在其他書或網路文章看到的可能長得不太一樣，但涵義是一樣的。首先回頭看一下公式 1-1 感知器的方程式：

$$\hat{y} = f(z), \text{ where}$$

$$z = \sum_{i=0}^{n} w_i x_i$$

$$f(z) = \begin{cases} -1, & z < 0 \\ 1, & z \geq 0 \end{cases} \quad \text{公式 1-1}$$

$$x_0 = 1 \text{ (偏值項)}$$

這個讓 $f(z)$ 從 -1 變成 +1 的關鍵值叫做閾值，此處閾值為 0

我們把重點放在閾值 (threshold) 上面：其實決定輸出 −1 或 1 的加權和閾值不一定要是 0，隨便一個常數都行，如此一來，感知器的激活函數就會如下，閾值所慣用符號是 θ（希臘字母 theta）：

$$f(z) = \begin{cases} -1, & z < \theta \\ 1, & z \geq \theta \end{cases} \quad \text{公式 1-2}$$

若要讓 $f(z)$ 輸出為 1，必須滿足以下條件：

$$z \geq \theta$$

NEXT

上式可改寫為：

$$z - \theta \geq 0 \quad \text{公式 1-3}$$

因此，正常做法應該像公式 1-3 那樣，先算完加權和 z 再減去閾值項 θ，然後才決定激活函數的輸出值。但這其實不重要，怎麼說呢？回頭看感知器的算式：$z = x_0w_0 + x_1w_1 + x_2w_2\cdots$，當中的偏值 $x_0 = 1$，而偏值的對應權重 w_0 可正可負，亦可影響加權和 z，也就是說，感知器可藉由調整偏值的對應權重 w_0 來設定閾值 θ，w_0 其實就具備感知器閾值 θ 的作用。

總之，你在其他書或網路文章，針對加權和 z 一定也會看到 $z = x_0w_0 + x_1w_1 + x_2w_2\cdots + b$ 這樣的式子，其中的 b 也叫偏值，一般是定義為 $-\theta$。但說穿了不管叫 b、θ，或是本書所用的 w_0 偏值項權重，這三者都是影響加權和 z 的因子，也都是神經網路要去優化出來的參數，因此這麼多符號其實都是一樣的東西。

1-3 用線性代數實現神經網路模型

線性代數 (簡稱線代) 是神經網路領域必備知識，神經網路的輸出值計算基本上脫離不了**點積**、**矩陣和向量乘法**、**矩陣乘法**三者的排列組合。這些計算對許多科學領域都很重要，若以 Python 編寫程式，還可以用上高度優化的 NumPy 套件做高速運算。

本節將介紹一些線代基本概念，若讀者已有線代基礎，請將重點放在神經網路權重、輸入值與這些概念的關聯上。若曾接觸過線代但稍微生疏，可將本節當作絕佳的複習機會。只要能掌握本節內容，待會消化第 2 章其他的神經網路底層演算法就夠用了。

1-3-1 向量符號

前面幾節介紹了輸入 (x)、神經元權重 (w)、加權和 (z)、輸出 (y) 等變量，實務上多會把單一神經元的所有輸入 x_0、x_1、x_2、⋯、x_n 等組成一串，稱為**向量 (vector)**，而個別的 x_i 則稱為此向量的分量（或稱元素），以便簡潔表示：

$$\boldsymbol{x} = \begin{pmatrix} x_0 \\ x_1 \\ \vdots \\ x_n \end{pmatrix} \quad \text{公式 1-4}$$

> **註** 本書向量索引（下標）依照大多數程式語言的邏輯，從 0 起跳。雖然線代的索引大都從 1 起跳，但為使公式與程式碼一致以避免讀者混淆，一律從 0 起跳。

權重變量也可循同樣方式串成權重向量：

$$\boldsymbol{w} = \begin{pmatrix} w_0 \\ w_1 \\ \vdots \\ w_n \end{pmatrix} \quad \text{公式 1-5}$$

> **註** 本書向量均以**小寫粗斜體**字母表示。

程式設計者對向量應該再熟悉不過，因為它跟陣列差不多。前頁看到的向量都是將各元素垂直排成一行，是為**行向量**(**column vector**)；若改成水平排列，就是所謂的**列向量**(**row vector**)。行向量可用**轉置 (transpose)** 操作轉換成列向量，以下面行向量 $\boldsymbol{x}$ 為例，轉置後的向量以 $\boldsymbol{x}^T$ 表示：

$$\boldsymbol{x} = \begin{pmatrix} x_0 \\ x_1 \\ \vdots \\ x_n \end{pmatrix}, \quad \boldsymbol{x}^T = \begin{pmatrix} x_0 & x_1 & \dots & x_n \end{pmatrix} \qquad \text{公式 1-6}$$

針對向量的運算，線代早已規範向量等結構的數學運算。以向量加法為例，兩向量必須等長才能相加，其作法就是將兩向量同索引的元素相加：

$$\boldsymbol{a} = \begin{pmatrix} a_0 \\ a_1 \\ \vdots \\ a_n \end{pmatrix} \quad \boldsymbol{b} = \begin{pmatrix} b_0 \\ b_1 \\ \vdots \\ b_n \end{pmatrix} \quad \boldsymbol{a} + \boldsymbol{b} = \begin{pmatrix} a_0 + b_0 \\ a_1 + b_1 \\ \vdots \\ a_n + b_n \end{pmatrix} \qquad \text{公式 1-7}$$

以上向量運算可用簡潔的抽象化概念描述，寫公式時就無須特意標明內含元素，但實際計算時還是要逐元素操作。

1-3-2 點積

點積也是常用的向量操作。兩向量必須等長才能進行點積操作，這點與向量加法一樣。整個操作是將兩向量逐元素相乘後，對這些乘積求和：

$$\boldsymbol{w} \cdot \boldsymbol{x} = w_0 x_0 + w_1 x_1 + \dots + w_n x_n = \sum_{i=0}^{n} w_i x_i \qquad \text{公式 1-8}$$

這個計算很眼熟吧！就是感知器計算加權和 z 的公式，可看出點積簡直是為了實現感知器而生的。換言之，若將輸入串成向量 $\boldsymbol{x}$（第 0 個元素是偏值，其值固定是 1），權重則排成向量 $\boldsymbol{w}$（第 0 個元素對應偏值），感知器方程式便可簡寫為：

$$\hat{y} = sign(\boldsymbol{w} \cdot \boldsymbol{x}) \qquad \text{公式 1-9}$$

最後，點積與向量加法雖然公式很短，但一樣要逐元素操作。為了不費時寫迴圈求加權和，實務上常呼叫 Numpy 套件來做。程式 1-6 就用 NumPy 的 dot() 點積函式來實現感知器，也用上了 NumPy 的 sign() 符號函式：

▼ **程式 1-6：改以 NumPy 來撰寫感知器輸出值函式**

```
import numpy as np
def compute_output_vector(w, x):
    z = np.dot(w, x) ← 先算加權和
    return np.sign(z) ← 再用 sign() 做激活函數運算
```

1-3-3 將向量擴展成矩陣

向量是一行或一列的結構，至於多行多列的結構就是所謂的**矩陣**，m+1 列、n+1 行的矩陣 $\boldsymbol{A}$ 如下所示：

$$\boldsymbol{A} = \begin{pmatrix} a_{00} & a_{01} & \cdots & a_{0n} \\ a_{10} & a_{11} & \cdots & a_{1n} \\ \vdots & \vdots & \ddots & \vdots \\ a_{m0} & a_{m1} & \cdots & a_{mn} \end{pmatrix} \qquad \text{公式 1-10}$$

註 本書將矩陣以粗斜體大寫字母表示。

註 為與 Python 語法一致，本書矩陣索引（下標）跟向量一樣從 0 起跳，文字則會以第 0 個來描述。一般數學書籍的向量索引則會從 1 起跳。

為何在處理神經元時要用矩陣這種 2 軸 (或稱 2D) 的結構？因為單一神經元的各權重可用向量 (**w**) 描述，那 *n* 個神經元的 *n* 組權重向量當然能串成矩陣。而實務上也都是將訓練資料集 (training set) 的每一筆樣本以向量表示，再整批集合起來排成矩陣結構。

矩陣跟向量一樣都能進行轉置操作。只要將原為第 *i* 行第 *j* 列的元素 *ij*，轉置成元素 *ji*。以下是某個 2×2 矩陣 **A** 轉置後的結果：

$$\boldsymbol{A} = \begin{pmatrix} 1 & 2 \\ 3 & 4 \end{pmatrix} \quad \boldsymbol{A}^T = \begin{pmatrix} 1 & 3 \\ 2 & 4 \end{pmatrix}$$

接著繼續探討一些常用的矩陣運算。

1-3-4 矩陣和向量乘法

矩陣和向量乘法的定義只要將前述概念結合即可推導而成：

$$\boldsymbol{y} = \boldsymbol{Ax} = \begin{pmatrix} a_{00} & a_{01} & \dots & a_{0n} \\ a_{10} & a_{11} & \dots & a_{1n} \\ \vdots & \vdots & \ddots & \vdots \\ a_{m0} & a_{m1} & \dots & a_{mn} \end{pmatrix} \begin{pmatrix} x_0 \\ x_1 \\ \vdots \\ x_n \end{pmatrix} = \begin{pmatrix} a_{00}x_0 + a_{01}x_1 + \dots + a_{0n}x_n \\ a_{10}x_0 + a_{11}x_1 + \dots + a_{1n}x_n \\ \vdots \\ a_{m0}x_0 + a_{m1}x_1 + \dots + a_{mn}x_n \end{pmatrix} = \begin{pmatrix} y_0 \\ y_1 \\ \vdots \\ y_n \end{pmatrix}$$

公式 1-11

矩陣和向量相乘僅在矩陣行數與 (行) 向量長度相等時，才能進行此操作。其乘積會是一個 (行) 向量，各元素值為：

$$\boldsymbol{y}_i = \sum_{j=0}^{n} \boldsymbol{a}_{ij} \boldsymbol{x}_j$$

公式 1-12

故矩陣和向量乘法是先把矩陣視為 m+1 組列向量再逐列與 $\boldsymbol{x}$ 這個行向量做點積，再把各個點積運算串成向量：

每一個都是列向量　　$\boldsymbol{x}$　　與 x 逐一做點積

$$\boldsymbol{y}=\boldsymbol{A}\boldsymbol{x}=\begin{pmatrix}\boldsymbol{a}_0^T\\ \boldsymbol{a}_1^T\\ \vdots\\ \boldsymbol{a}_m^T\end{pmatrix}\begin{pmatrix}x_0\\ x_1\\ \vdots\\ x_n\end{pmatrix}=\begin{pmatrix}\boldsymbol{a}_0^T\cdot\boldsymbol{x}\\ \boldsymbol{a}_1^T\cdot\boldsymbol{x}\\ \vdots\\ \boldsymbol{a}_m^T\cdot\boldsymbol{x}\end{pmatrix}$$ 公式 1-13

現在就來看看矩陣和向量乘法是如何跟感知器扯上關係。假設現在要組合 m+1 個感知器，每個感知器有 n+1 組輸入(包含偏值)；每筆輸入樣本則由 n+1 個值組成(包含偏值 1)。將各感知器權重向量 $\boldsymbol{w}_i$ 依序串成矩陣 $\boldsymbol{W}$，就變成：

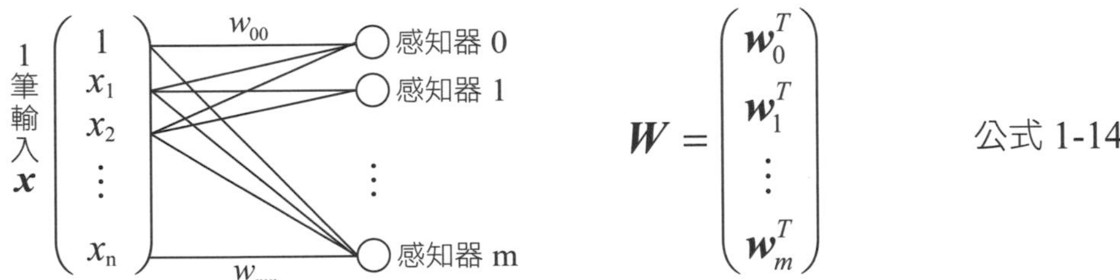

公式 1-14

現在只要將矩陣乘以向量，即可計算所有 m+1 個感知器對某個輸入樣本 $\boldsymbol{x}$ 的加權和：

$$\boldsymbol{z}=\boldsymbol{W}\boldsymbol{x}$$ 公式 1-15

向量 $\boldsymbol{z}$ 有 m+1 個元素，各元素對應各感知器神經元所算出的各加權和

1-3-5 矩陣和矩陣乘法

現在介紹矩陣和矩陣乘法，$\boldsymbol{A}$、$\boldsymbol{B}$ 兩矩陣的乘積矩陣定義如下：

$$\boldsymbol{C} = \boldsymbol{AB} =$$

$$\begin{pmatrix} a_{00} & a_{01} & \dots & a_{0n} \\ a_{10} & a_{11} & \dots & a_{1n} \\ \vdots & \vdots & \ddots & \vdots \\ a_{m0} & a_{m1} & \dots & a_{mn} \end{pmatrix} \begin{pmatrix} b_{00} & b_{01} & \dots & b_{0p} \\ b_{10} & b_{11} & \dots & b_{1p} \\ \vdots & \vdots & \ddots & \vdots \\ b_{n0} & b_{n1} & \dots & b_{np} \end{pmatrix} = \begin{pmatrix} c_{00} & c_{01} & \dots & c_{0p} \\ c_{10} & c_{11} & \dots & c_{1p} \\ \vdots & \vdots & \ddots & \vdots \\ c_{m0} & c_{m1} & \dots & c_{mp} \end{pmatrix}$$

公式 1-16

矩陣 $\boldsymbol{A}$ 的行數必須等於矩陣 $\boldsymbol{B}$ 的列數兩個矩陣才能相乘。$\boldsymbol{C}$ 各元素則為：

$$c_{ij} = a_{i0}b_{0j} + a_{i1}b_{1j} + \ldots + a_{in}b_{nj}$$

公式 1-17

或簡寫為：

$$c_{ij} = \sum_{k=0}^{n} a_{ik}b_{kj}$$

公式 1-18

此運算一樣呈點積形式。換言之，若將矩陣 $\boldsymbol{A}$ 逐列拆成 m+1 組列向量，矩陣 $\boldsymbol{B}$ 則逐行拆成 p+1 組行向量，那兩矩陣乘積 $\boldsymbol{C}$ 的元素會是矩陣 $\boldsymbol{A}$ 所有列向量和矩陣 $\boldsymbol{B}$ 所有行向量所有組合的點積，也就是 $\boldsymbol{C}$ 為 $(m+1) \times (p+1)$ 組點積組成的矩陣。

$$\boldsymbol{C} = \boldsymbol{AB} = \begin{pmatrix} \boldsymbol{a}_0^T \\ \boldsymbol{a}_1^T \\ \vdots \\ \boldsymbol{a}_m^T \end{pmatrix} \begin{pmatrix} \boldsymbol{b}_0 & \boldsymbol{b}_1 & \dots & \boldsymbol{b}_p \end{pmatrix} = \begin{pmatrix} \boldsymbol{a}_0 \cdot \boldsymbol{b}_0 & \boldsymbol{a}_0 \cdot \boldsymbol{b}_1 & \dots & \boldsymbol{a}_0 \cdot \boldsymbol{b}_p \\ \boldsymbol{a}_1 \cdot \boldsymbol{b}_0 & \boldsymbol{a}_1 \cdot \boldsymbol{b}_1 & \dots & \boldsymbol{a}_1 \cdot \boldsymbol{b}_p \\ \vdots & \vdots & \ddots & \vdots \\ \boldsymbol{a}_m \cdot \boldsymbol{b}_0 & \boldsymbol{a}_m \cdot \boldsymbol{b}_1 & \text{L} & \boldsymbol{a}_m \cdot \boldsymbol{b}_p \end{pmatrix}$$

請注意！a_0^{T}，$a_1^{\mathrm{T}} \ldots a_m^{\mathrm{T}}$ 都是轉置後變成列向量

公式 1-19

> **註** 以上符號對不熟悉線代的讀者來說可能稍嫌複雜，然而一旦上手，未來從事深度學習相關工作，需要閱讀相關研究資料時會順利很多。

1-3-6 用矩陣來表示感知器網路

我們在公式 1-15 是把一筆樣本資料當成向量 $\boldsymbol{x}$ 輸入到感知器網路，但實務上樣本是成千上萬甚至數千萬筆的，這時如果把這數千萬筆的樣本向量疊成一個矩陣，不只數學表示上會很方便，而且也方便用具有平行運算的 GPU 和數學套件來高速運算。沿用前面設定，假設網路中有 m+1 個感知器，每一感知器均有 n(+1 偏值樣本) 個輸入；但現在輸入向量有 p+1 筆樣本(編註：之前公式 1-15 的 $\boldsymbol{x}$ 只有 1 筆)，各含 n+1 個元素(第 0 個元素一樣為偏值 1)。現將全部感知器權重向量 $\boldsymbol{w}_i$ 排成矩陣 $\boldsymbol{W}$，全部輸入樣本的向量 $\boldsymbol{x}_i$ 則排成矩陣 $\boldsymbol{X}$ (編註：如以下小編補充的圖解)：

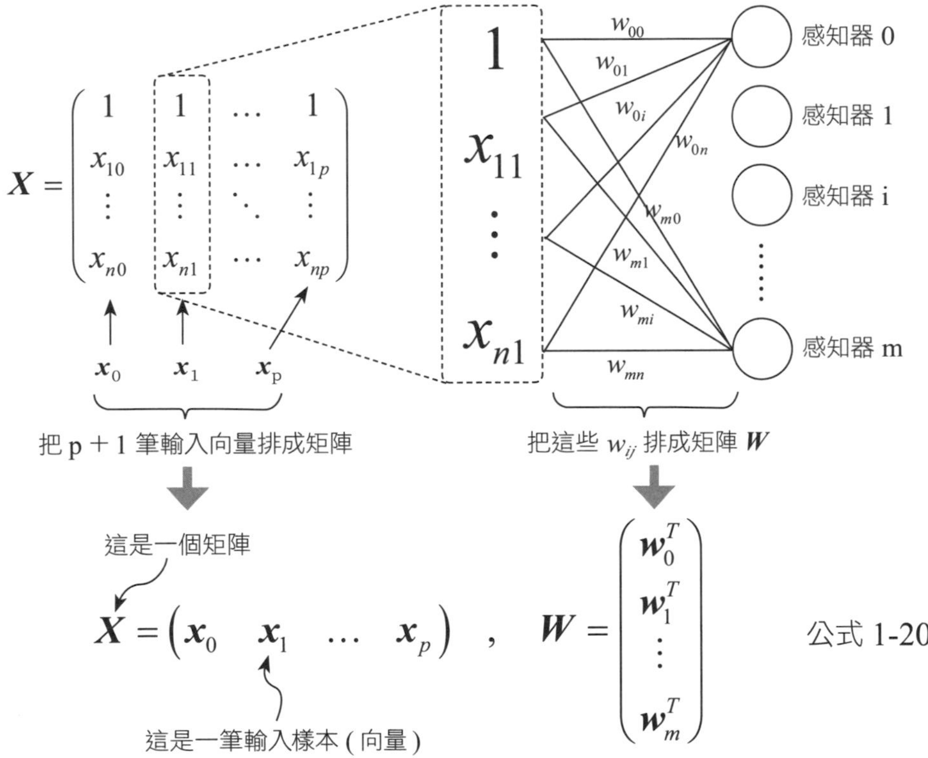

$$\boldsymbol{X} = \begin{pmatrix} \boldsymbol{x}_0 & \boldsymbol{x}_1 & \dots & \boldsymbol{x}_p \end{pmatrix} , \quad \boldsymbol{W} = \begin{pmatrix} \boldsymbol{w}_0^T \\ \boldsymbol{w}_1^T \\ \vdots \\ \boldsymbol{w}_m^T \end{pmatrix} \qquad \text{公式 1-20}$$

將兩矩陣相乘，即可一次計算所有 m+1 個感知器對所有 p+1 組輸入向量的加權和：

$$Z = WX$$ 公式 1-21

編註：也有人將此公式寫成 $Z = XW$ 或 $Z = WX^T$，這些都行，但在做資料預處理時，你要留意 X 是以行或列的方式輸入的

矩陣 Z 有 $(m+1) \times (p+1)$ 個元素，各元素均對應某感知器神經元對某輸入樣本的加權和

註 實際代入數值看個例子吧！假設有個神經網路如下：

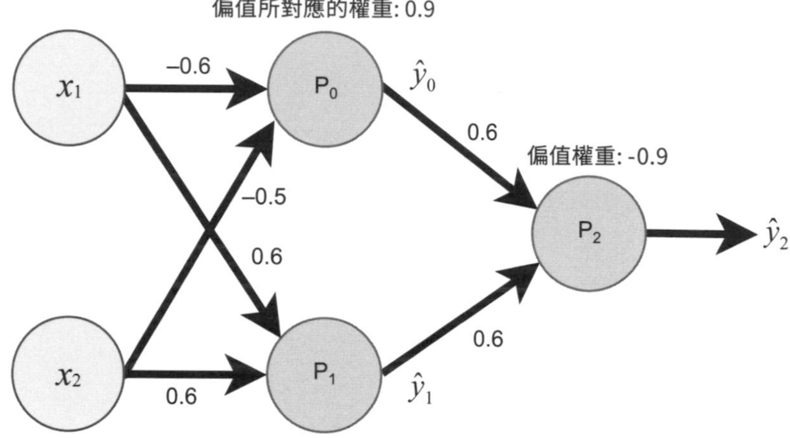

將隱藏層的兩個神經元權重向量串成矩陣 W，4 組輸入向量則串成矩陣 X。WX 兩矩陣乘積就是兩神經元同時對 4 筆輸入樣本求出的加權和：

$$W = \begin{pmatrix} w_{00} & w_{01} & w_{02} \\ w_{10} & w_{11} & w_{12} \end{pmatrix} = \begin{pmatrix} 0.9 & -0.6 & -0.5 \\ 0.2 & 0.6 & 0.6 \end{pmatrix}$$

P_0 神經元的相關權重

偏值

$$X = \begin{pmatrix} x_{00} & x_{01} & x_{02} & x_{03} \\ x_{10} & x_{11} & x_{12} & x_{13} \\ x_{20} & x_{21} & x_{22} & x_{23} \end{pmatrix} = \begin{pmatrix} 1 & 1 & 1 & 1 \\ -1 & -1 & 1 & 1 \\ -1 & 1 & -1 & 1 \end{pmatrix}$$

4 筆樣本

$$WX = \begin{pmatrix} 2 & 1 & 0.8 & -0.2 \\ -1 & 0.2 & 0.2 & 1.4 \end{pmatrix}$$

NEXT

以矩陣 ***WX*** 左上角的元素為例，計算過程如下，結果為 2：

$$w_{00}x_{00} + w_{01}x_{10} + w_{02}x_{20} = (0.9)(1) + (-0.6)(-1) + (-0.5)(-1) = 2$$

其他元素則以此類推，照其索引計算 ***W*** 各列向量與 ***X*** 對應行向量的點積即可。

1-3-7 擴展到多軸的資料結構

若矩陣再多出一軸 (axis, 見下段說明)，就成了 A×B×C 這樣的 3 軸形式。以黑白圖片為例，圖片是以「寬尺寸 × 長尺寸」的矩陣形式來呈現，若再加上色彩，那麼一張 RGB 彩色圖片就會是 3 軸的資料；若得輸入「一批」彩色圖片，串起來就變成 4 軸了。

多軸的資料結構在 NumPy 稱之為**多軸陣列**，而我們有時也用 1D、2D、3D... 來描述陣列的結構，例如向量稱為「1D 陣列」、矩陣稱為「2D 陣列」、多個矩陣形成的結構則稱為「3D 陣列」，再上去依此類推 ...。這裡的「D」指的是陣列的「軸 (axis)」，例如 2D 陣列 (或稱 2 軸陣列)，指的就是一個陣列當中的元素也是陣列，也就是矩陣。在往後的程式實作中，多半都是用多軸 (D) 的資料結構在做運算，因此對以上名稱請熟悉一下。

本章小結

本章從神經網路的基礎 - 感知器看起，並介紹了一個訓練感知器的演算法，以此訓練感知器進行簡單任務。經由這個簡單的範例，讀者應該更能了解「增加神經元的數量可以增強神經網路能力」這句話的涵義。第 2 章會以本章提到的訓練演算法為基礎，繼續介紹訓練神經網路的重要演算法 - **梯度下降法** (gradient descent)，以及訓練多層神經網路採用的**反向傳播** (Back propagation) 演算法。本章後半段的數學內容不少，但都是很基本的線代概念，有了這些才有辦法熟悉這 2 章的神經網路底層知識。當第 2 章學習完神經網路的底層知識後，之後的章節內容就會比較少出現數學式子了。

MEMO

Chapter

2

梯度下降法與反向傳播

回憶一下 1-2 節我們擬定了一個簡單的演算法來訓練感知器模型，不過當擴展到多層神經網路上，則會利用大名鼎鼎的**梯度下降法 (gradient descent)** 跟**反向傳播 (back propagation)** 來修正神經網路的權重參數。若您直接操作 tf.Keras、PyTorch 等框架工具，對這兩個重要的演算法絕對是無感的，本章就帶您一看究竟它們的底層細節，可以更加紮穩深度學習的根基。

2-1 導數的基礎概念

本節先介紹前述兩個演算法會用到的數學概念，若已熟悉微積分可快速做個複習。

2-1-1 導數和偏導數

首先，回顧一下導數的定義，設 y 為 x 的函數：

$$y = f(x)$$ 公式 2-1

y 對 x 的導數，是指 x 的微小變動所導致的 y 值變化之比率，常用表示法為：

$$y' \text{ 或 } f'(x) \text{ 或 } \frac{dy}{dx}$$ 公式 2-2

註 符號 y' 僅在 y 為單變量函數時適用；當 y 為多變量函數，y' 的表示法不夠嚴謹，而絕多數的神經網路為多變量函數，故多會改用後面兩種表示法。

下頁圖 2-1 是 $y = f(x)$ 的函數曲線，現在沿曲線取 3 點繪製切線，切線是指在曲線某點以該點導數做為斜率且經過該點所畫出的直線：

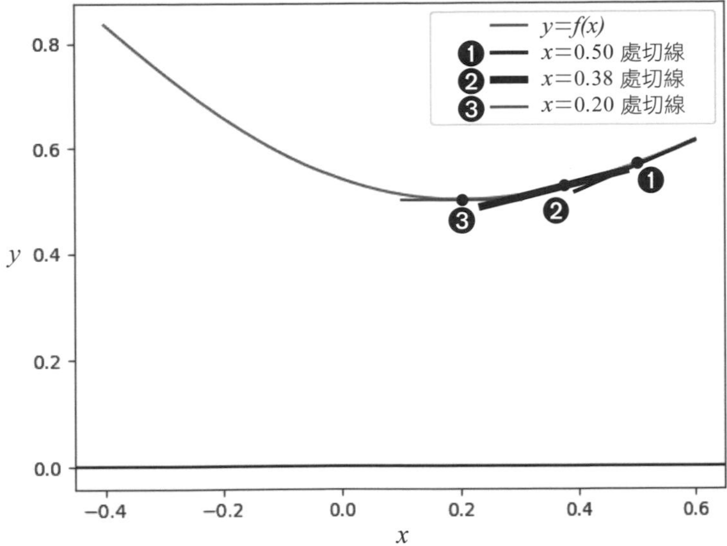

▲ 圖 2-1：$y = f(x)$ 函數曲線與其中某 3 點的導數，❸ 切到的那一點是函數最小值

稍微看一下上圖的 3 點，y 最小值所在的那一點 ❸ 導數為 0（切線是水平的，斜率為 0）；再仔細看會發現，一旦遠離最小值那一點，導數就會增加，反之就會減少，利用此現象便可找到函數 y 最小值所在處的 x。做法就是從一初始值 x 以及其對應 y 出發，照導數正負號指引 x 的調整方向，就能找到 y 的最低點。

註 為什麼這裡要再三強調「最小值」？因為我們希望神經網路所預測的誤差愈「小」愈好，下一節就會把求最小值的概念跟訓練神經網路串起來。

前一頁提過，實務上 y 是多變量函數，像神經網路模型就是。例如若將單變量擴展到雙變量，就會像下頁圖 2-2 這個崎嶇不平的 $y=f(x_0, x_1)$ 雙變量函數：

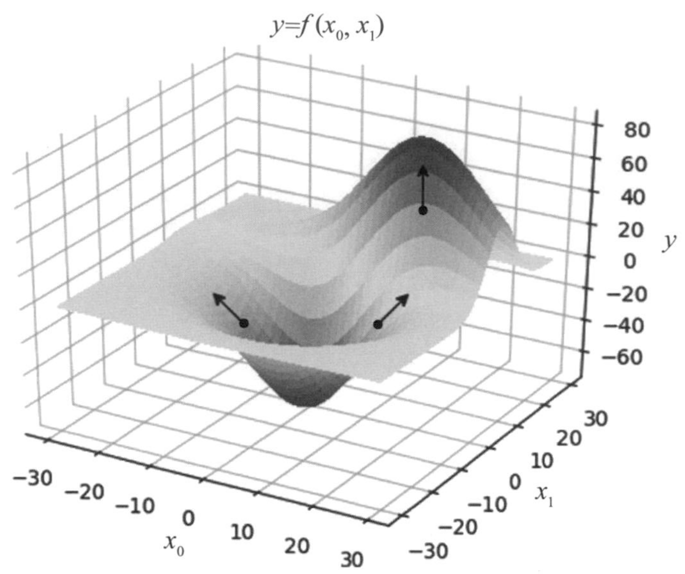

圖 2-2：雙變量函數曲面上任取 3 點的最陡上升方向和對應斜率大小

變成兩個變量後，以這個雙變量函數來說，兩個變量 x_0、x_1 的**偏導數**為：

$$\frac{\partial y}{\partial x_0} \text{ 和 } \frac{\partial y}{\partial x_1} \qquad \text{公式 2-3}$$

偏導數就是將欲取導數之變量以外的變量都當成常數，再對此變量計算導數，看起來其實跟一般導數差不到哪去。以簡單線性函數 $y = ax_0 + bx_1$ 為例，兩個偏導數分別為：

$$\frac{\partial y}{\partial x_0} = a$$

$$\frac{y}{\partial x_1} = b \qquad \text{公式 2-4}$$

2-1-2 梯度 (gradient)

若將上述偏導數串成向量，即為函數的**梯度 (gradient)**：

$$\nabla y = \begin{pmatrix} \dfrac{\partial y}{\partial x_0} \\ \dfrac{\partial y}{\partial x_1} \end{pmatrix} \qquad \text{公式 2-5}$$

也就是說，**梯度**相當於多變量函數的導數，上面公式中的符號∇（希臘字母 delta 倒過來放）發音為「nabla」。

梯度屬於向量，含有方向與大小兩資訊，∇y 所屬的向量空間與 $\boldsymbol{x}$ 的向量空間相同。以公式 2-5 的二維線性函數為例，其幾何意義如下：梯度為 (a, b) 向量，其向量空間是由 x_0、x_1 組成的 2 維空間。根據幾何學，從函數任一點 (x_0, x_1) 出發朝梯度方向移動，可使 y 的函數值增幅最大，故朝此方向爬升最快；至於梯度大小則代表朝該方向的斜率。

回頭看一下前頁的圖 2-2，那 3 點的箭頭代表該點最速爬升方向，其垂直分量則代表該點斜率。箭頭雖是沿著函數坡度，但箭頭本身明顯不是梯度向量，因為梯度跟 $\boldsymbol{x}$ 一樣只有 2 維，所以箭頭在 (x_0, x_1) 平面上的分向量，才是梯度的方向。

2 維以上的可微函數均存在梯度，只要將各變量偏導數一一求出再串成向量即可，概念都一樣，只不過超過 2 維的函數要圖像化就很難了。

2-2 以梯度下降法 (gradient descent) 對模型訓練問題求解

2-2-1 梯度下降法的基本概念

神經網路的訓練，其實就是不斷根據輸入樣本修正權重，直到模型對所有樣本的預測結果完全正確。數學上相當於對以下方程式求解：

$$y - \hat{y} = 0 \quad \text{公式 2-6}$$

其中 y 是樣本的正解，$\hat{y}$ (發音為 "y hat") 則是神經網路輸出的預測結果 (就是程式 1-4 的 p_out)。實務上訓練樣本 (資料點) 通常不只一筆，而是一整批，模型得設法對這一整批的樣本做出最佳預測 (**編註**：所謂最佳預測就是誤差最小的預測)。例如我們可以用均方誤差 (MSE) 來計算一整批樣本的預測誤差 (或稱損失 loss)：

$$\text{均方誤差 (MSE)：} E = \frac{1}{m}\sum_{i=1}^{m}\left(y^{(i)} - \hat{y}^{(i)}\right)^2 \quad \text{公式 2-7}$$

$y^{(i)}$ 不是 y 的 i 次方，上標數字加了括號是指訓練樣本的索引值 (**編註** 一整批中的第幾筆樣本)

不過現實生活處處是誤差，硬求 MSE 為 0 並不切實際，實務上我們只能儘量讓 MSE 最小化，意思就是，大多數深度學習要處理的最小化問題並無公式解，而是用**梯度下降法 (gradient descent)** 求 MSE 函數最小值的權重近似解。梯度下降法是以一個假設的初始權重參數出發，然後一路迭代修正權重參數直到收斂到 MSE 函數的最小值。而這個 MSE 函數，在深度學習領域則稱為**損失函數** (loss function) 或誤差函數。

圖 2-3 是典型的梯度下降法求解過程，是以最單純的單變量權重參數空間來說明。從初始猜測 w_0 出發，代入 MSE 損失函數 E 計算誤差與相應的梯度 (註：即了解 w_0 對損失函數的影響程式)；接著將 w_0 微幅增減，以使 E 朝期望趨勢走，我們是想一路壓低 E，因此將 w_0 往梯度反方向套用迭代公式 (見下述) 做微調，直到逼近最佳解。由於圖 2-3 權重初始值 w_0 的斜率為正，故一路經 ❶、❷、❸ 往回調整後，差不多已達 E 最低點 ❹：

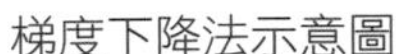

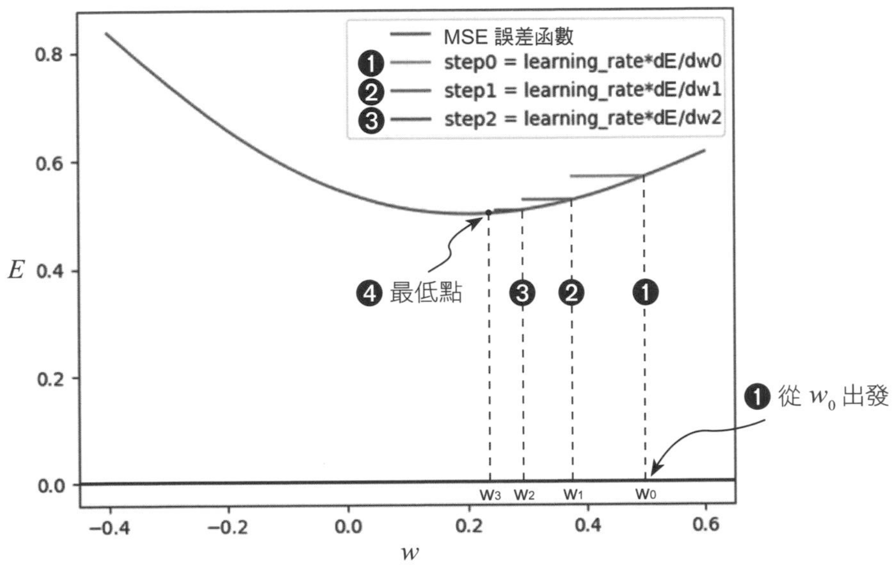

▲ 圖 2-3：以梯度下降法在一維參數空間迭代求解

梯度不但能指引 w 的調整方向，從其大小還能看出當前 w 與 E 極值點的遠近，梯度下降法就是利用此特性來調整 w，迭代公式如下：

學習率

$$w_{n+1} = w_n - \eta f'(w_n) \quad \text{公式 2-8}$$

梯度

調整後的 w　舊的 w

參數 η(希臘字母 eta) 為學習率。$w_n \rightarrow w_{n+1}$ 的調幅取決於學習率和梯度，故隨梯度大小成正比。圖 2-3 以梯度下降法求解時，當梯度 $f'(w_n)$ 越接近 0，調幅就越小；當梯度越來越接近 0，調幅也逐漸趨近於 0，演算法自然會在 MSE 損失函數 E 的最低點 (最小值) 收斂。

> **小編補充** 上頁公式 2-8 之所以用減的，是因為若算出來的梯度為正，算式是 w_n 減去「學習率乘以正梯度」的值，減去一個正值後 w_n 會變小，就會往 w 軸左邊 (E 的最低點) 移動；反之，若算出來的梯度為負，算式是 w_n 減去「學習率乘以負梯度」的值，負負得正，因此 w_n 會變大，就會往 w 軸右邊移動，同樣更逼近 E 的最低點。

最後，若學習率設太大，權重可能「調過頭」，而在最佳解附近來回震盪無法收斂；而設太小也不行，演算法有可能卡在局部最小值出不去，以致無法到達全局最小值 (編註：以圖 2-3 來看，局部最小值的意思就是 MSE 函數這條曲線可能還存在一個更低的點)。

2-2-2 用梯度下降法優化多維函數

前一小節是以最單純的「單」變量 (權重參數) 函數示範梯度下降優化過程，其實就算雙變量、三變量 ... 甚至變量多如繁星的神經網路，梯度下降的概念都是一樣的。例如若是雙變量損失函數，想從點 $w = (w_0, w_1)$ 出發，往損失函數 E 最小值 (最低點) 前去，那梯度下降法的優化公式就是：

$$\begin{pmatrix} w_0 \\ w_1 \end{pmatrix} - \eta \underbrace{\begin{pmatrix} \dfrac{\partial y}{\partial w_0} \\ \dfrac{\partial y}{\partial w_1} \end{pmatrix}}_{\text{梯度由 2 個偏導數組成}} \qquad \text{公式 2-9}$$

也就是說，當函數有 n 個變量，那梯度就由 n 個偏導數組成。上式推廣到任意維函數後可簡化為下式，其中的向量 $\boldsymbol{w}$ 與 ∇E 均由 n 個元素組成：

$$\boldsymbol{w} - \eta \nabla E \qquad \text{公式 2-10}$$

雙變量函數的梯度下降優化過程就如下圖這樣，函數值 E 從點 1、點 2、到點 3 一路降低，其實跟圖 2-3 的概念都一樣：

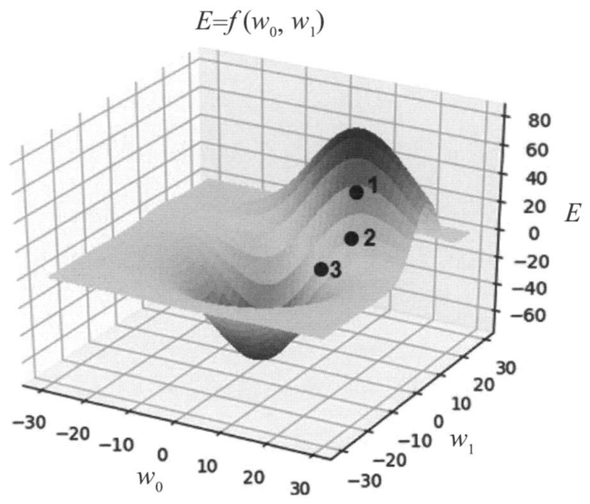

▲ 圖 2-4：以梯度下降法優化雙變量函數

> **註** 要稍微提醒的是，本書到目前為止描述梯度下降法其實是**隨機梯度下降法（stochastic gradient descent，SGD）**。SGD 與陽春版 GD 的差別在於 GD 的梯度是將「所有」訓練樣本逐一輸入後求出的平均值；SGD 則是隨機挑「一個」樣本計算誤差、求出梯度後，就修正參數；某些折衷方法是隨機挑「一小批次（非全部）」樣本來求梯度平均值。後面章節會進一步探討，現在先把焦點放在 SGD。

2-3 反向傳播 (back propagation)

神經網路在 1980 年代中期引進**反向傳播(back propagation)**這個模型訓練演算法後，相當於打通任督二脈，幾乎所有的訓練演算法都以此進化而來。但由於反向傳播幾乎都藏身於軟體框架的底層，即使是深度學習從業人士，可能也沒多少機會去研究是如何實現的，這一節就來介紹反向傳播的底層細節。

回顧一下前面提到的，訓練神經網路大致可分成 3 步驟：首先，將一筆或一批訓練樣本輸入神經網路；接著，比較神經網路的輸出與期望結果 (正解)；並調整權重以拉近輸出與期望結果，過程中是以梯度下降法來決定權重調幅。但以大量神經元層層堆疊出的神經網路，若還呆呆地一個個權重去計算偏導數，計算成本不低且曠日廢時，這時就是**反向傳播**上場的時候。

註 開始介紹反向傳播的運作原理前，先釐清一下術語。有**反向傳播**，那**正向傳播**呢？其實上面這一段已經就有解答，我們再整理一遍：

- **正向傳播**：把樣本資料「正向」地從輸「入」端餵入神經網路，得到輸出值，正向傳播就算結束。接著就是比較模型輸出與正解的誤差。
- **反向傳播**：有了誤差，以反向傳播「反向」地從輸「出」端沿途計算誤差對各權重的偏導數，最後將偏導數串成梯度，再代入梯度下降法的公式來修正權重，使神經網路之後的輸出能更接近正解。

先大致提一下本節的架構：2-3-1 節 ～ 2-3-3 這三小節會闡述反向傳播的運作原理，最後的 2-3-4 節則會實作一個範例程式以反向傳播來訓練神經網路，學習 XOR 閘的行為。

2-3-1 改用支援梯度下降法的激活函數

介紹反向傳播前，我們先特別關注一下**激活函數**這個部分，為什麼呢？計算梯度的大前提是此函數必須**可微分**，這是因為激活函數也參與了整個損失函數的計算（註：前層激活函數的輸出會是後層的輸入），因此計算梯度時一定會涉及激活函數的微分這一步，因此必須選定可以微分的激活函數。

到目前為止我們只提過以符號函數做為激活函數，符號函數在原點不連續，故不滿足可微分的要求，為克服此缺陷，Rumelhart、Hinton 和 Williams(1986) 在提出多層神經網路的反向傳播演算法時，就以 S 形函數取代符號函數，下圖的 tanh（雙曲正切）函數就是 S 形函數的一種：

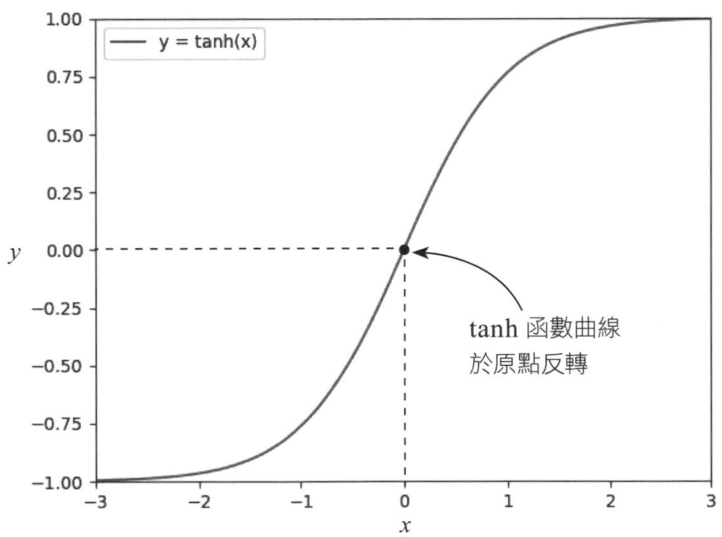

▲ 圖 2-5：tanh 函數。其走勢是在原點反轉

> **註** S 形函數雖然看起來只不過是「平滑連續版」的符號函數，但平滑帶來的好處正是「處處可微分」！

深度學習另一個常用的 S 形函數是圖 2-6 的 Sigmoid 函數，它與 tanh 雖然形狀相似，但兩軸比例與反轉點均不同：

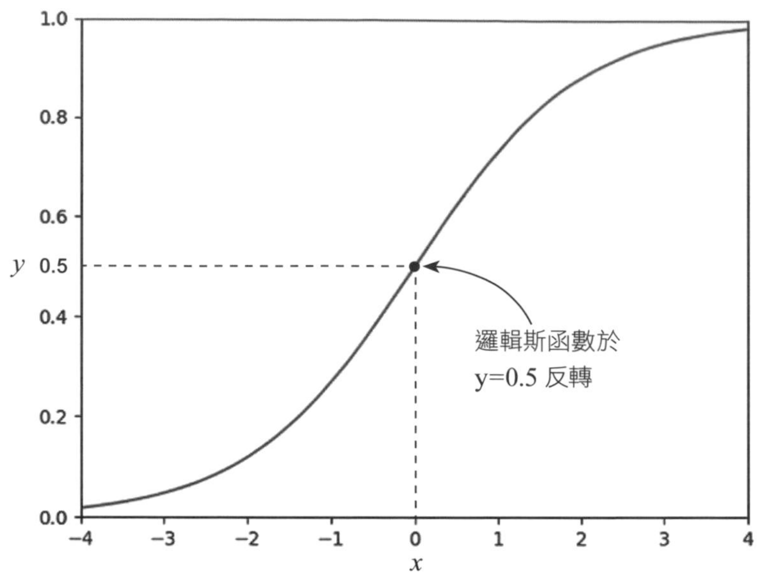

▲ 圖 2-6：Sigmoid 函數。反轉點為 x=0、y=0.5

兩函數的數學定義如下，都是以指數函數組合出來的：

$$\text{tanh 函數：} \tanh(x) = \frac{e^x - e^{-x}}{e^x + e^{-x}} = \frac{e^{2x} - 1}{e^{2x} + 1} \qquad \text{公式 2-11}$$

$$\text{Sigmoid 函數：} S(x) = \frac{1}{1 + e^{-x}} = \frac{e^x}{e^x + 1} \qquad \text{公式 2-12}$$

此外也要熟悉兩者函數的導數，後面反向傳播求梯度時會用到。很好記，tanh'(x) 是 tanh(x) 的函數，S'(x) 則是 S(x) 的函數：

$$\text{tanh 函數導數：} \tanh'(x) = 1 - \tanh^2(x) \qquad \text{公式 2-13}$$

$$\text{Sigmoid 函數導數：} S'(x) = S(x)(1 - S(x)) \qquad \text{公式 2-14}$$

該用哪種激活函數？

激活函數難道就非得用可微分的函數嗎？在多層神經網路訓練演算法發展之初，可微性還被公認是激活函數必備條件；不過後來又發現更多效果更好的函數(其中有些甚至非處處可微)。第 3 章會介紹幾種流行的激活函數，現在先說說前面看到的 Sigmoid 和 tanh 哪個好？這雖沒有標準答案，但可就前人累積的經驗做些初步判斷，一般建議中間的**隱藏層**優先用輸出反轉點與閾值均為 0 的 tanh，**輸出層**則用 Sigmoid，這麼做也是為了方便將結果詮釋成機率 (機率值介於 0~1，和 Sigmoid 函數的輸出範圍一致)。

2-3-2 複合函數與連鎖法則 選讀

開始來熟悉反向傳播吧！反向傳播演算法的核心，就是用微分的**連鎖法則** (chain rule) 計算**複合函數(composite function)**的導數。我們為不熟悉複合函數和連鎖法則的讀者準備這一小節，若已經熟悉相關主題可直接跳到 2-3-3 小節開始看反向傳播的介紹。

複合函數

複合函數是以兩個以上的函數「串」成的新函數，也就是以前頭函數的輸出值做為後頭函數的輸入值，以此串串相連。

以 $f(x)$ 和 $g(x)$ 兩函數為例，將函數 $g(x)$ 的輸出作為 $f(x)$ 的輸入，組成複合函數如下：

$$h(x) = f(g(x)) \qquad \text{公式 2-15}$$

複合函數常會用複合算符表示：

$$h(x) = f \circ g(x), \text{ 或簡寫為 } h = f \circ g \qquad \text{公式 2-16}$$

註 大多數情況會用複合算符表示複合函數，以避免串接的函數太多時，層層鑲嵌，難以閱讀。

連鎖法則 (chain rule)

下一小節會看到如何用複合函數表示多層神經網路。現在先解釋如何根據**連鎖法則** (chain rule) 計算複合函數的導數，這個導數算出來後，之後就可以用梯度下降法修正各層權重。假設某複合函數如下：

$$h = f \circ g \qquad \text{公式 2-17}$$

則其導數為：

$$h' = \left(f' \circ g\right) g' \qquad \text{公式 2-18}$$

換個方式陳述，若：

$$\text{當 } h = f(y) \text{ 且 } y = g(x), \text{ 即 } h = f \circ g(x) \qquad \text{公式 2-19}$$

則連鎖法則可依照萊布尼茲法則表示為：

$$\frac{\partial h}{\partial x} = \frac{\partial h}{\partial y} \cdot \frac{\partial y}{\partial x} \qquad \text{公式 2-20}$$

上面是單變量的例子，若函數是多變量 (例如神經網路模型)，以各有兩個輸入變量的 $g(x_1, x_2)$、$f(x_3, x_4)$ 函數為例，若 f 當中第 2 個參數 x_4 是由 g 的輸出值而來，可得以下複合函數 h：

$$h\left(x_1, x_2, x_3\right) = f \circ g = f\left(x_3, \underbrace{g\left(x_1, x_2\right)}_{f \text{ 的第 2 參數}}\right) \qquad \text{公式 2-21}$$

多變量複合函數的偏導數很簡單，將其他變量當成常數即可。例如公式 2-21 中，要計算 h 函數對 x_1 或 x_2 變量的偏導數，可以套用連鎖法則，即「h 對 g 的偏導數乘上 g 對 x_1 或 x_2 的偏導數」。至於 h 對 x_3 的偏導數，由於 g 會被視為常數，故只需計算函數 f 對 x_3 的偏導數即可，下一小節會以神經網路為例帶讀者熟悉如何計算。

2-3-3 用反向傳播計算梯度

這一小節將會介紹反向傳播的核心內容，我們以下圖的雙層神經網路為例來說明，此模型只有 G、F 兩個神經元，前層神經元 G 為雙輸入，後層的神經元 F 為單輸入 (各神經元都還有一個偏值會乘上對應的權重加入到加權和)。我們就從這個簡單架構出發，實際示範反向傳播如何逐層運作。

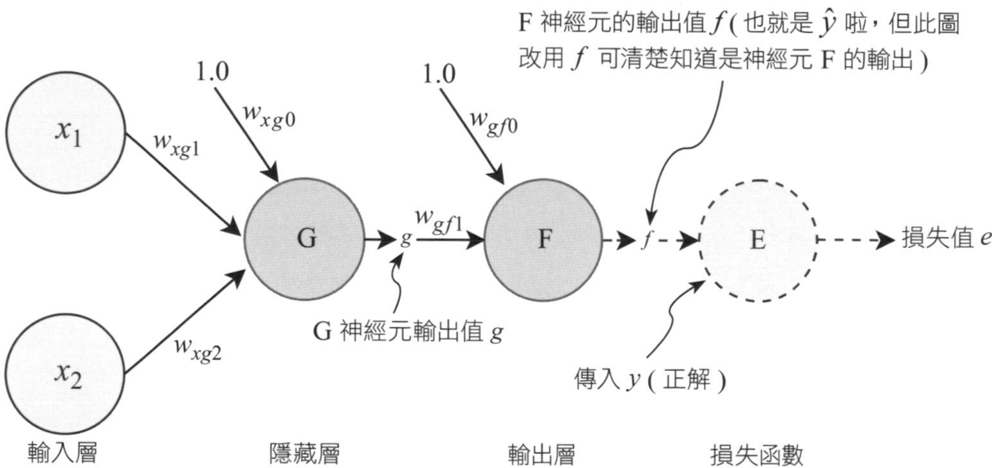

▲ 圖 2-7：用來示範反向傳播運作的雙層神經網路。最末圓圈 E (虛線)並不是神經元，而是用來計算輸出值與正解之間差距的損失函數，並不包含在神經網路內

神經網路只有 G、F 兩個神經元；G 有 3 個權重參數，F 則有兩個，故共有 5 個 w 權重參數待調整。上圖最右邊的虛線圓圈 E 表示損失函數 (loss function)，訓練神經網路得靠損失函數來指引方向，待會就會從它探討起。

此外，圖 2-7 中的各權重參數均以**下標**表示。第 1、第 2 字母各代表來源層與接收層（權重所屬層），數字則代表輸入向量的索引值。例如，w_{xg2} 是指「x 到 g 層、第 2 個輸入值所對應的權重」。

最後，這一小節的範例會以處處可微的激活函數取代符號函數。神經元 G 是使用 tanh 函數，神經元 F 則用 Sigmoid 函數，5 個 w 權重的任何細微調整都會影響神經網路最終的輸出值 f，訓練神經網路的最終目的就是找到 5 個權重的最佳配置。

先列出損失函數的式子

首先，綜觀圖 2-7 整個神經網路架構，其實是以下複合函數的實現，我們正是要以 2-2 節提到的梯度下降法來優化這個複合函數：

對應偏值 1　　對應偏值 1

$$f = S\left(w_{gf0} + w_{gf1}\tanh\left(w_{xg0} + w_{xg1}x_1 + w_{xg2}x_2\right)\right) \quad \text{公式 2-22}$$

F 神經元的激活函數　G 神經元的激活函數

首先，把神經網路的誤差 (即損失值 e) 以**損失函數**來量化，只要找出能讓損失函數最小化的權重參數配置，就能讓神經網路輸出期望的結果。2-2 節提過的均方誤差（MSE），就是線性迴歸擬合資料常搭配的損失函數，將所有訓練樣本輸入模型，計算正解與預測結果的差值平方和。MSE 以數學公式表示如下：

$$MSE = \frac{1}{m}\sum_{i=1}^{m}\left(y - f\right)^2 \qquad \text{公式 2-23}$$

假設訓練樣本只有 1 筆，其正解為 y，模型預測結果為 f，將公式 2-22 F 神經元的輸出值 f 代入公式 2-23 的 f，損失函數就變成 5 個權重的函數，神經網路的訓練目標是要將該樣本的 MSE 最小化：

損失函數是這 5 個權重的函數

$$\text{損失} = \left(y - S\left(w_{gf0} + w_{gf1}\tanh\left(w_{xg0} + w_{xg1}x_1 + w_{xg2}x_2\right)\right)\right)^2 \qquad \text{公式 2-24}$$

我們反覆提到用梯度下降法就能將損失最小化，梯度下降法的公式很簡單，但要計算損失函數對那麼多權重偏導數組成的梯度權重絕對需要技巧，這時就需要反向傳播了。

反向傳播登場

反向傳播演算法是以優雅的公式解反向逐層求各參數偏導數，快速求出梯度。首先，我們將神經網路運作以分解的正向傳播運算來描述，從計算隱藏層神經元 G 的加權和 z 開始，也就是套用激活函數前的值 (編註：請不時回頭和圖 2-7 以及公式 2-24 比對一下符號才不會懵了)：

$$z_g\left(w_{xg0}, w_{xg1}, w_{xg2}\right) = w_{xg0} + w_{xg1}x_1 + w_{xg2}x_2 \qquad \text{公式 2-25}$$

接著是神經元 G 的激活輸出值 g：

$$g\left(z_g\right) = \tanh\left(z_g\right) \qquad \text{公式 2-26}$$

前面提過，我們用 tanh 做為 G 的激活函數然後是神經元 F 接收到此輸入後的加權和 z_f：

$$z_f\left(w_{gf0}, w_{gf1}, g\right) = w_{gf0} + w_{gf1}g \qquad \text{公式 2-27}$$

再來就是神經元 F 的激活函數輸出值 f：

$$f\left(z_f\right) = S\left(z_f\right) \qquad \text{公式 2-28}$$

← 我們在圖 2-7 及公式 2-22 有說過要用 Sigmoid 函數做神經元 F 的激活函數

最後就是損失函數 E 的輸出 e：

這是正解　這是 F 神經元的輸出

$$e(f) = \frac{(y - f)^2}{2} \qquad \text{公式 2-29}$$

← 請參考（公式 2-23、2-24）

★註 不過損失值 (e) 怎麼多了個分母 2？別擔心，這個 2 是拿來簡化公式解，數學式用常數縮放後不會影響其最小值所在處，這樣做不會出問題。

損失函數可改寫成上面這些分解動作的複合函數：

$$\text{損失}\left(w_{gf0}, w_{gf1}, w_{xg0}, w_{xg1}, w_{xg2}\right) = e \circ f \circ z_f \circ g \circ z_g \qquad \text{公式 2-30}$$

換言之，e 是 f 的函數，f 是 z_f 的函數，z_f 是 g 的函數，g 是 z_g 的函數；且根據公式 2-25，z_f 也是 w_{gf0}、w_{gf1} 兩變量的函數，而根據公式 2-27，z_g 亦是 w_{xg0}、w_{xg1}、w_{xg2} 3 變量的函數。

■ 開始反向傳播

將損失函數拆解成多個函數的組合後，就能用連鎖法則計算損失函數 E 對各權重項 w_{gf0}、w_{gf1}、w_{xg0}、w_{xg1}、w_{xg2} 的偏導數，就從 w_{gf0} 開始：將其他權重項與函數 g 視為常數，故損失函數相當於：

$$\text{損失} = e \circ f \circ z_f \left(w_{gf0} \right) \qquad \text{公式 2-31}$$

因為 z_f 是 w_{gf0}、w_{gf1}、g 的函數，現在要對 w_{gf0} 偏微分，我們可以將 g 和 w_{gf1} 當常數，所以就不用列出來了，只列 w_{gf0} 就可以

套用連鎖法則，得：

和公式 2-33 前兩項一樣

$$\frac{\partial e}{\partial w_{gf0}} = \boxed{\frac{\partial e}{\partial f} \cdot \frac{\partial f}{\partial z_f}} \cdot \frac{\partial z_f}{\partial w_{gf0}} \qquad \text{公式 2-32}$$

對 w_{gf1} 的偏導數，只要依樣畫葫蘆即可：

和公式 2-32 前兩項一樣

$$\frac{\partial e}{\partial w_{gf1}} = \boxed{\frac{\partial e}{\partial f} \cdot \frac{\partial f}{\partial z_f}} \cdot \frac{\partial z_f}{\partial w_{gf1}} \qquad \text{公式 2-33}$$

只有最後一項不同

至於輸入層到隱藏層這一段的 w_{xg0}、w_{xg1}、w_{xg2} 偏導數計算必須用上複合函數剩下的 g 和 z_g 兩函數 (見公式 2-25、2-26)：

$$損失 = e \circ f \circ z_f \circ g \circ z_g \qquad 即公式 2\text{-}30$$

此時函數 g 和 z_g 不能被視為常量，故剩下 3 權重項的偏導數為：

公式 2-32～36 的前兩項都一樣

$$\frac{\partial e}{\partial w_{xg0}} = \frac{\partial e}{\partial f} \cdot \frac{\partial f}{\partial z_f} \cdot \frac{\partial z_f}{\partial g} \cdot \frac{\partial g}{\partial z_g} \cdot \frac{\partial z_g}{\partial w_{xg0}} \qquad 公式 2\text{-}34$$

$$\frac{\partial e}{\partial w_{xg1}} = \frac{\partial e}{\partial f} \cdot \frac{\partial f}{\partial z_f} \cdot \frac{\partial z_f}{\partial g} \cdot \frac{\partial g}{\partial z_g} \cdot \frac{\partial z_g}{\partial w_{xg1}} \qquad 公式 2\text{-}35$$

$$\frac{\partial e}{\partial w_{xg2}} = \frac{\partial e}{\partial f} \cdot \frac{\partial f}{\partial z_f} \cdot \frac{\partial z_f}{\partial g} \cdot \frac{\partial g}{\partial z_g} \cdot \frac{\partial z_g}{\partial w_{xg2}} \qquad 公式 2\text{-}36$$

公式 2-34～36 這兩項又都一樣

只有最後一項要個別計算

這 5 個偏導數都可以分解成一串偏導數的乘積：5 個公式 (公式 2-32～36) 的前兩項完全一樣，後 3 個公式的第 3、4 項也都一樣。排在一起看，就不難理解為何反向傳播計算梯度效率更高，這些公式不是看一次算一次，而是只需算一次然後大家共用，只有最後面那項偏導數需要個別計算。以上這就是反向傳播最精要的地方，不熟悉請多看幾遍。剩下的就是各個偏導數的推導了。

個別計算 5 個公式 (公式 2-32～公式 2-36) 的偏導數

■ 公式 2-32 的偏導數計算

現在從**公式 2-32** 開始示範如何計算偏導數：

第 1 項 $$\frac{\partial e}{\partial f} = \frac{\partial \frac{(y-f)^2}{2}}{\partial f} = \frac{2(y-f)}{2} \cdot (-1) = -(y-f)$$

第 2 項 $$\frac{\partial f}{\partial z_f} = \frac{\partial\left(S\left(z_f\right)\right)}{\partial z_f} = S'\left(z_f\right)$$

第 3 項 $$\frac{\partial z_f}{\partial w_{gf0}} = \frac{\partial\left(w_{gf0} + w_{gf1} g\right)}{\partial w_{gf0}} = 1$$

公式 2-32 依連鎖法則分成 3 項計算

將以上 3 項合一，得：

$$\frac{\partial e}{\partial w_{gf0}} = -(y-f) \cdot S'\left(z_f\right)$$

公式 2-32A

公式 2-32 的推導結果

上式有 3 個重點：**第一**，該偏導數為 y、f、z_f 的函數，其中 y 來自訓練樣本所附的正解，另兩值則是在正向傳播時計算出來的。**第二**，偏導數之所以能順利求出，是因為前面刻意將激活函數從原點不連續的符號函數改為處處可微的 S 函數；**第三**，S 的導數不只存在，亦是 S 的函數，將正向傳遞算出的 f 值代入即可求出。待會我們會代入實際數值熟悉這 3 點。

■ 公式 2-33 的偏導數計算

接下來計算公式 2-33 e 對 w_{gf1} 計算偏導數，與公式 2-32 相比只有第 3 項不同，故只要計算 $\frac{\partial z_f}{\partial w_{gf1}}$ 這項：

$$\frac{\partial z_f}{\partial w_{gf1}} = \frac{\partial\left(w_{gf0} + w_{gf1}g\right)}{\partial w_{gf1}} = g$$

結合公式 2-32 的前兩項得到結果：

公式 2-32A 前兩項就是公式 2-32A 本身（因第 3 項是 1，見前一頁）

$$\frac{\partial e}{\partial w_{gf1}} = \overbrace{-(y-f)\cdot S'\left(z_f\right)}\cdot g \qquad \text{公式 2-33A}$$

結果就是已經算好的「公式 2-32A」再乘上 g 即可，別忘了，g 就是在正向傳遞已算過的神經元 G 的輸出值。

剩下 3 個偏導數以此類推，5 個導數都算完後就能串成梯度。

■ 整理：5 個偏導數 (公式 2-32～公式2-36) 的計算結果

經過計算，梯度是以這 5 個偏導數組成：

F 的損失項

$$\frac{\partial e}{\partial w_{gf0}} = \overbrace{-\underbrace{(y-f)}\cdot \underbrace{S'\left(z_f\right)}} \qquad \text{公式 2-32A}$$

損失函數的導數

F 神經元激活函數的導數

w_{gf0} 權重對應的輸入即偏值項 1，不用寫出來

w_{gf1} 權重對應的輸入為 g（即 G 給 F 的輸入值）

$$\frac{\partial e}{\partial w_{gf1}} = -(y-f)\cdot S'\left(z_f\right)\cdot g \qquad \text{公式 2-33A}$$

G 的損失項；F 的損失項；w_{xg0} 權重對應的輸入是偏值項，偏值 =1，不用寫出來

$$\frac{\partial e}{\partial w_{xg0}} = \overbrace{-\underbrace{(y-f)\cdot S'\left(z_f\right)}_{\text{F 的損失項}}\cdot w_{gf1}\cdot \tanh'\left(z_g\right)}^{\text{G 的損失項}} \qquad \text{公式 2-34A}$$

w_{xg1} 權重對應的輸入為 x_1

$$\frac{\partial e}{\partial w_{xg1}} = -(y-f)\cdot S'\left(z_f\right)\cdot w_{gf1}\cdot \tanh'\left(z_g\right)\cdot x_1 \qquad \text{公式 2-35A}$$

w_{xg2} 權重對應的輸入為 x_2

$$\frac{\partial e}{\partial w_{xg2}} = \overbrace{-\underbrace{(y-f)\cdot S'\left(z_f\right)}_{\text{F 的損失項}}\cdot w_{gf1}\cdot \underbrace{\tanh'\left(z_g\right)}_{\text{G 神經元 tanh 激活函數的導數}}}^{\text{G 的損失項}}\cdot x_2 \qquad \text{公式 2-36A}$$

整理：5 個偏導數公式所透露的通則

由以上 5 個偏導數公式可以看出一個規則：它們都是先從計算「**損失函數的導數**」開始，再乘上「**輸出神經元激活函數的導數**」再乘上「**該權重對應的輸入值**」。

■ 從後層看起

以公式 2-32A 而言，我們將前兩項乘積稱為輸出神經元 F 的**損失項**。將 F 的損失項乘以權重對應的輸入值，即可求出 e 對各權重項偏導數；而公式 2-32A 的 w_{gf0} 是 F 的偏值項權重，其對應的輸入值固定為 1，自然等於 F 神經元損失項 (即公式 2-32A)。同理，公式 2-33A 的權重是 w_{gf1}，其對應的輸入值是 G 的輸出值 g，因此結果就是 F 的損失項乘以 g (**編註**：這裡的重點是，F 的損失項只要計算一次，不但公式 2-32A、2-33A 可以共用，公式 2-34A～2-36A 這三個公式也可以用。而 g 是 G 的輸出，在正向傳播已算過，所以運算量就大幅減少了)。

■ 往前一層

再來是前一層神經元 G 的各權重偏導數，首要是算出 G 的損失項，算法是將後層神經元(即 F) 損失項乘上前後連結的對應權重(w_{gf1})，再乘上 G 的激活函數導數，即得 G 的損失項。而 e 對此層各權重項偏導數，只要將 G 的損失項乘以各權重對應的輸入即可 (即公式 2-34A～2-36A)。

神經網路的損失 e 對各權重的偏微分便是照此邏輯，一路反向傳遞到神經網路輸入，故此演算法被稱為**反向傳播**。

編註 講了半天，為了不迷失方向，要記得我們的終極目標是使損失函數 e 最小化。為了最小化，我們要採用梯度下降法 (2-1 節)，而梯度下降法必須計算 e 對各權重參數 w_{ij} 的導數，而反向傳播就是計算導數的一種高效算法。

我們也整理一下上面提到的**反向傳播**涉及的公式，其實說穿了就兩個式子：

1. 損失函數 e 對某神經元各輸入權重的偏導數：

   = 該神經元損失項 * 各權重對應的輸入值

NEXT

2. 該神經元損失項：

= 後層神經元的損失項 * 神經元間的權重 * 激活函數的導數

- 例如：最後一層神經元 F 的損失項

= 損失函數 e 對神經網路輸出值 f 的偏導數 * 神經元 F 的**激活函數導數**

- 例如：前一層神經元 G 的損失項：

= 神經元 F 的損失項 * 神經元間的權重 * 神經元 G 的**激活函數導數**

實際代入數值示範「正向傳播、反向傳播、權重調整」的步驟

都是公式看了有點暈，現在用一些數值來示範如何用單一訓練樣本進行正向傳播、反向傳播與權重調整：

初始權重：$w_{xg0} = 0.3; w_{xg1} = 0.6; w_{xg2} = -0.1; w_{gf0} = -0.2; w_{gf1} = 0.5$

訓練樣本：$x_1 = -0.9; x_2 = 0.1; y\,(\text{正解}) = 1.0$

學習率：$lr = 0.1$

■ 正向傳播

先對神經元 G 算出雙輸入 x 值與偏值項的加權和 z_g，再套用激活函數 tanh 得到輸出值 g：

$$g = \tanh\left(w_{xg0} + w_{xg1}x_1 + w_{xg2}x_2\right)$$
$$= \tanh(0.3 + 0.6 \cdot (-0.9) + (-0.1) \cdot 0.1) = -0.25$$

神經元 F 接收 g 後，繼續搭配偏值項求出加權和 z_f，並套用 S 激活函數得出輸出值 f，正向傳播流程就告一段落：

$$f = \mathrm{S}\left(w_{gf0} + w_{gf1} y_g\right) = S(-0.2 + 0.5 \cdot (-0.25)) = 0.42$$

接著將神經網路輸出與正解間的差異用 MSE 損失函數量化，以確認當前權重參數的誤差情況：

$$MSE = \frac{\left(y - f\right)^2}{2} = \frac{(1.0 - 0.42)^2}{2} = 0.17$$

■ 反向傳播

先計算損失函數的導數：

$$MSE' = -\left(y - yf\right) = -(1.0 - 0.42) = -0.58$$

牢記：**某神經元損失項 = 後層神經元損失項 * 對應權重 * 激活函數的導數**；輸出層與損失函數間無對應權重，直接代入 1 就好，故神經元 F 損失項為：

$$\text{神經元 F 損失項} = MSE' \cdot f' = \underbrace{-0.58}_{} \cdot \underbrace{0.42 \cdot (1 - 0.42)}_{} = -0.14$$

Sigmoid 函數導數為 S · (1 – S)

然後對神經元 G 重施故技：將 F 損失項 * F 與 G 間的權重 * G 的激活函數導數，即可求出 G 的損失項：

$$\begin{aligned}\text{神經元 G 損失項} &= \text{F 損失項} \cdot w_{gf1} \cdot g' \\ &= -0.14 \cdot 0.5 \cdot \underbrace{\left(1 - (-0.25)^2\right)}_{} = -0.066\end{aligned}$$

tanh 函數的導數為 (1 – tanh²)

■ 權重調整

正向、反向傳播流程都走完後，將學習率、權重對應輸入值、權重所屬神經元損失項 3 者相乘，即可得權重調幅。偏值項輸入值固定為 1，神經元 G 與 F 之間的權重對應輸入值為 -0.25(即 G 的輸出)：

學習率
權重對應的輸入值
權重所屬神經元損失項

$$\Delta w_{xg0} = -lr \cdot 1 \cdot \text{G 損失項} = -0.1 \cdot 1 \cdot (-0.066) = 0.0066$$

$$\Delta w_{xg1} = -lr \cdot x_1 \cdot \text{G 損失項} = -0.1 \cdot (-0.9) \cdot (-0.066) = -0.0060$$

$$\Delta w_{xg2} = -lr \cdot x_2 \cdot \text{G 損失項} = -0.1 \cdot 0.1 \cdot (-0.066) = 0.00066$$

$$\Delta w_{gf0} = -lr \cdot 1 \cdot \text{F 損失項} = -0.1 \cdot 1 \cdot (-0.14) = 0.014$$

$$\Delta w_{gf1} = -lr \cdot y_g \cdot \text{F 損失項} = -0.1 \cdot (-0.25) \cdot (-0.14) = -0.0035$$

上式的調幅已加負號，故可直接加到當前權重來計算更新後的結果，到此，這一輪的權重參數調整 (修正) 就完成了：

$$\left.\begin{aligned} w_{xg0} &= 0.3 + 0.0066 = 0.3066 \\ w_{xg1} &= 0.6 - 0.0060 = 0.5940 \\ w_{xg2} &= -0.1 + 0.00066 = -0.0993 \\ w_{gf0} &= -0.2 + 0.014 = -0.1859 \\ w_{gf1} &= 0.5 - 0.0035 = 0.4965 \end{aligned}\right\} \text{調整後的權重參數}$$

2-3-4 多層、多神經元的層層反向傳播

前面的神經網路結構很簡單，各權重匯流成單一路徑直通網路輸出。若延伸到更多層、更多神經元、甚至更多輸出的複雜網路架構，比方說圖 2-8 這 3 種：

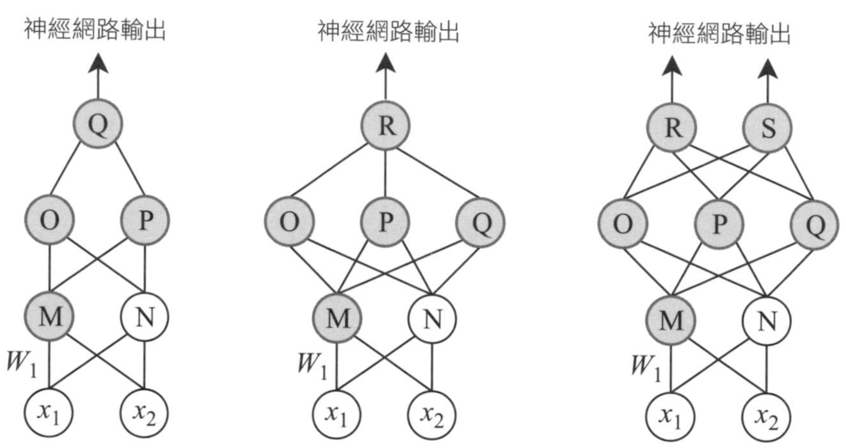

▲ 圖 2-8：之前都是從左到右堆疊神經網路，上圖這 3 組則是從下到上堆疊，兩種示意方式都很常見

多層、多神經元神經網路當然也能進行反向傳播，基本概念跟前面介紹的都一樣，唯一要注意的是，由於不再像前面只是一個接一個，而是前後層多個神經元緊密相連，因此**計算某神經元的損失項時，得對相連的後層神經元損失項求加權和**。例如：

- 左邊架構的 M 神經元，其損失項為後層 O 和 P 的損失項加權和 (註：因為 M 影響了後層 O 和 P 的運算結果)。
- 中間與右邊架構的 M，其損失項是 O、P、Q 的損失項加權和。
- 右邊架構有 R、S 兩輸出神經元，故得先以兩輸出值求出損失函數，方能計算 R 和 S 的損失項。而計算 O (或 P 或 Q) 的損失項時就會用到 R 和 S 的損失項。

本章小結

本章介紹了**梯度下降法**及**反向傳播**這兩個訓練神經網路重要的演算法，梯度下降法的公式很簡單，而反向傳播的數學公式就不少了，一時看的有點花也不用擔心，這些是讓您打底練功用的，即便沒有摸透也不會影響對後續章節的理解，有空多看幾遍即可。

簡單整理一下本章一大堆公式所要闡述的知識：神經網路的訓練目標是讓模型輸出符合正解；但由於權重是以隨機值初始化，不可能一開局就達到目標，故得根據樣本輸出值與正解的差異引導神經網路學習，一回回決定各權重該往哪個方向調、該調多少，逐步改善模型的能力。為此，得先知道輸出對各權重變化有多敏感，而這種敏感性恰為輸出相對於權重的偏導數定義。總之就是得計算各權重對應偏導數，而反向傳播是可加快計算的演算法。

本書之後的章節會少放點公式，而將重心放在不同的神經網路架構上，同時會利用方便的深度學習框架工具來快速實作。

MEMO

Chapter

3

多層神經網路的建立與調校

前兩章已介紹了深度學習的理論基礎，同時帶讀者熟悉一整套的神經網路訓練流程：「餵入訓練樣本 → 比較模型輸出與正解誤差 → 套用梯度下降法調整 (修正) 權重，進而拉近神經網路輸出與正解的差距」。我們也帶您體驗到，增加神經元的數量、層數可以提升神經網路的能力，但實務上發現，驟然加入太多層反而會妨礙神經網路的學習，因此自然得引進更多改良技術來克服這些障礙。

本章將建構一個能辨識手寫數字 0～9 的神經網路模型，並介紹當神經網路的表現不佳時該如何進行調校。

3-1 動手實作：建立辨識手寫數字的多層神經網路

本節開始，所有深度學習的範例實作我們會搬出 Tensorflow.Keras (後續簡稱 tf.Keras) 這個深度學習框架工具，可以用簡潔的 Python 程式碼快速建構神經網路模型。

3-1-1 載入 tf.Keras

本節的完整程式如**書附下載範例 Ch03 / 3-1-mnist_learning.ipynb** 的程式 3-1～程式 3-4 所示。範例一開始，我們要載入相關的套件模組：

▼ **程式 3-1：匯入 tf.Keras 模組及相關套件**

```
import tensorflow as tf                  } 匯入 tf.Keras 模組
from tensorflow import keras             }
from tensorflow.keras.utils import to_categorical  ← 也匯入這個模組，會用在資料預處理
import numpy as np  ← 匯入 NumPy 套件
import logging
tf.get_logger().setLevel(logging.ERROR)
tf.random.set_seed(7)

EPOCHS = 20  ← 設定訓練的總週期 (epoch) 數，見後述
BATCH_SIZE = 1  ← 設定每小批次取 1 筆樣本來訓練
```

本範例將以 **MNIST** (Modified National Institute of Standards and Technology) 這個經典的手寫數字圖片資料集來建立並訓練神經網路，當然，終極目的不光希望神經網路能夠辨識 MNIST 當中的數字圖片，而是能辨識任何手寫數字圖片。

3-1-2 載入資料集並做資料預處理

tf.Keras 已經納入 MNIST 等常見資料集，只要呼叫 keras.datasets.mnist 並利用 load_data () 函式即可載入。程式 3-2 把要餵入神經網路的樣本存於 train_images (60000 筆) 和 test_images (10000 筆) 變數中，對應正解則存於 train_labels 和 test_labels 變數內。資料載入與預處理如程式 3-2 所示：

編註 先提一下，實務上訓練神經網路時時，會將資料集被切割成「**訓練 (train)** 資料集」跟「**測試 (test)** 資料集」兩部分，以真正測出神經網路對「新」資料的表現。因為模型的目標不只是把訓練樣本預測的很準，更重要的是正確預測未知的資料。

我們會先用 train_ 開頭的 train_images 及 train_labels 來訓練模型，訓練好了之後，接著用模型來測看看 test_images，如果預測出來的結果都很接近 test_labels (正解)，就代表我們得到一個連新資料都可以正確預測的模型了。

不過，僅將資料集分成訓練集和測試集還是會有盲點，為了避免過度配適 (overfitting) 的問題，通常會先從訓練集切出一部分資料作為「**驗證** (validation) 資料」, 然後訓練過程就是比對「訓練資料」與「驗證資料」的誤差變化，等訓練通通結束後 (不再動手調任何超參數)，再拿「測試資料」來測試模型對新資料的表現。不過本範例做了簡化，直接以測試資料來做驗證。

▼ **程式 3-2：載入資料集、做資料預處理**

```
# 載入訓練資料集與測試資料集
mnist = keras.datasets.mnist
(train_images, train_labels), (test_images,
                              test_labels) = mnist.load_data()

# 替樣本做標準化 (standardization)
mean = np.mean(train_images)
stddev = np.std(train_images)                          ❶
train_images = (train_images - mean) / stddev
test_images = (test_images - mean) / stddev

# 替標籤 (正解) 做 one-hot 編碼
train_labels = to_categorical(train_labels, num_classes=10)  ❷
test_labels = to_categorical(test_labels, num_classes=10)
```

在上面的程式中，匯入資料後還對資料做了些預處理 (preprocessing) 工作，包括：

❶ 對 train_images 和 test_images 做**標準化 (standardization)** 處理。images 圖片原為 32×32 灰階的格式，像素值範圍介於 0 到 255 之間，經過標準化之後，每筆樣本就會變成「像素平均值為 0、標準差為 1」的分佈，適合輸入模型做訓練。

❷ 對兩個正解 train_labels 和 test_labels 做 **one-hot 編碼**。目前兩者所記錄的正解 (標籤) 都是一個數字，例如 train_labels[0] = 5，表示第 0 張手寫數字圖片是 5。我們需要將 5 這樣的單一數值做 one-hot 編碼處理，也就是「只有一個數字是 1，其餘為 0」的 one-hot 形式。例如數字 5 會被轉換成 [0, 0, 0, 0, 0, 1, 0, 0, 0, 0]，也就是除了索引 **5** 的值是 1 (代表機率 100%) 之外，其他索引位置的值都是 0 (=0%)。做完這個處理，正解即可跟模型的輸出結果：「數字 0 的機率 , 數字 1 的機率 , …… , 數字 8 的機率 , 數字 9 的機率」做比對、計算誤差。而在 ❷ 用 **to_categorical()** 就是用來替正解做 one-hot 編碼。

3-1-3 建構神經網路

現在開始建構神經網路。如程式 3-3 所示：

▼ **程式 3-3：建構神經網路**

```
initializer = keras.initializers.RandomUniform(     } ❶
    minval=-0.1, maxval=0.1)

model = keras.Sequential([ ←❷
    keras.layers.Flatten(input_shape=(28, 28)), ←❸
    keras.layers.Dense(25, activation='tanh',
                       kernel_initializer=initializer,   } ❹
                       bias_initializer='zeros'),
    keras.layers.Dense(10, activation='sigmoid',
                       kernel_initializer=initializer,   } ❺
                       bias_initializer='zeros')])
```

首先建立一個初始化物件 (initializer) 來做初始化權重 ❶，之後要測試不同的初始化權重參數時會比較方便。這裡採均勻隨機分佈 (RandomUniform) 將權重初始化為介於 -0.1～0.1 之間的值。

接著會採用 tf.Keras 的 **Sequential()** 序列類別建立一個空的 model，之後就可以像堆積木一樣，將神經層一層一層堆疊起來。Sequential 是最簡單的 API，後面幾章都預設以此建構模型，當要實作更複雜的神經網路時才會用更進階的做法。

❷ 先用 keras.Sequential() 建立物件，在裡頭設定各神經層。第一層 ❸ 不進行任何計算，只將原本 28×28 的輸入資料展平 (flatten) 為 Flatten 層，後面以 input_shape 參數指定輸入資料的 shape，這樣會把輸入樣本展平成 784 個元素的 1D 陣列，以此餵入神經網路。

編註 本書的 1D 陣列就是指向量形式，2D 陣列則是矩陣形式，3D、4D...則是結構更複雜的多軸陣列結構。對這些名稱還不熟悉請參考第 1 章最後的說明。

第 2、3 層都是 Dense (密集) 層 ❹、❺，也就是全連接層。參數依序為：**該層神經元數** (各含 25 個、10 個神經元)、**激活函數** (用 activation 參數各設為 tanh 和 sigmoid 函數)、**權重初始化物件** (用 kernel_initializer 參數指定 ❶ 所建立好的 initializer 物件)、**偏值權重始化器** (用 bias_initializer = 'zero' 參數先全設為 0 就好)。

模型這樣就建構好了，tf.Keras 框架就是將神經網路模型以一層層神經層的堆疊取代拼湊一個個拼湊密密麻麻的神經元，不用花時間琢磨各神經元如何互連等細節。下圖便是這個神經網路的各層示意圖，不再需要把各層神經元一個個畫出來：

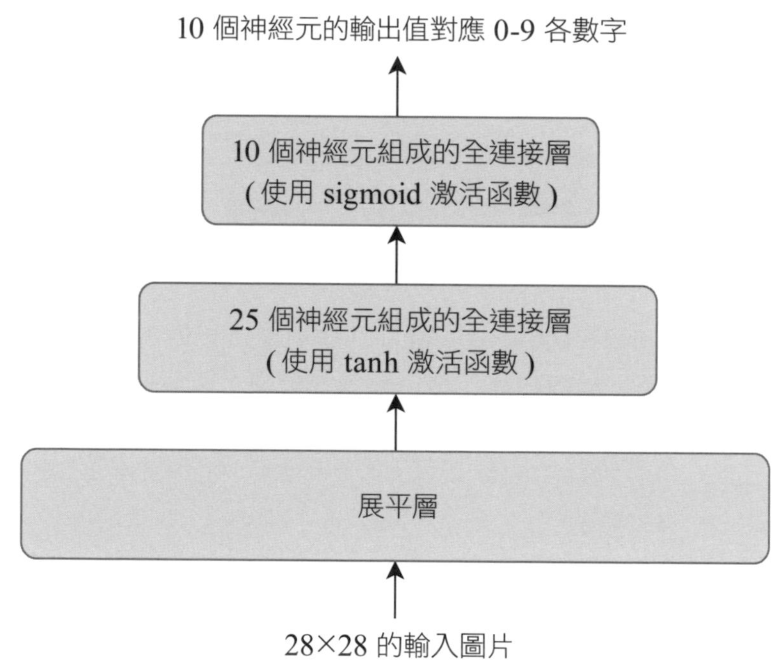

▲ 圖 3-1：將神經網路改以一層層區塊表示

3-1-4 訓練神經網路

建構好模型後，接著就開始模型的編譯 (compile) 及訓練，如下 所示：

▼ 程式 5-4：編譯並訓練模型

```
opt = keras.optimizers.SGD(learning_rate=0.01) ←❶

model.compile(loss='mean_squared_error', optimizer = opt,  ❷
              metrics =['accuracy'])

history = model.fit(train_images, train_labels,                    ❸
                    validation_data=(test_images, test_labels),
                    epochs=EPOCHS, batch_size=BATCH_SIZE, ←❹
                    verbose=2, shuffle=True) ←❺
```

❶ 首先仿照前面的做法，建立一個權重優化器 (optimizers) 物件，optimizer.SGD 表示以隨機梯度下降法 (SGD) 修正權重。學習率 (learning_rate) 設為 0.01。

❷ 呼叫 model 的 compile() method 來編譯模型，完成訓練前的準備。函式內指定 MSE (mean_squared_error) 做為損失函數，並設好優化器，最後以準確率 (accuracy) 做為評判學習成效的評量準則 (metrics)。

❸ 模型的 fit() 正如其名，就是讓訓練資料去擬合 (fit) 正解，呼叫 fit() 即可訓練模型。前兩個參數分別指向訓練資料集與對應的正解，validation_data 參數則指定測試資料集與對應的正解。

❹ 訓練週期 (epochs=20) 與批次量 (batch_size=1) 分別指定程式 3-1 所宣告的變數，此例每餵入 1 筆樣本就會修正權重，所有樣本都餵入一遍即完成一個週期 (epoch)。接著繼續下一週期的訓練。

❺ 訓練過程會顯示模型運作資訊，若只想監看必要資訊，可設為 verbose=2。shuffle 設為 True，就能在每週期訓練開始之際重新打散訓練資料的順序。

以下是依序執行程式 3-1～程式 3-3 的結果前幾個訓練週期的顯示訊息。為求畫面簡潔，在此將時間戳記略去：

輸出

```
                             ❻             ❼                   ❽
Epoch 1/20 loss: 0.0535 - acc: 0.6624 - val_loss: 0.0276 - val_acc: 0.8893
Epoch 2/20 loss: 0.0216 - acc: 0.8997 - val_loss: 0.0172 - val_acc: 0.9132
Epoch 3/20 loss: 0.0162 - acc: 0.9155 - val_loss: 0.0145 - val_acc: 0.9249
……（中間的週期省略）
Epoch 18/20 loss: 0.0089 - acc: 0.9492 - val_loss: 0.0101 - val_acc: 0.9399
Epoch 19/20 loss: 0.0088 - acc: 0.9503 - val_loss: 0.0100 - val_acc: 0.9410
Epoch 20/20 loss: 0.0086 - acc: 0.9511 - val_loss: 0.0100 - val_acc: 0.9406
```

以上訊息中，loss 為訓練資料的均方誤差 (MSE)，**acc** ❻ 為**訓練資料**的預測準確率，**val_loss** ❼ 為**測試資料**的 MSE 誤差，**val_acc** ❽ 則是**測試資料**的預測準確率。從結果看起來，用 tf.Keras 實作數字辨識模型不需要太多程式碼，最後也得到一個預測準確率有 94% 多還不錯的模型。不過這只是最基本的，接下來幾節我們來看當模型表現不佳時，一些相關的調校技巧。

3-2 改善神經網路的訓練成效

以下各小節 (3-2-1 節～3-2-6 節) 會探討增加神經網路層數時可能遇到的問題，並說明通常會用哪些方法來解決。

3-2-1 訓練不彰的原因之一：神經元飽和與梯度消失

連同第 1 章的範例來看，凡在模型中要設定學習率或初始的權重範圍時，作者其實都設的不太一樣，改範圍不是因為作者喜歡，而是如果不多加嘗試的話，可以無法得到理想的結果。舉凡學習率、權重範例、神經層的神經元數量、激活函數 ... 等，都會影響模型的成效。

針對阻礙神經網路學習的因子，我們就從「激活函數」看起。圖 3-2 將兩種 S 形激活函數放在一起看，此圖比較了兩函數在 -4 到 4 之間的行為，出了 -4 到 4 的範圍，兩函數的行為就跟水平線差不多了：

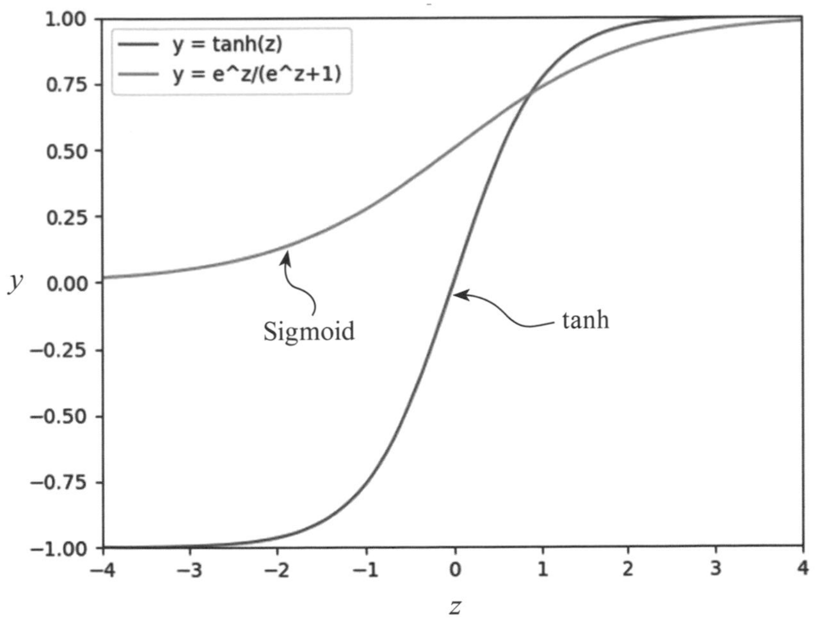

▲ 圖 3-2：將 tanh、Sigmoid 函數擺在一起看

若從單一神經元的角度來看，訓練模型就是微調加權和 (z) 以改變激活函數的輸出。若 z 值落在 -4 到 4 之間，那輸出值變化較明顯；但當 z 值超過 4 或小於 -4，由於函數曲線幾乎呈水平狀，輸出不會受輸入的細微變化影響 (即使變化大點也影響不了輸出)，這就像是對神經元進行更大程度的刺激 (輸入), 卻得到相同的反應 (輸出)，看起來就像神經元死掉了毫無反應，這稱為**神經元飽和 (neuron saturation)**。

神經元飽和將會導致訓練完全停滯，回顧一下第 2 章反向傳播的梯度計算公式，乘項當中有個「激活函數的導數」，若 z 值離原點 0 很遠 (圖 3-2 範圍外)，激活函數的導數將近似 0，即使各神經元還沒到完全飽和的地步，只要大部份激活函數導數都小於 1，0.x 的導數值經層層傳播之下會「愈乘愈小」，趨近於 0，這樣權重就沒得修正了 (修正前跟修正後一樣，等於沒變)，這就是所謂的**梯度消失 (vanishing gradient)** 現象。

註 整理一下：神經元飽和是指其加權和剛好落在激活函數飽和區域，其導數近似 0，故反向傳播的損失項對權重變化不敏感，無法明確指引權重調整方向。

3-2-2 神經網路初始化相關技術

權重初始化 (weight initialization)、**正規化** (normalization) 等技術均可抑制神經元飽和的問題，通常會一起使用，前一節的範例我們也在模型中用了這些技術，底下簡單看一下其概念。

權重初始化 (weight initialization)

避免神經元飽和的第一步，是確保神經元一開始就沒飽和，這是權重初始化可切入的點。3-1 節 MNIST 數字辨識模型的輸入資料多達 785 維 (均包含偏值項），要處理的輸入數值那麼多，若權重一開始設很大，只要輸入為正跟為負的比例稍為失衡，不難想像加權和就會劇烈朝其中一邊傾斜。故當神經元要處理大量輸入，最好將權重以某個較小的值初始化，讓激活函數的輸入值 z 有一定的機率接近 0，避免過早飽和。**Glorot 初始化** (Glorot and Bengio, 2010) 與 **He 初始化** (He et al., 2015b) 是目前較常用的權重初始化策略，實務上前者適合搭配 tanh 和 sigmoid 激活函數，後者適合搭配另一個常被使用的 ReLU 激活函數。

> **註** Glorot 和 He 初始化都值得花時間研究，不過礙於篇幅，本書不會多加著墨，請自行查閱相關資料，(Glorot and Bengio, 2010；He et al., 2015b)。

前一節程式 3-3 的權重初始化是採用均勻隨機分佈，tf.Keras 也提供現成的 Glorot 和 He 初始化器，使用的方式如下：

```
initializer = keras.initializers.glorot_uniform()
initializer = keras.initializers.he_normal()
```

tf.Keras 提供的 Glorot 和 He 初始化器均支援均勻分佈 (uniform) 和常態分佈 (normal) 兩種方式；這兩個初始化做法發表之際，前者採用均勻分佈，後者則是常態分佈，以上程式碼即以此示範。

輸入資料的正規化 (normalization) 處理

正規化 (normalization) 是利用重定比例 (rescale) 的方法，讓每種輸入的特徵值都使用相同的計量標準，前面我們對 train_images 和 test_images 所做的**標準化 (standardization)** 處理就是正規化的方法之一，適當的對輸入資料做預處理可以降低神經元從一開始就飽和的風險。

批次正規化 (batch normalization)

輸入資料的正規化處理只能預防神經元一開始就飽和，並不能保證「隱藏層」的神經元不飽和，為徹底解決這個問題，Ioffe 和 Szegedy (2015) 提出了**批次正規化 (batch normalization)** 的概念，就是針對「**神經層的輸出值**」做處理，使其傳遞到下一層時能符合理想的分佈。聽起來似乎不太合理，改變神經元的輸出，那各權重不就失去對輸出的控制？因此批次正規化會另外搭配也得進行訓練的參數來抵銷這種影響。

批次正規化有兩種做法。原始論文是建議先將各神經元的加權和正規化，再套用激活函數。之後則有激活後再批次正規化的做法。

底下是利用 tf.Keras 實作兩種做法的程式。原版批次正規化，只要先建立一個無激活函數的層 ❶，加上一 BatchNormalization 層 ❷，再接上單純激活函數的 Activation 層 ❸ 即可。如程式 3-5 所示：

▼ **程式 3-5：先批次正規化再激活**

```
keras.layers.Dense(64), ←❶
keras.layers.BatchNormalization(), ←❷
keras.layers.Activation('tanh'), ←❸
```

若想先套用激活函數再進行批次正規化，改成程式 3-6 這樣即可：

▼ **程式 3-6：先激活再批次正規化**

```
keras.layers.Dense(64, activation='tanh'),
keras.layers.BatchNormalization(),
```

3-2-3 更換損失函數以抑制輸出神經元飽和

梯度消失的問題也會受到損失函數的導數影響，回憶一下 2-3 節提到的，求得「輸出神經元」的損失項，是從計算損失函數的導數開始，要是反向傳播的一開始，輸出層神經元就飽和了，後續的訓練自然就無法繼續。

依前人的實驗，當採用 MSE 做為損失函數，最後一層神經元的損失項也很容易因神經元飽和而變為 0，無法反向傳遞給前一層，導致訓練停滯。要克服此問題，可改用其他的損失函數，例如公式 3-1 的**交叉熵損失函數 (cross-entropy loss function)**：

$$\text{交叉熵損失：} e(\hat{y}) = -(y \cdot \ln(\hat{y}) + (1-y) \cdot \ln(1-\hat{y})) \qquad \text{公式 3-1}$$

（y：正解；$\hat{y}$：預測值）

推導的細節這裡就不多贅述，結論如下圖所示，改用交叉熵損失函數後，損失函數的導數高很多，此時輸出神經元損失項不再趨近於 0，權重就能靠反向傳播的損失逐步調整方向與幅度：

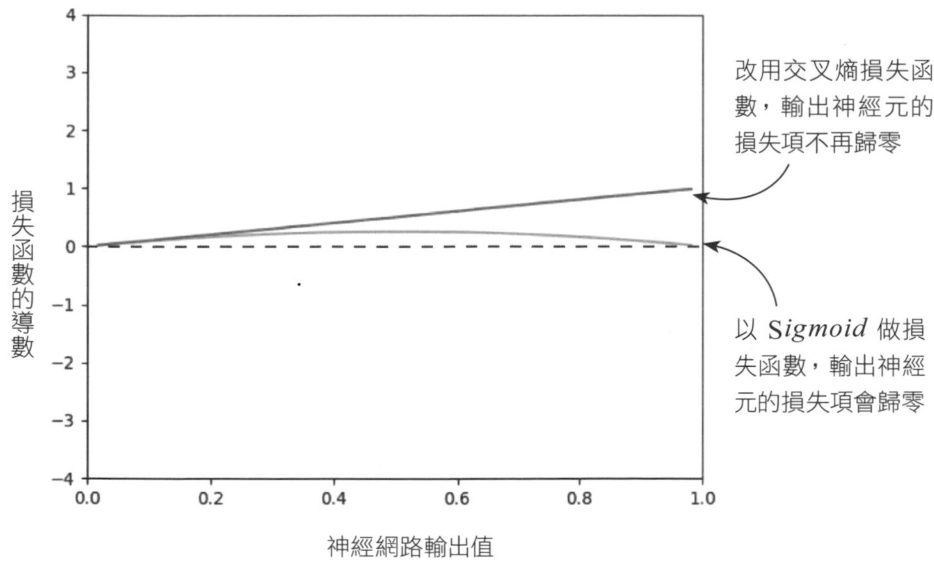

▲ 圖 3-3：將損失函數改成交叉熵，損失函數導數的走勢天差地別

交叉熵損失函數的程式實作

要讓 tf.Keras 以交叉熵做為二元分類時的損失函數，只要像底下這樣，在 compile() 時指定 loss='binary_crossentropy'；若是多元分類模型，則改為 loss='categorical_crossentropy' 即可。

▼ **程式 3-7：指定交叉熵做為損失函數**

```
model.compile(loss='binary_crossentropy', ←― 用 loss 參數指定損失函數
              optimizer = optimizer_type,
              metrics =['accuracy'])
```

3-2-4 避免梯度消失的幾種激活函數

剛才提到改用別種損失函數可避免輸出層神經元飽和，但隱藏層的神經元同樣有飽和的問題，隱藏層神經元一旦飽和，一樣會造成導數歸零，進而發生梯度消失的現象。不過前面又是修改輸入資料 (正規化)、又是根據輸入輸出數量來初始化權重，甚至為了配合激活函數，連損失函數都改了，都還沒來得及搞清楚這些技術是只能治標還是能治本，難道激活函數本身才是萬惡根源？

既然 tanh 和 Sigmoid 函數麻煩這麼多，當年為何會挑它們當激活函數？McCulloch 和 Pitts (1943) 以及 Rosenblatt (1958) 早期發展神經元模型時就納入激活函數的概念，不過當時都僅限於符號函數；後來 Rumelhart、Hinton、Williams (1986) 進一步要求激活函數必須可微，才從符號函數演化到形狀相近的 tanh 和 Sigmoid 函數。而近來，比較多人採用則是 **ReLU** (線性整流) 函數或者其變體 **leaky ReLU** 函數。

在 tf.Keras 中實作時，只要如下就可以修改激活函數：

可改成其他 tf.Keras 支援的函數 (如 'relu'、'elu' 等)

▼ **程式 3-8：指定神經層所用的激活函數**

```
keras.layers.Dense(25, activation='tanh',
                   kernel_initializer=initializer,
                   bias_initializer='zeros'),
```

3-2-5 用優化器 (Optimizer) 改良梯度下降法以幫助學習

為了促進神經網路的訓練效率，梯度下降法也發展出多種優化版本，這些優化演算法在 tf.Kreas 中稱為**優化器 (optimizer)**。

一種是增加**動量 (momentum)** 項。動量的算法，就是權重修正公式中將上一次的修正量也考慮進去。這就好比讓一個球從山坡上滾下來，其滾動方向除了與當前坡度有關，還與先前累積的動量有關。梯度下降法加上動量項後，除了會被迫縮小梯度震盪、進而加快收斂，也較容易從局部極小值逃脫。**Nesterov 動量** (Nesterov, 1983) 就是一種動量演算法。

另一種改良法則是以自適應 (Adaptive gradient) 學習率取代固定學習率，也就是各權重參數一開始的學習率會是一樣的，不過隨著訓練的進行，各權重參數會依過去各權重被更改的幅度自動調整學習率。**AdaGrad** (Duchi, Hazan, and Singer, 2011) 與 **RMSProp** (Hinton, n.d.) 兩種演算法均搭配自適應學習率，**Adam** (adaptive moments，Kingma and Ba, 2015) 則是結合自適應學習率與動量。儘管這些演算法會自動調整學習率，但一樣得設個初始值，並搭配一些額外參數方能控制其運作，但大部份情況用預設值就有不錯效果，運氣差的話就要稍微調一下。

想在 tf.Keras 設定優化器 (optimizer)，用 **keras.optimizers** 來操作即可，程式 3-9 是先選用最陽春的 SGD 並不設動量，學習率設為 0.01：

▼ 程式 3-9：為模型設定優化器

```
opt = keras.optimizers.SGD(lr=0.01, momentum=0.0, decay=0.0,
                           nesterov=False)          ← 設定優化器
model.compile(loss='mean_squared_error', optimizer = opt,
              metrics =['accuracy'])                ← 編譯時指定優化器
```

要改用其他優化器，做法如下，前面介紹的 3 種優化器都有支援：

```
opt = keras.optimizers.Adagrad (lr=0.01, epsilon=None)
opt = keras.optimizers.RMSprop (lr=0.001, rho=0.8, epsilon=None)
opt = keras.optimizers.Adam (lr=0.01, epsilon=0.1, decay=0.0)
```

上面範例僅指定必要參數，其他沒指定參數的會自動套用預設值。若偷懶想全用預設值，也可以直接在 compile() 函式中指定優化器名稱，如下所示：

▼ 程式 3-10：以字串指定優化器

```
model.compile(loss='mean_squared_error', optimizer ='adam',
              metrics =['accuracy'])                ← 指定優化器
```

★註 礙於篇幅，這裡沒有細究如何從零打造動量和自適應學習率，而是直接用 tf.Keras 實作；若有興趣研究背後的數學細節，可以用這裡附上的作者為關鍵字搜尋原始論文 (Duchi, Hazan, and Singer, 2011；Hinton, n.d.; Kingma and Ba, 2015；Nesterov, 1983) 來閱讀。

3-2-6 用常規化 (regularization) 技術改善模型過度配適

能提高模型普適能力的技術通稱為**常規化** (regularization) 技術。常規化的目的是為了降低訓練損失和測試損失之間的差距，這一小節來介紹幾個常見的常規化做法。

早期停止 (early stopping)

要抑制過度配適，除了增加訓練資料讓模型「見多識廣」外，還可用例如**早期停止 (early stopping)** 的技術。early stop 的想法很簡單：在測試損失值不跌反增那當下停止訓練即可。

不過 early stop 通常只有在測試損失變化呈 U 型曲線 (一定週期後不跌反增) 時比較可以派上用場，因為恰當的停止時機並不一定很好找。要在一回回訓練中抓準停止時機，除了監控損失變化以外，最好固定每幾週期記錄一次模型權重 (在訓練過程建立模型的檢查點)；訓練結束時，將各週期的測試損失值繪製成圖，從中找出損失最低點，再將模型參數回溯至該週期即可。

權重衰減 (weight decay)

權重衰減 (weight decay) 也是相當常見的常規化技術，其作法是在損失函數添加一**懲罰項 (penalty term)**。像 **L1 常規化 (L1 regularization)** 是以「權重絕對值」和作為懲罰項，演算法受此懲罰項牽制下，為將損失函數最小化，只能將對解決問題無明顯貢獻的權重項壓低，尤其是那些僅對特定輸入樣本有用、但對多數樣本沒用的權重項。至於 **L2 常規化 (L2 regularization)** 是改用權重平方和作為懲罰項，這種做法也很常見。

想在 tf.Keras 框架下套用 L1 或 L2 常規化，要先匯入 **keras.reqularizers** 模組，接著在想套用的那一層以 "kernel_regularizer" 參數來設定即可。以下範例是用 L2 常規化來示範，程式中搭配權重衰減參數 (設為 0.1)，一層層設定 L2 常規化器；常規化通常不會套用在偏值權重上，但 tf.Keras 的常規化器可將權重與偏值項分開，都要套用也可以：

▼ **程式 3-11：例：將 L2 常規化納入模型各層**

```
from tensorflow.keras.regularizers import l2  ← 載入模組
…
model.add(Dense(64, activation='relu',
                kernel_regularizer=l2(0.1),
                bias_regularizer=l2(0.1),
                input_shape=[13]))
model.add(Dense(64, activation='relu',
                kernel_regularizer=l2(0.1),
                bias_regularizer=l2(0.1)))
model.add(Dense(1, activation='linear',
                kernel_regularizer=l2(0.1),
                bias_regularizer=l2(0.1)))
```

一層層設定 L2 常規化，可看到將權重與偏值項分開設

dropout (丟棄法)

dropout 是神經網路特有的常規化技術 (Srivastava et al., 2014，https://jmlr.org/papers/v15/srivastava14a.html)，其作法是在訓練期間從神經網路隨機移除部份神經元，每個訓練週期被移除的神經元都不一樣。神經元移除比例 (丟棄率) 由參數控制，常用設定為 20%。下圖展示了全連接神經網路隨機刪除兩個神經元前後的結構差異：

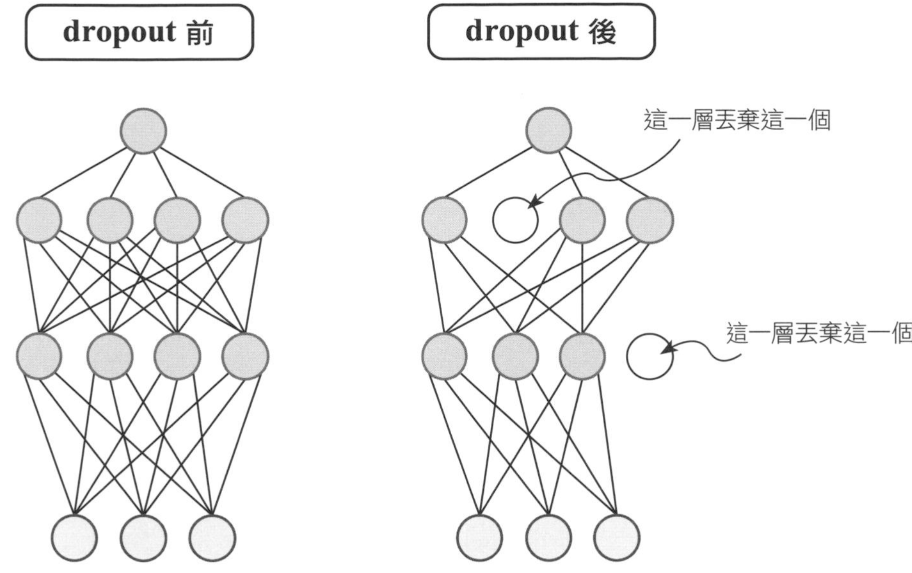

▲ 圖 3-4：dropout 示意圖

dropout 可以避免演化出一個「只依賴少許神經元的正向傳播路徑」，這樣模型就不會過度依賴某幾種特徵來預測結果，可以有效抑制過度配適。程式 3-12 示範如何在 tf.Keras 使用 dropout。同樣地一開始要先匯入 **Dropout** 模組：

▼ **程式 3-12：在模型中加入 dropout 機制**

```
from tensorflow.keras.layers import Dropout
…
model.add(Dense(64, activation='relu', input_shape=[13]))
model.add(Dropout(0.2))
model.add(Dense(64, activation='relu'))
model.add(Dropout(0.2))
model.add(Dense(1, activation='linear'))
```

想用在哪層，就在那層之後插入 Dropout 層

3-3 實驗：調整神經網路與學習參數

看完一大堆神經網路的調校技術，現在就實際應用到神經網路中，看看不同參數會導致怎樣的結果。為比較不同技術的效果，在此用 5 種不同配置來實驗看看，各配置如表 3-1 所示：

▼ **表 3-1：5 種配置的神經網路**

配置	隱藏層激活函數	隱藏層權重初始化	輸出層激活函數	輸出層初始化器	損失函數	優化器	批次量
配置 1	tanh	均勻分佈 0.1	Sigmoid	均勻分佈 0.1	MSE	SGD lr=0.01	1
配置 2	tanh	均勻分佈 0.1	Sigmoid	均勻分佈 0.1	MSE	SGD lr=10.0	1
配置 3	tanh	Glorot 均勻分佈	Sigmoid	Glorot 均勻分佈	MSE	Adam 預設 lr=0.001	1
配置 4	ReLU	He 均勻分佈	Softmax	Glorot 均勻分佈	Cross Entropy	Adam	1
配置 5	ReLU	He 均勻分佈	Softmax	Glorot 均勻分佈	Cross Entropy	Adam	64

- **配置 1** 是 3-1 節那個神經網路（**書附下載範例 Ch03 / 3-1-mnist_learning.ipynb**）的設定。
- **配置 2** 則同配置 1，只是將學習率刻意拉高到 10.0 試試。
- **配置 3** 是用 Glorot 均勻分佈來做權重初始化，並將優化器改為 Adam，相關參數則沿用預設值。
- **配置 4** 則將隱藏單元的激活函數改為 ReLU，權重初始化器改用 He 均勻分佈，損失函數變為交叉熵。由於現在是多元分類，就改用 'categorical_crossentropy' 損失函數，激活函數也改用可以將輸出層 10 個神經元輸出成「每個值都介於 0 到 1 的範圍內，而這 10 個值的總和為 1」的 Softmax 函數。

- **配置 5** 大致同配置 4，只是批次量改成 64。

稍微修改前面範例的程式碼，即可實現這些配置。例如程式 3-13 是以**配置 5** 為例設定模型，我們只節錄部分重點，完整程式可見**書附下載範例 Ch03 / 3-2-mnist_learning_conf5.ipynb**：

▼ **程式 3-13：照配置 5 撰寫程式**

```
model = keras.Sequential([
    keras.layers.Flatten(input_shape=(28, 28)),
    keras.layers.Dense(25, activation='relu',
                       kernel_initializer='he_normal',
                       bias_initializer='zeros'),

    keras.layers.Dense(10, activation='softmax',

                       kernel_initializer='glorot_uniform',
                       bias_initializer='zeros')])

model.compile(loss='categorical_crossentropy',
              optimizer = 'adam',
              metrics =['accuracy'])

history = model.fit(train_images, train_labels,
              validation_data=(test_images, test_labels),
              epochs=EPOCHS, batch_size=BATCH_SIZE,
              verbose=2, shuffle=True)
```


下頁圖 3-5 則是所有配置的測試錯誤率隨訓練週期的變化：

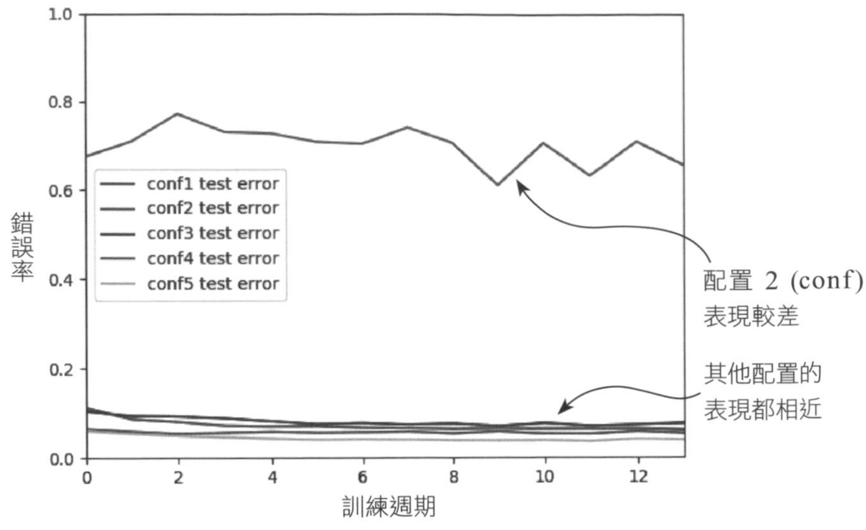

▲ 圖 3-5：5 種配置的預測錯誤率變化

- **配置 1 (conf1)** 是作者花了很多時間試過多種參數組合後挑出來的，在訓練結束之際的錯誤率約為 6%。
- **配置 2 (conf2)** 將學習率從 0.01 刻意調高成 10.0，後果一目瞭然。錯誤率一直在 70% (0.7) 附近震盪，代表模型根本沒學到什麼。
- **配置 3 (conf3)** 是以 tf.Keras 實作 Glorot 權重初始化器與 Adam 優化器 (搭配預設參數)，錯誤率約為 7%。
- **配置 4 (conf4)** 則是改用不同激活函數，並以交叉熵取代 MSE 成為損失函數，隱藏層的初始化器亦改為 He 均勻分佈，測試錯誤率降到 5 %。
- **配置 5 (conf5)** 只是把配置 4 的批次量從 1 改成 64，最終測試錯誤率約為 4%，比其他配置都好，可見批次量是很重要的超參數項目。

這些改良可能看起來沒啥了不起，但錯誤率從 6% 降到 4%，改善幅度已經很明顯了。更重要的是，有了這些技術，訓練更深層神經網路就不再問題重重了。

註 快速測試超參數組合的做法

從前面範例程式看來，一個模型至少有激活函數、權重初始化器、優化器、損失函數等模型的參數，以及批次量大小等超參數 (hyperparameter) 要調；前面只取 5 種配置來實驗，但其實還有更多組合可選，想要逐一測試這些參數 / 超參數組合，其實有更系統化的方式。以調整兩個參數 (優化器和初始化器) 為例，可以用下圖的**格點搜尋 (grid search)**，一軸代表一個參數，交會點就代表不同參數 / 超參數的組合：

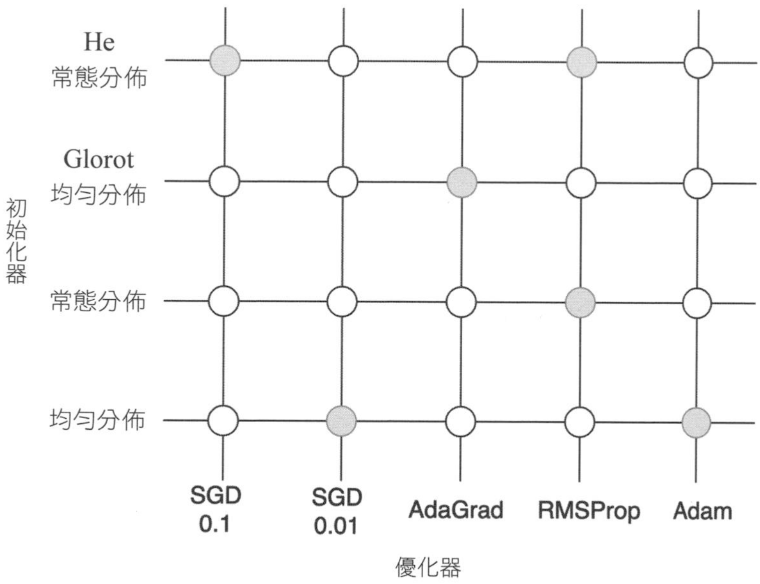

▲ 圖 3-6：雙參數格點搜尋，一一嘗試所有格點組合

不過一一嘗試所有組合還是會產生很多計算成本，因此也可先採「隨機」格點搜尋，也就是從中隨機取幾種組合試驗 (如上圖先隨機挑幾個灰點來測)；或採用折衷方案，先以隨機格點搜尋一或數個希望較高的組合，再以其為中心進行窮舉測試。

但一個一個嘗試還是很花時間，針對測試模型的超參數、各種參數的做法，本書附錄 B 將介紹「自動化模型架構搜尋」的技巧，稱為神經網路架構搜尋 (Neural Architecture Search，簡稱 NAS)，可以將摸索模型最佳架構、參數的過程自動化，有興趣可參考該附錄的說明。

MEMO

Chapter

4

用卷積神經網路 (CNN) 進行圖片辨識

自 90 年代以來，在許多研究人員的努力下，以反向傳播訓練深層模型的可行性不斷提高，但讓深度學習真正邁向普及化，當屬 2012 年的 ImageNet 圖片分類挑戰賽。那一年，新發表的 AlexNet 模型採用全新的**卷積神經網路** (Convolutional Neural Network, CNN) 架構而奪冠，這被公認是深度學習迅速發展的關鍵，本章就來介紹 CNN 的相關知識。而 CNN 當中也有一些技術，像是**跳接 (skip connection)** 機制也被往後一些先進的模型 (例如第 9 章介紹的 Transformer) 採用，因此請務必打好 CNN 的基礎。

4-1 卷積神經網路 (CNN)

在 AlexNet 模型架構中，由福島邦彥 (Fukushima) 提出的**卷積層**扮演著關鍵角色，此模型由 5 個卷積層和 3 個密集層組成，我們先大致看一下 AlexNet 的模型架構：

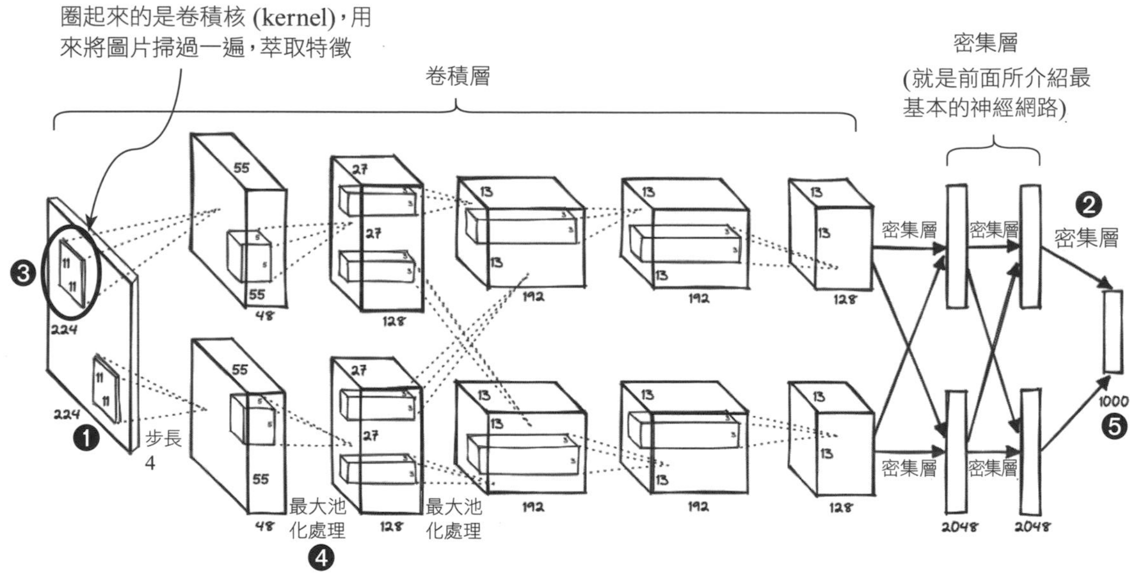

▲ 圖 4-1：AlexNet 卷積神經網路架構

> **註** 前頁這張圖上下兩半的架構一模一樣，這表示分兩半處理。因為當年 GPU 效能還很有限，因此把神經網路各層都拆成兩半，各分給一個 GPU 來跑，此圖我們把重點擺在熟悉卷積層是如何運作就好。

前頁這張圖的結構有幾個重點：

❶ 輸入圖片是 224 (長)× 224 (寬) × 3 (RGB 三顏色通道) 的 3D (軸) 結構。

❷ 每個卷積層也都是 3D (軸) 結構，而經卷積層處理後，送入最後頭的密集層時，資料會被展平 (flatten) 成 1D 的向量形式，因此密集層是 1D 結構。

❸ 每個卷積層內有 11×11、5×5、3×3 尺寸不等的**卷積核 (kernel)**。卷積核也稱**濾鏡 (filter)**，這是一個滑動窗口，需設定**步長 (stride)**，負責把圖片從左上到右下掃過一遍來萃取特徵，最後產生**特徵圖 (feature map)**。

> **編註** 由於輸入圖片多半是彩色的，為 3D 結構，因此不管是卷積核、或者是最後輸出的特徵圖，也都會是 3D 結構，例如卷積核會是11×11×n、5×5×n。至於第 3 軸的維度為何，會視我們如何規劃卷積運算而定，之後就會提到。

❹ 卷積層後面通常會搭配**池化層 (pooling layer)**，此圖是以**最大池化 (max pooling)** 的方式對卷積層輸出的特徵圖做 " 重點挑選 "，從結果來看會繼續縮小特徵圖的尺寸。

❺ 最右側的輸出層含有 1000 個神經元，用來輸出圖片是貓、狗、馬、花 ... 等物體的機率。

底下再針對一些關鍵概念做介紹。

4-1-1 卷積層的基礎

卷積層的運作概念

先來看卷積層的結構。顧名思義，卷積層主要負責做**卷積 (convolution)** 運算，卷積在圖片處理領域是很常見的運算，大致的做法是利用 n×n 大小的多個**卷積核 (convolution kernels)** 或稱**濾鏡 (filters)** 將要辨識的圖片各區域掃過 (走訪) 一遍，以決定要強化或弱化圖片的某些特徵，CNN 就運用這樣的概念來萃取輸入圖片的特徵。

> **小編補充** 卷積運算跟前面介紹的密集神經網路正向傳播唯一的不同是，密集神經網路是為每一輸入配置獨立的權重，濾鏡則是用一組 n×n 的權重應付所有輸入，濾鏡當中的權重不會隨滑動窗口移動而改變，正是這種**共享權重 (weight sharing)** 的做法讓卷積層的權重數量比密集層少上許多。

下圖展示了用三種不同的濾鏡尺寸以及步長 (stride) 配置，走訪一張 6×8×3 的輸入圖片：

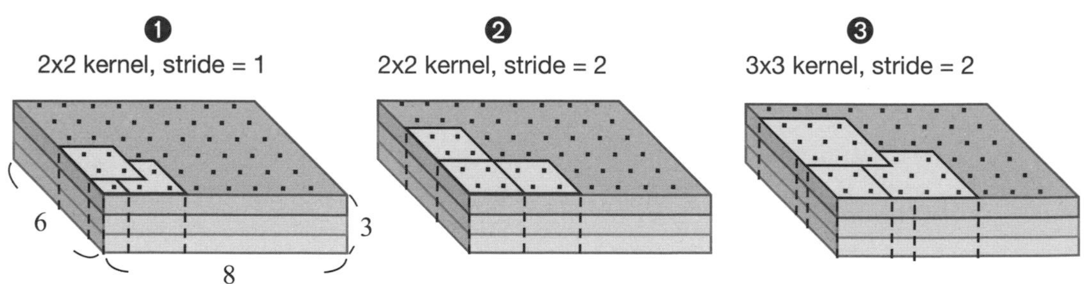

▲ 圖 4-2：不同的濾鏡尺寸、步長走訪配置

❶ 的濾鏡尺寸為 2×2×3 (編：最後的 ×3 指的是濾鏡的**通道數 (或稱深度 depth)，必須與輸入圖片的通道數一致**)，該濾鏡的步長 (stride) 為 1，代表濾鏡走訪時每次橫移 1 個像素，若橫向移動到了盡頭，則回到最前頭先縱向移動 1 個像素後，再繼續橫向掃描。

❷ 也是 2×2×3 的濾鏡，但步長為 2，表示走訪時每次移動 2 個像素。

❸ 則是步長為 2 的 3×3×3 濾鏡。

在濾鏡上頭會配置可訓練的權重參數，以上圖 ❸ 為例，當以 3×3×3 的濾鏡處理 RGB 3 通道的彩色圖片，那麼這個濾鏡所配置的權重數就會是 3×3×3，也就是 27 個，再加上 1 個偏值，共 28 個權重參數。

當濾鏡在一一掃描圖片時，就進行「濾鏡的權重值 × 圖片輸入值，再算加權和」的卷積運算，每走訪一區得到一個數值後記錄下來，當濾鏡走訪圖片完各區域後，會產生一張尺寸比原輸入圖片還「小」的**特徵圖 (feature map)**，然後以這張特徵圖做為下一層的輸入值。也就是說，卷積層的目的就在於萃取出一張比原圖尺寸還小的特徵圖。

小編補充 全用密集層處理大尺寸圖片會讓模型太複雜

這裡提到特徵圖的尺寸會比輸入圖片還「小」，之所以這樣做是考慮到複雜度問題。雖說機器視覺任務並非一定得用高解析度圖片，但現實還是很殘忍，圖片通常所含的像素不少，若都以密集層來處理，除了神經網路需要的計算能力會嚴重爆表外，如 3-1 節提到的，當權重參數太多 (= 網路結構太複雜)、而我們給它的訓練資料沒這麼多時，訓練時就非常可能發生**過度配適 (overfitting)** 的問題。因此，在有限的資料數量下，我們希望神經網路的權重數量可以降低，且保持一定的學習能力，這就是 CNN 能幫我們做到的。

可以用多個濾鏡萃取不同的特徵

濾鏡就相當於特徵辨識器，當某濾重被設計成識別垂直線，只要輸入圖片內有條很長的垂直線，無論該直線特徵出現在圖片哪個角落，只要有被濾鏡掃到，都能將此特徵萃取出來。不過，光識別垂直線等單一特徵，似乎也幹不了什麼大事。神經網路要能辨別不同物件，得能辨識水平線、對角線、甚至彩色斑點等多樣化的特徵，因此通常會在卷積層裡多塞幾組濾鏡，一組濾鏡負責偵測一種特徵。

卷積層在掃描不同特徵時，就如同下圖這樣：

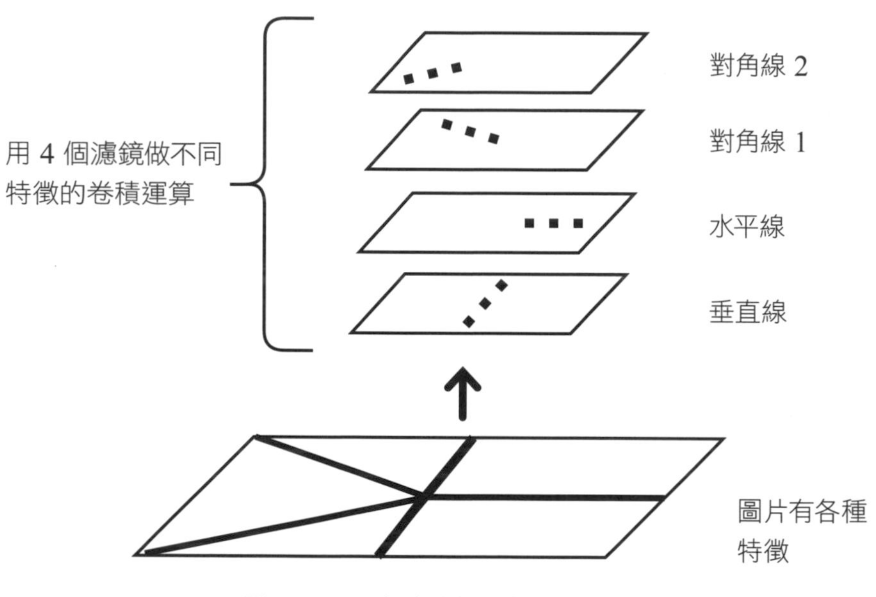

▲ 圖 4-3：用 4 個濾鏡萃取出特徵圖

經此運作下來，每個濾鏡走訪圖片做卷積運算後，會各產生一張 2D 特徵圖，把這些特徵圖一片一片疊起來，整體來看就會多出一軸「深度」(depth)。特徵圖的每個深度就代表某個濾鏡對某特徵 (例如特定方向的直線) 的探測結果，上圖這個卷積層是以 4 個濾鏡來掃描圖片，所輸出的特徵圖最後一軸就會是 4 維 (×4)。也就是說，**特徵圖的深度 (通道數) 會與濾鏡的數量一致**，如下圖所示：

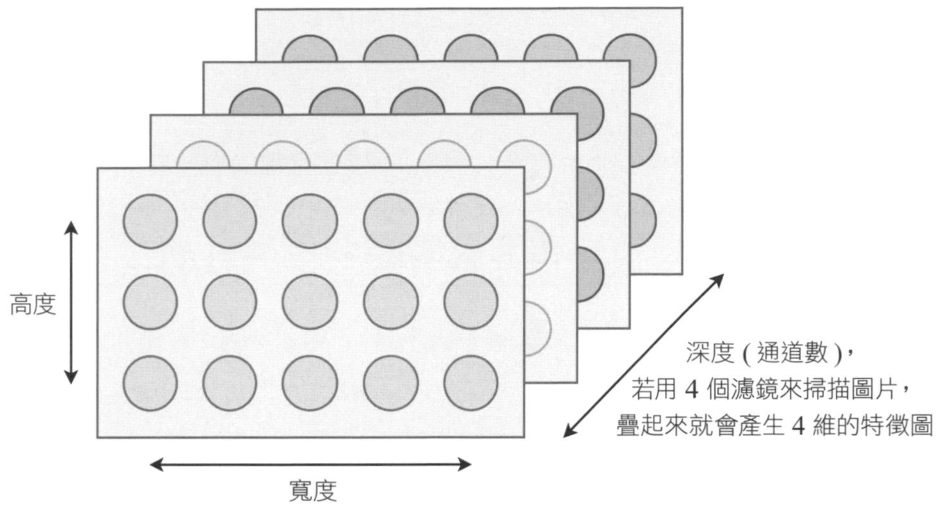

▲ 圖 4-4：3D 結構的特徵圖

如同前面所說的，特徵圖尺寸都會比輸入圖片小，這表示已從原始圖片中萃取出足以辨識內容的特徵，這樣就不必整張圖片的特徵值通通餵給密集神經網路做分類，可以避免輸入特徵過量的問題。

填補 (padding) 的概念

最後來介紹與步長密切相關的**填補 (padding)** 概念，步長與填補兩參數得妥善搭配才能使卷積層的計算順利進行。假設現在要用 5×5 的濾鏡來處理 28×28 的圖片。在步長為 1 時，由於濾鏡框本身是 5×5，移動 23 次後，這個 5×5 的濾鏡框就碰到對邊了，所以就只有 24×24 能做卷積運算，因此我們前面才會提到，輸出的特徵圖尺寸通常會「小於」原始的輸入圖片。

但如果您想讓輸出特徵圖的尺寸與輸入圖片相同，只要在輸入圖片邊界做「填補」即可，最常是用 0 補滿。對 28×28 圖片上下左右四邊各補上兩排 0 後，再用 5×5 卷積核處理，就能產生跟原始圖片相同尺寸的 28×28 特徵圖。

註 寫程式時不用擔心如何計算要填補一排、兩排還是三排才能讓特徵圖的尺寸維持不變，這些細節用深度學習框架都可以快速完成，待會就會示範。

4-1-2 將多個卷積層和密集層組合成神經網路

了解單一卷積層的結構後，實作上我們就可以將多個卷積層堆疊起來，用最前頭的卷積層濾鏡從輸入圖片辨識基本特徵，之後再接一個卷積層接收前一層得出的特徵圖，繼續辨識更複雜的特徵。例如前一層辨識彩色斑點、垂直線、水平線、對角線等基本圖案，後一層就有機會進一步辨識十字、網格、米字等更複雜的特徵，並輸出對應的特徵圖，繼續往後一層傳遞過去。

下頁這張圖就是典型的雙卷積層模型。先用第 1 卷積層辨識基本特徵，第 2 卷積層則將這些基本特徵重組成更複雜的特徵，再將辨識結果輸出到密集層，最後在密集層透過 **Softmax** 函數輸出圖片是狗、貓、孔雀 ... 等類別的機率。

小編補充 Softmax 函數會將該密集層的 N 個神經元輸出成「**每個值都介於 0 到 1 的範圍內，而這 N 個值的總和為 1**」的結果。例如當某張圖片傳入神經網路、經雙卷積層的運算後，最後輸出層的 Softmax 函數輸出「0, 0.02, 0.92, 0, 0, 0, 0, 0, 0.05, 0.01...」之類的結果，這 N 個值就代表神經網路預測輸入圖片是這 N 種物體的機率。

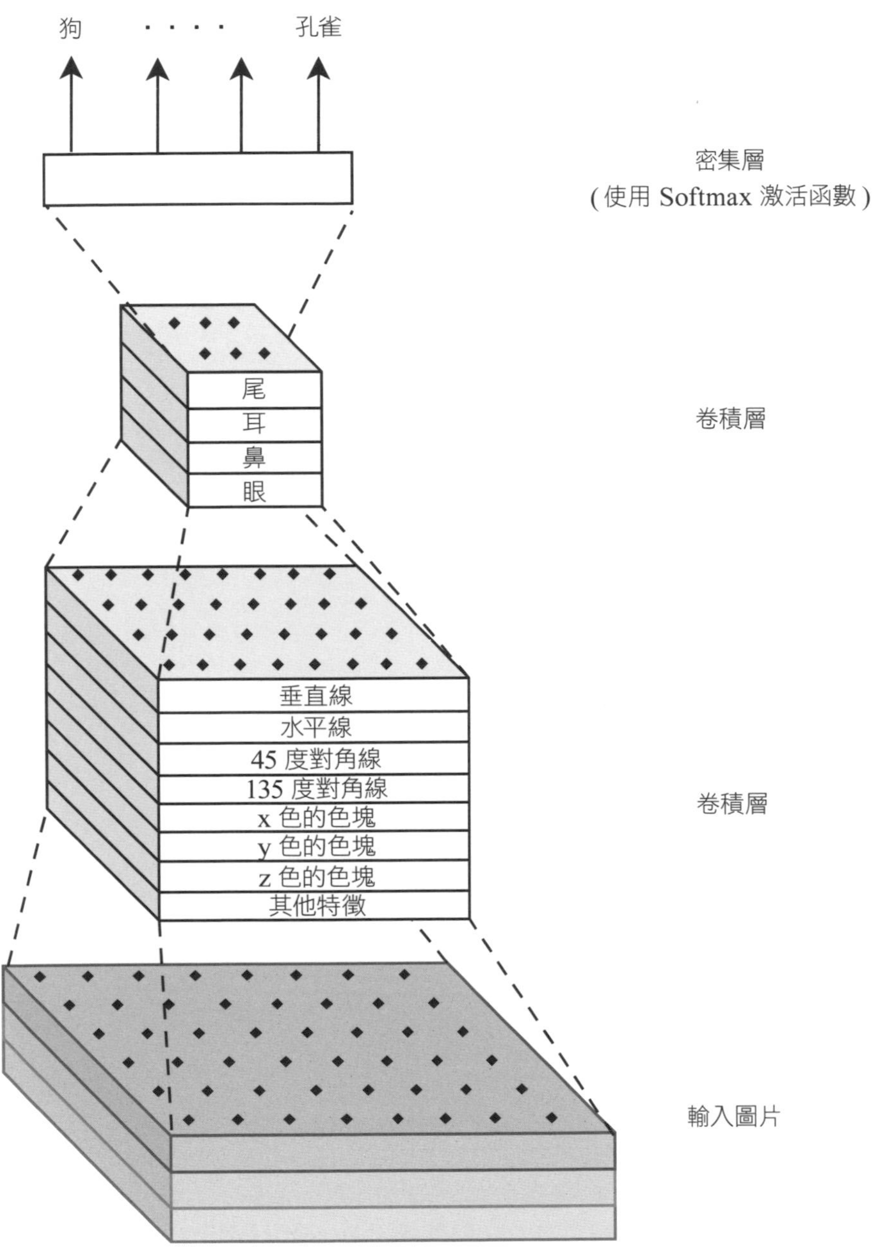

▲ 圖 4-5：由雙卷積層和單一密集層組合成卷積神經網路

在上圖這樣的圖片辨識任務中，例如孔雀的主要特徵是「多目」(看起來像眼睛的東西很多)，那麼在訓練好的卷積神經網路中，負責萃取「眼」類特徵的濾鏡權重佔比就會比較高，其他特徵的權重項則壓低，以成功預測出孔雀這個類別：

孔雀示意圖，模型若能萃取出類似眼的多目特徵，對於判別出孔雀大有幫助

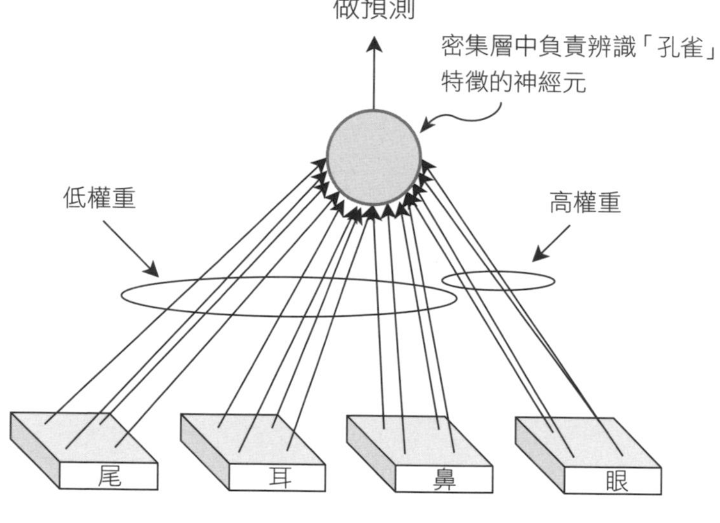

▲ 圖 4-6：密集層的神經元根據多種特徵判別圖片內是何種動物
(來源：Peacock image by Shawn Hempel, Shutterstock.)

4-2 實作：以卷積神經網路做圖片分類

本節將用 Python + tf.Keras 建構一個由雙卷積層和一密集層組成的 CNN 模型，模型的規劃如下：

- **輸入層：**
  - **彩色圖片尺寸：**32 (寬) × 32 (高) × 3 (顏色通道)。
- **卷積層 1：**
  - **濾鏡尺寸：**5 × 5 × 3 (註：最後一軸的深度與輸入圖片的通道數同為 3)。
  - **濾鏡數量：**64。

> **註** 由上兩項可知卷積層 1 待訓練的濾鏡權重數量為：
>
> **5 × 5 × 3 + 1 (偏值) × 64 = 4864 個 。**

  - **步長：**2。
  - **輸出的特徵圖尺寸：**16 × 16 × 64 (註：最後一軸的深度與**濾鏡數**同為 64)。
- **卷積層 2：**
  - **濾鏡尺寸：**3 × 3 × 64 (註：最後一軸的深度與卷積層 1 所輸出的特徵圖深度同為 64)。
  - **濾鏡數量：**64。

> **註** 由上兩項可知卷積層 2 待訓練的濾鏡權重數量為：
>
> **3 × 3 × 64 + 1 (偏值) × 64 = 36928 個 。**

  - **步長：**2。
  - **輸出的特徵圖尺寸：**8 × 8 × 64 (註：最後一軸的深度與濾鏡數同為 64)。

- **密集層 (輸出層)**：
  - **接收的輸入圖片尺寸**：8 × 8 × 64 (註：即卷積層 2 所輸出的特徵圖)。
  - **神經元數量**：10。

密集層**待訓練的權重數量**：

8 × 8 × 64 + 1 (偏值) × 10 = 40970 個。

4-2-1 神經網路的初始化

【書附範例 Ch04 / 4-1-convnet_cifar.ipynb】的程式 4-1 是模型的初始化部分，包括超參數的設定，以及做訓練資料的資料預處理：

提醒一下，本書是在 Google Colab 雲端環境撰寫程式，Colab 的操作 (開啟範例、執行 ...) 可見附錄 D 的說明

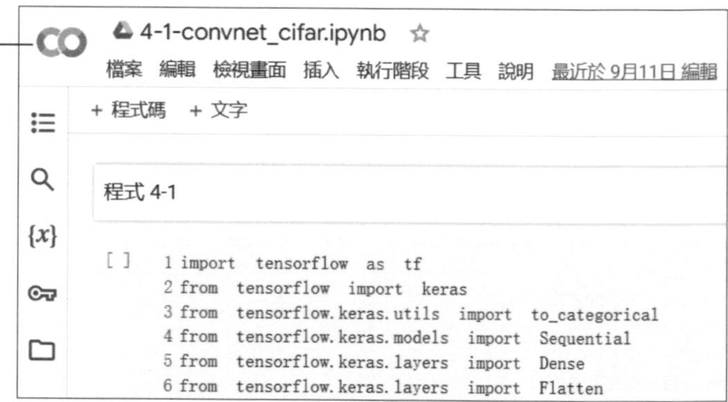

▼ **程式 4-1：卷積神經網路的初始化**

```
import tensorflow as tf
from tensorflow import keras
from tensorflow.keras.utils import to_categorical
from tensorflow.keras.models import Sequential
from tensorflow.keras.layers import Dense
from tensorflow.keras.layers import Flatten
from tensorflow.keras.layers import Conv2D ←❶
import numpy as np
import logging
tf.get_logger().setLevel(logging.ERROR)
```

NEXT

```
EPOCHS = 128
BATCH_SIZE = 32

# 載入 CIFAR-10 資料集
cifar_dataset = keras.datasets.cifar10
(train_images, train_labels), (test_images,
    test_labels) = cifar_dataset.load_data()     ❷

# 將資料集做標準化處理
mean = np.mean(train_images)
stddev = np.std(train_images)
train_images = (train_images - mean) / stddev
test_images = (test_images - mean) / stddev      ❸
print('mean: ', mean)
print('stddev: ', stddev)

# 將標籤轉換為 one-hot 格式
train_labels = to_categorical(train_labels,
                              num_classes=10)    ❹
test_labels = to_categorical(test_labels,
                             num_classes=10)
```

可以看到匯入的套件包括了 tf.Keras 內建的卷積層 Conv2D ❶，此外也匯入了 CIFAR-10 這個資料集 ❷，最後針對訓練資料及測試資料做標準化的資料預處理 ❸，並對資料的正解做 one-hot 編碼 ❹ (註：這些跟 3-1 節做的事都一樣)。

註 CIFAR-10 資料集

CIFAR-10 資料集收錄了 60000 筆訓練圖片和 10000 筆測試圖片，分屬飛機、車、鳥、貓、鹿、狗、蛙、馬、船、卡車等 10 種類別，均是生活中常見的物體。所有圖片均為彩色，尺寸為 32×32 像素，解析度雖與前一章所用的 MNIST 資料集相近，但比手寫數字更多樣，辨識更具挑戰性。

NEXT

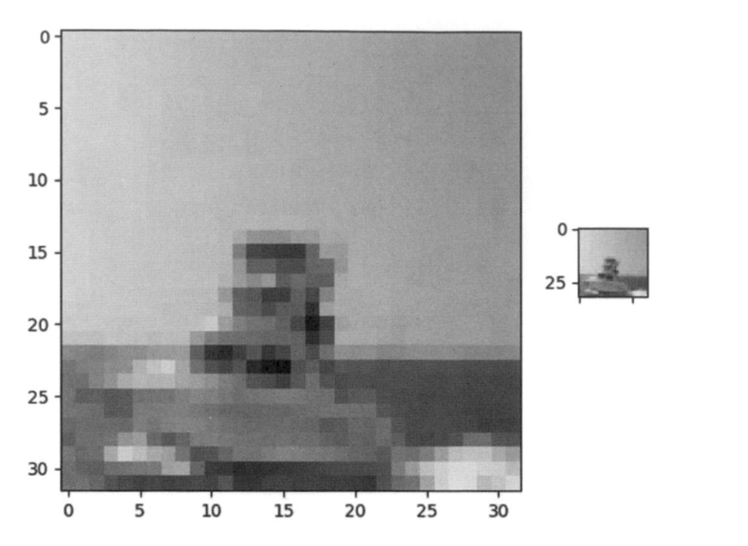

▲ 圖 4-7：例如這是 CIFAR-10 資料集編號第 100 張圖片，是一艘船。(來源：Krizhevsky, A., Learning Multiple Layers of Features from Tiny Images, University of Toronto, 2009.)

4-2-2 建構及訓練模型

程式 4-2 則開始建構 CNN 模型：

▼ **程式 4-2：建構卷積神經網路**

```
# 在模型中加入雙卷積層與一密集層
model = Sequential() ←❶
model.add(Conv2D(64, (5, 5), strides=(2,2),
                 activation='relu', padding='same',
                 input_shape=(32, 32, 3),                ❷
                 kernel_initializer='he_normal',
                 bias_initializer='zeros'))
model.add(Conv2D(64, (3, 3), strides=(2,2),
                 activation='relu', padding='same',      ❸
                 kernel_initializer='he_normal',
                 bias_initializer='zeros'))
```

NEXT

```
model.add(Flatten())
model.add(Dense(10, activation='softmax',           }❹
                kernel_initializer='glorot_uniform',
                bias_initializer='zeros'))

model.compile(loss='categorical_crossentropy',
              optimizer='adam', metrics =['accuracy'])  }❺
model.summary() ←❻
```

❶ 先宣告一個 Sequential 模型，tf.Keras 會自動幫我們處理好和下一層的連接，我們只管一層一層的疊就好了。

❷ 第 1 層直接套用 2D 卷積層，既然圖片也是 2D (軸)，就無須以 Flatten 層做展平，直接在 Con2D() 裡面宣告該層的濾鏡為 64 個、濾鏡尺寸為 5×5，就設為 (5, 5)；步長設 (2, 2) 表示橫向 / 縱向都是移動 2 個像素；輸入圖片的形狀為 32×32×3，就設為 (32, 32, 5)。激活函數則使用前一章推薦的 ReLU 函數。

若希望輸出的特徵圖尺寸不要縮減的太小張，可以像本例一樣設 padding='same'，在步長為 1 的情況下會輸出跟輸入圖片相同尺寸的特徵圖，而在步長為 2 的情況下則會略增特徵圖的尺寸，這些會由 tf.Kera 會自動視濾鏡尺寸以及步長決定如何填補。(註：本例有 / 沒有設 padding='same' 的特徵圖尺寸分別會是 16×16 與 14×14)

❸ 第 2 卷積層設定上差不多，但濾鏡尺寸 3×3 更小一點 ，也不需設定輸入資料的形狀，tf.Keras 會自動以前一層的輸出做為第 2 卷積層的輸入，步長一樣設為 (2, 2)。

❹ 先將第 2 卷積層輸出展平 (從 3 軸變成 1 軸)，再接上使用 softmax 激活函數的密集層，以便讓各神經元以「總和為 100% 的機率值」呈現。

❺ 以 compile() 函式編譯時，將損失函數設為 categorical_crossentropy，並採用 Adam 優化器。

❻ 訓練模型前，先呼叫 model.summary() 確認模型各層設定。

執行程式 4-2 後，會顯示 model.summary() 的結果：

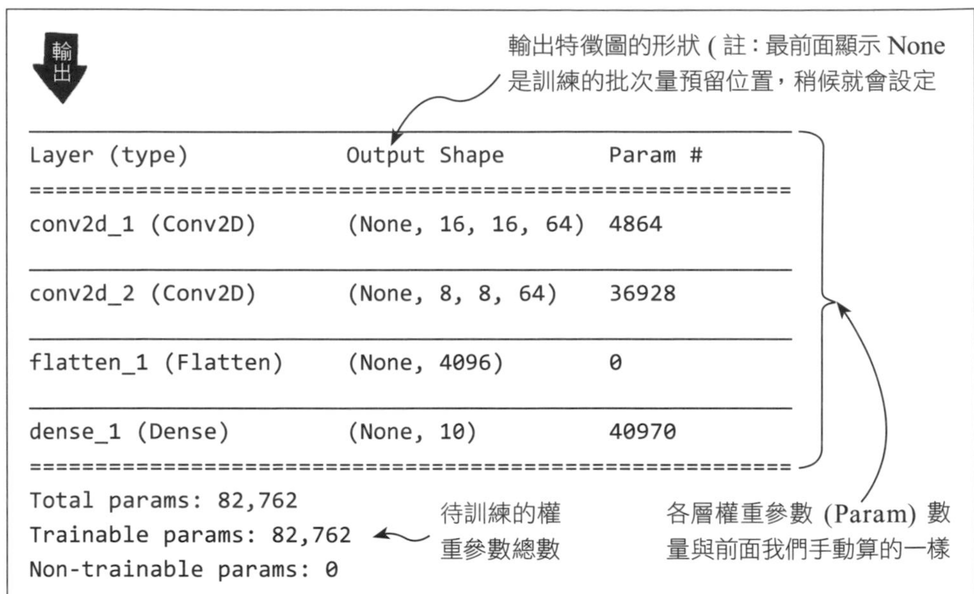

最後用 mode.fit() 來訓練模型：

▼ **程式 4-3：訓練模型**

```
history = model.fit(
    train_images, train_labels, validation_data =
    (test_images, test_labels), epochs=EPOCHS,
    batch_size=BATCH_SIZE, verbose=2, shuffle=True)
```

用 fit() 訓練好後，接著我們畫圖來看訓練集損失值 (train loss) 和測試集損失值 (test loss) 在 128 個訓練週期中的變化：

▼ **程式 4-4 繪製訓練結果**

```
import matplotlib.pyplot as plt

train_loss = history.history['loss']
val_loss = history.history['val_loss']

epochs_range = range(1, EPOCHS + 1)

plt.figure(figsize=(10, 5))
plt.plot(epochs_range, train_loss, label='Train Loss')
plt.plot(epochs_range, val_loss, label='Test Loss')
plt.xlabel('Epochs')
plt.ylabel('Error')
plt.title('Traing and Test Error ')
plt.legend()
plt.grid()
plt.show()
```

匯入 Python 的 matplotlib 繪圖套件來畫圖

讀取 model.fit() 所產生的 history 資料

繪製每週期的 train error 以及 test error

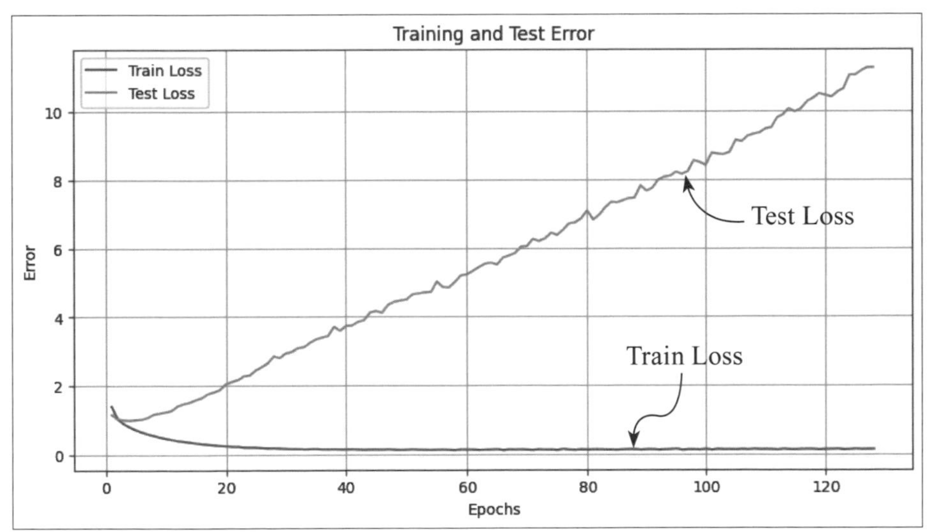

▲ 圖 4-8：CIFAR-10 分類模型的訓練結果

從上圖來看，訓練集的錯誤率接近 0，但測試集的錯誤率高的驚人，而且不減反增，表示此模型的普適化能力很差，還有很大的改善空間。

4-2-3 試著改善模型能力

為了改善模型的能力，底下我們來實驗看看不同的配置，有些配置增加了不少神經層，都嘗試看看能否讓模型的預測能力變好。先說明表 4-1 各簡寫名稱的意思：

- **卷積層：**以大寫字母 C 表示，後面 3 個數字 (例：C64×16×16) 表示通道數 × 寬 × 高。
- **密集層：**以大寫字母 D 表示，後面的數字 (例：D10) 為神經元數量。
- **MaxPool：**表示池化層。卷積層後面常會搭一個池化層，池化層本身沒有需訓練的權重，用途在於將特徵圖的尺寸再縮的更小。
- **濾鏡 (卷積核)、步長：**以大寫 K 和 S 表示。例如「K=5, S=2」表示濾鏡尺寸為 5×5、步長為 (2, 2)。

在各層中都得指定激活函數，某些層還用上了 3-2-6 節介紹的 Dropout 技術。下表是 6 種配置的細項及測試結果，表後會針對各配置做簡要說明。

▼ 表 4-1：CNN 實驗配置

配置	神經層設定	常規化技術	訓練集錯誤率	測試集錯誤率
配置 1	C64×16×16, K=5, S=2, ReLU C64×8×8, K=3, S=2, ReLU D10、softmax、交叉熵損失	無	2%	39%
配置 2	C64×16×16, K=3, S=2, ReLU C16×8×8, K=2, S=2, ReLU D10、softmax、交叉熵損失	無	33%	35%

NEXT

配置	神經層設定	常規化技術	訓練集錯誤率	測試集錯誤率
配置 3	C64×16×16, K=3, S=2, ReLU C16×8×8, K=2, S=2, ReLU D10、softmax、交叉熵損失	Dropout=0.2 Dropout=0.2	30%	30%
配置 4	C64×32×32, K=4, S=1, ReLU C64×16×16, K=2, S=2, ReLU C32×16×16, K=3 S=1, ReLU MaxPool, K=2, S=2 D64, ReLU D10、softmax、交叉熵損失	Dropout=0.2 Dropout=0.2 Dropout=0.2 Dropout=0.2	14%	23%
配置 5	C64×32×32, K=4, S=1, ReLU C64×16×16, K=2, S=2, ReLU C32×16×16, K=3 S=1, ReLU C32×16×16, K=3 S=1, ReLU MaxPool, K=2, S=2 D64, ReLU D64, ReLU D10、softmax、交叉熵損失	Dropout=0.2 Dropout=0.2 Dropout=0.2 Dropout=0.2 Dropout=0.2 Dropout=0.2	20%	22%
配置 6	C64×32×32, K=4, S=1, tanh C64×16×16, K=2, S=2, tanh C32×16×16, K=3 S=1, tanh C32×16×16, K=3 S=1, tanh MaxPool, K=2, S=2 D64, tanh D64, tanh D10、softmax、MSE 損失	無	4%	38%

配置 1 – 過度配適 (overfitting) 嚴重

前面看到的圖 4-8 就是用**配置 1** 跑出來的，過度配適很嚴重，表示參數多到可以死記整個訓練集，但對新資料的預測能力很差。模型可能得稍微改簡單些。

配置 2 – 調整濾鏡尺寸、數量

配置 2 試著將兩卷積層的濾鏡 (卷積核) 尺寸調小，第 2 卷積層也減少濾鏡的數量 (16 個就好)，從結果來看測試集錯誤率從 39% 降到 35%，雖然訓練集錯誤率升至 33%，但這個配置看來改善了過度配適的問題。

配置 3 – 試試 dropout (丟棄法)

配置 3 開始用些常規化技術看看，第 3 章提到的 dropout 是密集神經網路常用的常規化技術，不過用在 CNN 上適合嗎？該技術相關論文 (Srivastava et al., 2014) 雖然提到，卷積層本身就有很強的常規化效果，再套用 dropout 效果有限，但後來種種研究證明，dropout 在 CNN 的效果也還不錯 (Wu and Gu, 2015)。本節的實驗結果亦顯示，光是在兩卷積層加上 20% 丟棄率的常規 dropout，即可將訓練和測試錯誤雙降至 30%。

配置 4 – 加入池化層

雖然配置 3 沒有過度配適的問題，但訓練集錯誤率還是很高，下一步就試著擴充模型來改善結果。配置 4 做了以下修改：

- 先將第 1 卷積層的濾鏡尺寸增加到 4×4 (K=4)，步長則改成 1，這樣輸出特徵圖的尺寸會增大為 32×32。
- 加上第 3 個卷積層，濾鏡尺寸為 3×3、步長為 1 。

● 在 3 道卷積層後加了一個 MaxPool 層做**最大池化操作**，保留輸出特徵圖的深度，並將特徵圖的寬與高縮的更小。

小編補充 池化層的運算細節

池化層與卷積層類似，需指定一個**池化尺寸 (pool_size)** 做為滑動窗口，並設步長；運作方式也與卷積層一樣，將卷積層所輸出的特徵圖從頭到尾掃一遍即可。滑動窗口每移動一步，池化層便會執行資料縮減運算。

以 2×2 最大池化搭配步長 2 為例，掃描圖片時，只會保留滑動窗口當中的「**最大值**」，其他都捨棄，故特徵圖尺寸會降至四分之一。儘管解析度降低，多少會影響到特徵的定位，但當確切位置沒那麼重要的話，實驗的結果是池化的效果還不錯。例如每條狗的雙耳間距不同，但通常還是會落在一定範圍，還是不難判定出狗耳朵的特徵。

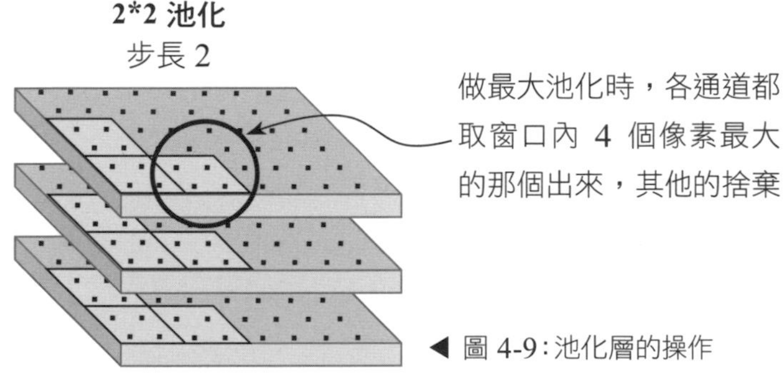

◀ 圖 4-9：池化層的操作

最後，由於池化層就只是對資料做劃分、然後取最大值出來而已，並不像卷積層有過濾器的權重或偏值等權重參數存在，因此有時候在論及 CNN 的層數時，並不會將池化層計算在內。而 tf.Keras 是把最大池化層視為獨立層類型，在第 3 卷積層底下用一行程式碼即可加入：

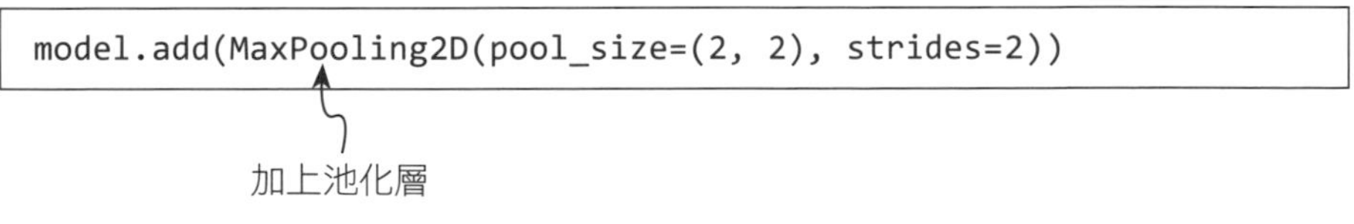

```
model.add(MaxPooling2D(pool_size=(2, 2), strides=2))
```

配置 4 在加了最大池化層 (2×2、步長 2) 後，就會先縮減第 3 卷積層的特徵圖後，再傳遞給第 1 密集層，這相當於輸入資料做了縮減，因此第 3 密集層的權重參數就可以再少一點。此外，配置 4 在輸出層前面配置了第 1 密集層，用了 64 個神經元。

整體看下來模型雖然複雜一點，但訓練錯誤降到 14%，測試錯誤則壓到 23%，顯見這一層的配置有不錯的效果。

配置 5 - 再略增卷積層

乘勝追擊，配置 5 跟配置 4 差別僅在於多塞一道卷積層，訓練錯誤壓到 20%，測試錯誤則為 22%。為了讓程式短一點，這次沒有逐層設定初始化器 (initializers)，直接用預設值。底下列出建構神經層的部份程式 (完整程式請見**書附範例 Ch04 / 4-2-convnet_cifar_conf5.ipynb**。

▼ **程式 4-5：建構配置 5 模型**

```
from tensorflow.keras.layers import Dropout
from tensorflow.keras.layers import MaxPooling2D
…
model = Sequential()
model.add(Conv2D(64, (4, 4), activation='relu', padding='same',
                 input_shape=(32, 32, 3)))
model.add(Dropout(0.2))
model.add(Conv2D(64, (2, 2), activation='relu', padding='same',
                 strides=(2,2)))
model.add(Dropout(0.2))
model.add(Conv2D(32, (3, 3), activation='relu', padding='same'))
model.add(Dropout(0.2))
model.add(Conv2D(32, (3, 3), activation='relu', padding='same'))
model.add(MaxPooling2D(pool_size=(2, 2), strides=2))  ← 加入最大池化層
model.add(Dropout(0.2))
model.add(Flatten())
model.add(Dense(64, activation='relu'))
model.add(Dropout(0.2))
model.add(Dense(64, activation='relu'))  ← 多塞一道卷積層
model.add(Dropout(0.2))
model.add(Dense(10, activation='softmax'))
```

配置 6 - 微調各層的激活函數、損失函數

最後的配置 6 則是做些激活函數的微調，將 ReLU 激活函數清一色換成 tanh；此外也把損失函數從交叉熵改成 MSE，並移除深度學習走紅後才出現的 dropout 常規化技術。結果看來又產生了過度配適的問題 (訓練集預測的準，測試集不準)，看來配置 5 那些配置還是比較好的。

4-3 更深層的 CNN 與預訓練模型

雖然 AlexNet 等架構是深度學習重要的里程碑，但以現在的角度來看這些模型還是相當淺層的，目前比它們更複雜、能力更好的 CNN 架構多得是。這一節會帶你看 3 種 CNN 架構，包括擁有規律結構的 **VGGNet** (16 層)；看似複雜但參數更少、準確率也更高的 **GoogLeNet** (22 層)；青出於藍的後起之秀 **ResNet** (152 層！)。

深度 CNN 的能力如何呢？本節會實際用一個已預訓練好的 ResNet-50 模型做圖片辨識，若您志不在圖片分類，想盡早投入後面自然語言處理領域，也可跳過本節的神經網路架構細節，但請稍微熟悉一下 ResNet 所用的**跳接 (skip connection)** 技術，以及將已訓練好的模型直接拿來運用的**遷移學習 (transfer learning)** 概念，這兩個重要概念後面章節還會提到。

4-3-1 一窺深層的 CNN 模型架構

VGGNet

VGGNet 是由牛津大學視覺幾何小組 (Visual Geometry Group，VGG) 率先提出。當年該小組為研究神經網路深度對 CNN 預測準確率的影響 (Simonyan and Zisserman, 2014)，開發出這種可增減網路層數、但無需調整卷積核面積或步長等參數的模組化架構。所有卷積層模組均使用步長 1 與

3×3 卷積核，搭配適當的填補，使某卷積層所輸出的特徵圖尺寸必等於該層所接收到的輸入圖片。

VGGNet 是先以兩道以上等寬同高卷積層搭配一最大池化層 (步長 2) 拼成一個 **VGG 模組 (或稱 VGG 區塊)**，再將多個 VGG 模組堆疊成 VGGNet 模型，底下是「單一個」VGG 模組的架構，請由下往上看：

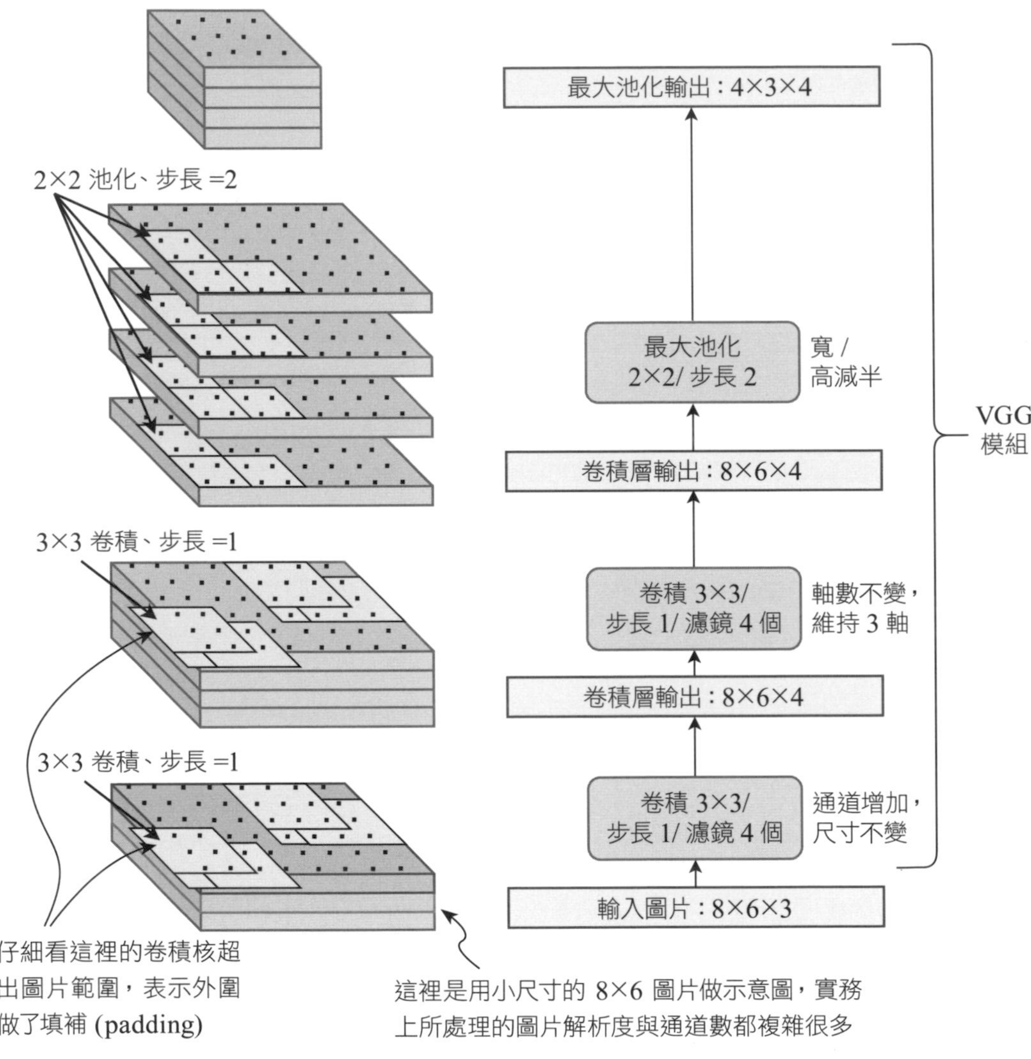

▲ 圖 4-10：單一 VGG 模組的架構

上圖**左半邊**展示了各層由下 (前) 層到上 (後) 層的寬高變化示意圖，各層的細節 (卷積核面積 / 步長 / 輸出通道數) 簡述於**右半邊**。每個 VGG 模組均以一最大池化層殿後，如此堆疊出的 VGGNet 方能像一般 CNN 一樣，越後面寬高越縮減，讓各層藉由組合簡單特徵來辨識較複雜的特徵。

小編補充 針對上圖各層所輸出的特徵圖形狀，基本上只要掌握前面提到的兩點原則就能看懂各形狀數值是怎麼來的：

- **濾鏡的顏色通道數 (深度) 必須與輸入圖片的通道數一致。**
- **輸出特徵圖的深度 (通道數) 會與濾鏡的數量一致。**

看完單一個 VGG 模組後，下表列出 VGGNet 論文探討 ❶ ～ ❹ 4 種配置，各行的配置請由「上」往「下」看。在各行中，每一格內含 Conv 的都算是一個 VGG 模組，❶ ～ ❹ 行這 4 種配置都用了 5 格 VGG 模組，而每一格 VGG 模組會設計的不太一樣，有的 VGG 模組 (例如最左邊的 11 層架構) 只用一層 Conv，有些則疊了 2～4 層的 Conv。以第 1 行的 11 層配置 ❶ 為例，5 格的 VGG 模組總共用了 8 層 Conv 層，含 3 層密集層 (下頁可看到)，因此總共是 11 層的架構：

▼ 表 4-2：4 種 VGGNet 配置 (表格由上到下依續為輸入層 → 中間層 → 輸出層)

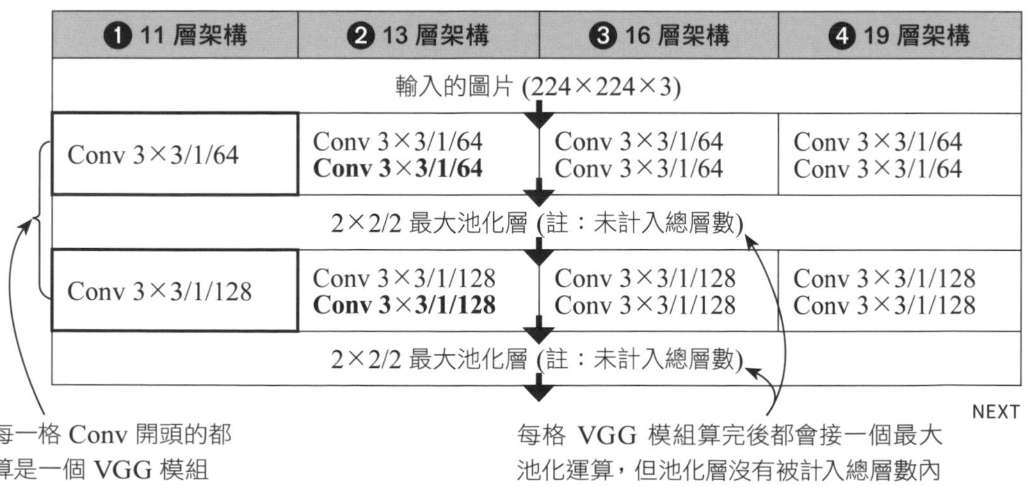

❶ 11 層架構	❷ 13 層架構	❸ 16 層架構	❹ 19 層架構
輸入的圖片 (224×224×3)			
Conv 3×3/1/64	Conv 3×3/1/64 **Conv 3×3/1/64**	Conv 3×3/1/64 Conv 3×3/1/64	Conv 3×3/1/64 Conv 3×3/1/64
2×2/2 最大池化層 (註：未計入總層數)			
Conv 3×3/1/128	Conv 3×3/1/128 **Conv 3×3/1/128**	Conv 3×3/1/128 Conv 3×3/1/128	Conv 3×3/1/128 Conv 3×3/1/128
2×2/2 最大池化層 (註：未計入總層數)			

NEXT

註：表格內加粗的是左邊這一格不一樣的地方 (表示多加上的神經層)

❶ 11 層架構	❷ 13 層架構	❸ 16 層架構	❹ 19 層架構
Conv 3×3/1/256 Conv 3×3/1/256	Conv 3×3/1/256 Conv 3×3/1/256	Conv 3×3/1/256 Conv 3×3/1/256 **Conv 1×1/1/256**	Conv 3×3/1/256 Conv 3×3/1/256 **Conv 3×3/1/256** **Conv 3×3/1/256**
2×2/2 最大池化層 (註：未計入總層數)			
Conv 3×3/1/512 Conv 3×3/1/512	Conv 3×3/1/512 Conv 3×3/1/512	Conv 3×3/1/512 Conv 3×3/1/512 **Conv 1×1/1/512**	Conv 3×3/1/512 Conv 3×3/1/512 **Conv 3×3/1/512** **Conv 3×3/1/512**
2×2/2 最大池化層 (註：未計入總層數)			
Conv 3×3/1/512 Conv 3×3/1/512	Conv 3×3/1/512 Conv 3×3/1/512	Conv 3×3/1/512 Conv 3×3/1/512 **Conv 1×1/1/512**	Conv 3×3/1/512 Conv 3×3/1/512 **Conv 3×3/1/512** **Conv 3×3/1/512**
2×2/2 最大池化層 (註：未計入總層數)			
密集層，4096 個神經元			
密集層，4096 個神經元			
密集層，1000 個神經元、搭配 softmax 函數			

註 眼尖的讀者可能會注意到，有些配置採用少見的 1×1 濾鏡尺寸 (Conv 1×1)，VGGNet 使用大量的 1×1 卷積以便將各通道特徵「融合」為新特徵，為模型增添更多表現力。不過 1×1 卷積一般很少用，大多在較深層的神經網路才會使用。

針對上表各種配置，VGGNet 得出的結論是：當深度達 16 層之前，預測準確率確實隨著模型深度增加而增加，但 16 層模型與 19 層的模型準確率差不多。VGGNet 在 2014 年 ImageNet 挑戰賽的分類項目有 7.32% 的 top5 錯誤率 (註：讓神經網路列出幾個最有可能的類別，若前 5 項都預測錯就稱為 top-5 error)；AlexNet 雖然在 2012 年同項目輾壓了其他對手，但當年的 top5 錯誤率也有 15.3%，兩相比較下 VGGNet 明顯較優。

GoogLeNet

GoogLeNet (Szegedy, Liu, et al., 2014) 也是以模組堆砌而成的神經網路架構，採用了稱為 **Inception** 的模組，讓多個卷積層並行運作，再將其輸出 (同寬同高) 疊在一起。

例如，以 3×3 與 5×5 濾鏡辨識同樣畫面，若兩卷積層各用了 32 個濾鏡，串在一起就變成 64 個通道，透過這樣的做法，神經網路可靈活融合不同面積的特徵，無須擔心辨識不出太佔畫面空間或縮在角落的物件。以貓咪辨識為例，照片上的貓可能有大有小，用這種方式則大貓小貓都能認。Incpetion 的概念大致如下圖所示：

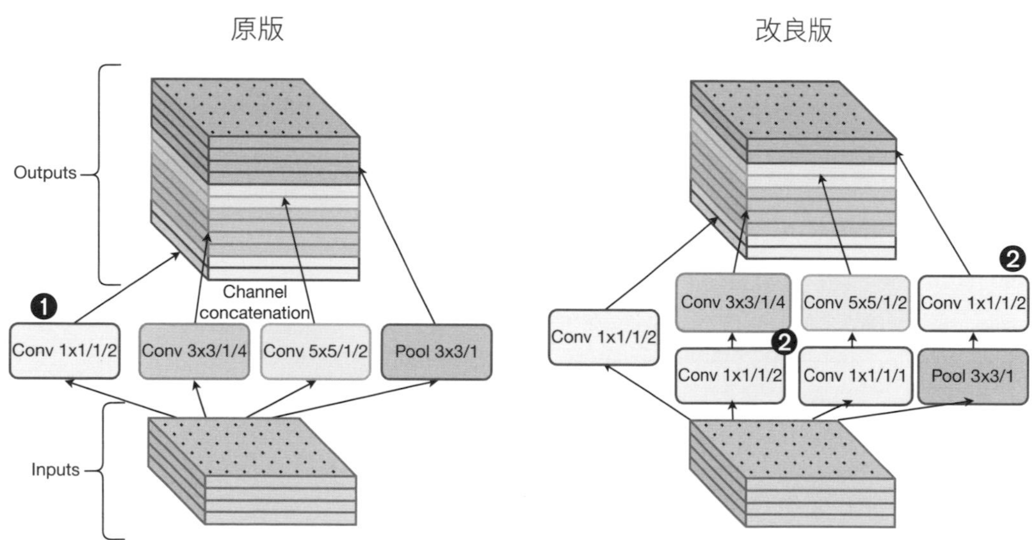

▲ 圖 4-11：原版 Inception 模組 (左) 與改良版 (右)

先看上圖左邊的原版 Inception 模組，裡面有 1×1 卷積、3×3 卷積、5×5 卷積、3×3 最大池化層 ❶，4 種神經層均採用步長 1，故輸出會與輸入同寬高。由於這樣權重參數會爆多，因此就有了右邊的改良版出現，主要是在一些運算 (例如 3×3 和 5×5 卷積) 的前面加了濾鏡數較少的 1×1 卷積層 ❷，以減少需訓練的權重參數。

■ GoogLeNet 的輔助分類器機制

GoogLeNet 還加了一種嶄新機制，為了能訓練更深層的神經網路，Szegedy 等人 (Szegedy, Liu, et al., 2014) 在不同的 Inception 模組後面安插了**輔助分類器 (auxiliary classifiers)**，此分類器說穿了就是跟一般分類神經網路最後兩層一樣，用一道密集層配一道 softmax 層。之所以安插這些輔助分類器，是為確保訓練期間能有足夠的梯度反向傳遞給模型前幾層，以避免太深層而產生梯度消失的問題，模型訓練好上線時就會拿掉：

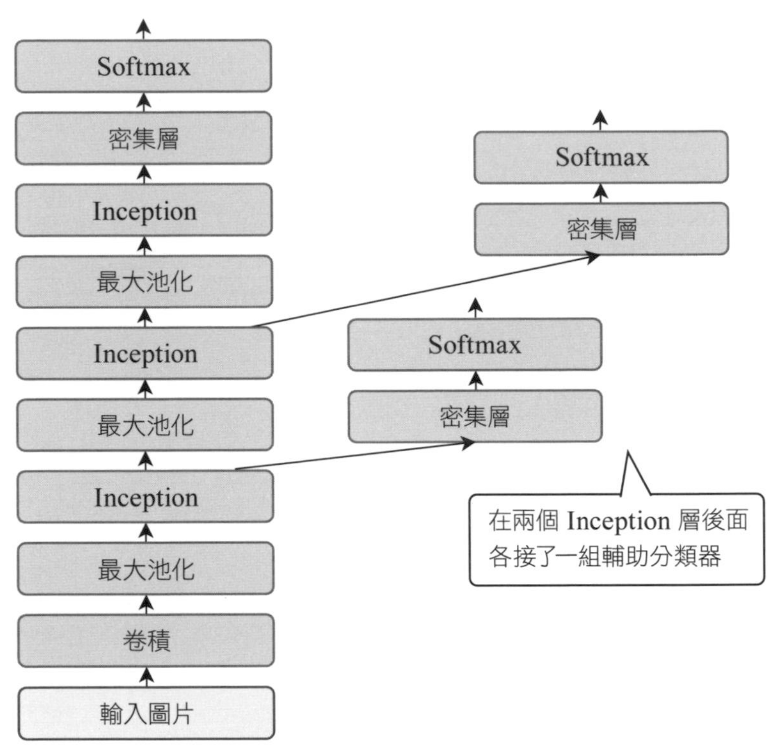

▲ 圖 4-12：輔助分類器的做法

我們帶你見識一下整個 GoogLeNet 的架構，如下表所示，此表為訓練後的結構，因此沒有納入輔助分類器，可看出架構十分龐大，比上圖的簡易示意圖疊加了更多神經層及 Inception 模組：

▼ 表 4-3：GoogLeNet 架構 (表格由上到下依續為輸入層 → 中間層 → 輸出層)

<table>
<tr><th>所用神經層</th><th colspan="4">細節</th><th>輸出值的形狀</th></tr>
<tr><td>輸入層</td><td colspan="4">3 軸的 RGB 圖片</td><td>224×224×3</td></tr>
<tr><td>卷積層</td><td colspan="4">7×7/2/64 (註：濾鏡尺寸 / 步長/ 濾鏡數)</td><td>112×112×64</td></tr>
<tr><td>最大池化層</td><td colspan="4">3×3/2 (註：尺寸 / 步長)</td><td>56×56×64</td></tr>
<tr><td>卷積層</td><td colspan="4">1×1/1/64</td><td>56×56×64</td></tr>
<tr><td>卷積層</td><td colspan="4">3×3/1/192</td><td>56×56×192</td></tr>
<tr><td>最大池化層</td><td colspan="4">3×3/2</td><td>28×28×192</td></tr>
<tr><td rowspan="3">Inception 模組</td><td rowspan="2">1×1/1/64</td><td>1×1/1/96</td><td>1×1/1/16</td><td>3×3/1 池化</td><td rowspan="3">28×28×256</td></tr>
<tr><td>3×3/1/128</td><td>5×5/1/32</td><td>1×1/1/32</td></tr>
<tr><td colspan="4">將最後一軸 (深度) 串接起來</td></tr>
<tr><td rowspan="3">Inception 模組</td><td rowspan="2">1×1/1/128</td><td>1×1/1/128</td><td>1×1/1/32</td><td>3×3/1 池化</td><td rowspan="3">28×28×480</td></tr>
<tr><td>3×3/1/192</td><td>5×5/1/96</td><td>1×1/1/64</td></tr>
<tr><td colspan="4">將最後一軸 (深度) 串接起來</td></tr>
<tr><td>最大池化層</td><td colspan="4">3×3/2</td><td>14×14×280</td></tr>
<tr><td rowspan="3">Inception 模組</td><td rowspan="2">1×1/1/192</td><td>1×1/1/96</td><td>1×1/1/16</td><td>3×3/1 池化</td><td rowspan="3">14×14×512</td></tr>
<tr><td>3×3/1/208</td><td>5×5/1/48</td><td>1×1/1/64</td></tr>
<tr><td colspan="4">將最後一軸 (深度) 串接起來</td></tr>
<tr><td rowspan="3">Inception 模組</td><td rowspan="2">1×1/1/160</td><td>1×1/1/112</td><td>1×1/1/24</td><td>3×3/1 池化</td><td rowspan="3">14×14×512</td></tr>
<tr><td>3×3/1/224</td><td>5×5/1/64</td><td>1×1/1/64</td></tr>
<tr><td colspan="4">將最後一軸 (深度) 串接起來</td></tr>
</table>

NEXT

<table>
<tr><th>所用神經層</th><th colspan="4">細節</th><th>輸出值的形狀</th></tr>
<tr><td rowspan="3">Inception 模組</td><td rowspan="2">1×1/1/128</td><td>1×1/1/128</td><td>1×1/1/24</td><td>3×3/1 池化</td><td rowspan="3">14×14×512</td></tr>
<tr><td>3×3/1/256</td><td>5×5/1/64</td><td>1×1/1/64</td></tr>
<tr><td colspan="4">將最後一軸 (深度) 串接起來</td></tr>
<tr><td rowspan="3">Inception 模組</td><td rowspan="2">1×1/1/112</td><td>1×1/1/144</td><td>1×1/1/32</td><td>3×3/1 池化</td><td rowspan="3">14×14×512</td></tr>
<tr><td>3×3/1/288</td><td>5×5/1/64</td><td>1×1/1/64</td></tr>
<tr><td colspan="4">將最後一軸 (深度) 串接起來</td></tr>
<tr><td rowspan="3">Inception 模組</td><td rowspan="2">1×1/1/256</td><td>1×1/1/160</td><td>1×1/1/32</td><td>3×3/1 池化</td><td rowspan="3">14×14×832</td></tr>
<tr><td>3×3/1/320</td><td>5×5/1/128</td><td>1×1/1/128</td></tr>
<tr><td colspan="4">將最後一軸 (深度) 串接起來</td></tr>
<tr><td>最大池化層</td><td colspan="4">3×3/2</td><td>7×7/832</td></tr>
<tr><td rowspan="3">Inception 模組</td><td rowspan="2">1×1/1/256</td><td>1×1/1/160</td><td>1×1/1/32</td><td>3×3/1 池化</td><td rowspan="3">7×7×832</td></tr>
<tr><td>3×3/1/320</td><td>5×5/1/128</td><td>1×1/1/128</td></tr>
<tr><td colspan="4">將最後一軸 (深度) 串接起來</td></tr>
<tr><td rowspan="3">Inception 模組</td><td rowspan="2">1×1/1/384</td><td>1×1/1/192</td><td>1×1/1/48</td><td>3×3/1 池化</td><td rowspan="3">7×7×1,024</td></tr>
<tr><td>3×3/1/384</td><td>5×5/1/128</td><td>1×1/1/128</td></tr>
<tr><td colspan="4">將最後一軸 (深度) 串接起來</td></tr>
<tr><td>平均池化層</td><td colspan="4">7×7/1</td><td>1,024</td></tr>
<tr><td>Dropout</td><td colspan="4">40%</td><td>1,024</td></tr>
<tr><td>密集層 (softmax)</td><td colspan="4">1,000</td><td>1,000</td></tr>
</table>

在 2014 年的 ImageNet 分類挑戰賽，GoogLeNet 以其 22 層結構將 top5 錯誤率壓到 6.67%，證明「用更精細的結構組成更深層、但權重參數更少的模型」是可行的。

ResNet (殘差神經網路)

超深層架構常會出現梯度消失現象，故訓練起來不容易，從實務經驗看來，即使以適當方式初始化權重、套用批次正規化、用上 ReLU 激活函數等一切方法，超深層的 CNN 模型依然不容易訓練，為此 **ResNet (殘差神經網路)** 就誕生了 (Kaiming He, Xiangyu Zhang et al., 2015)。

ResNet 的核心概念是設計了**跳接 (skip connection)** 機制，既然沒法駕馭那麼多層，那就妥善運用前面幾層來配適資料，後面更深的神經層就湊個恆等函數 (輸入 = 輸出)，這樣至少不礙事。ResNet 的想法是若針對後面幾層稍加變化而能提高準確率的話，那加這幾層就值了，就算沒效，至少也是個恆等函數，不會礙事。

「跳接」一般是用在 CNN 架構，但為了方便說明，我們先以一個雙密集層來說明怎麼個跳接法。一言以蔽之，跳接就是**當後一層的那個加權和 ❶ 準備送入 Relu 2 ❷ 做激活函數運算前，會先加上前一層最原始的輸入值** ❸ (也就是做兩個神經層運算前最原始的那個輸入值 x)，❶ 跟 ❸ 兩者加起來後再一起送入最後的 Relu 2 做運算：

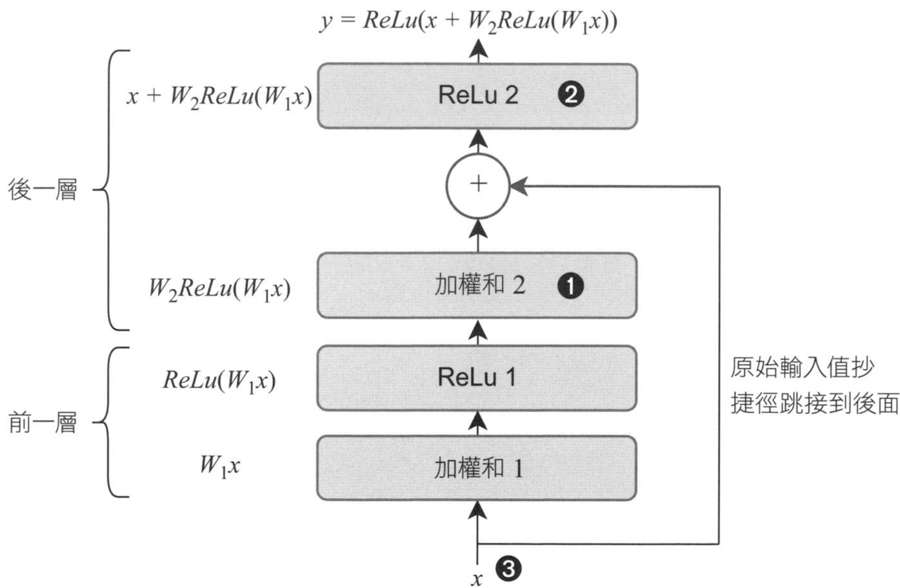

▲ 圖 4-13：採用跳接機制的模組

如同前述，跳接的構想就是，即便前一層算完的輸出值為 0 (註：可理解成該層學到的東西幾乎不會影響權重參數的修正)，那後層的輸出值結果會與原輸入無異，體現了「多幾層就算沒貢獻，但至少不添亂」的優點。

前頁圖的雙層模組通常就稱為**殘差模組 (residual module)**、或稱**殘差塊 (residual block)**。只要將密集層改為卷積層，即可用於 CNN，如下：

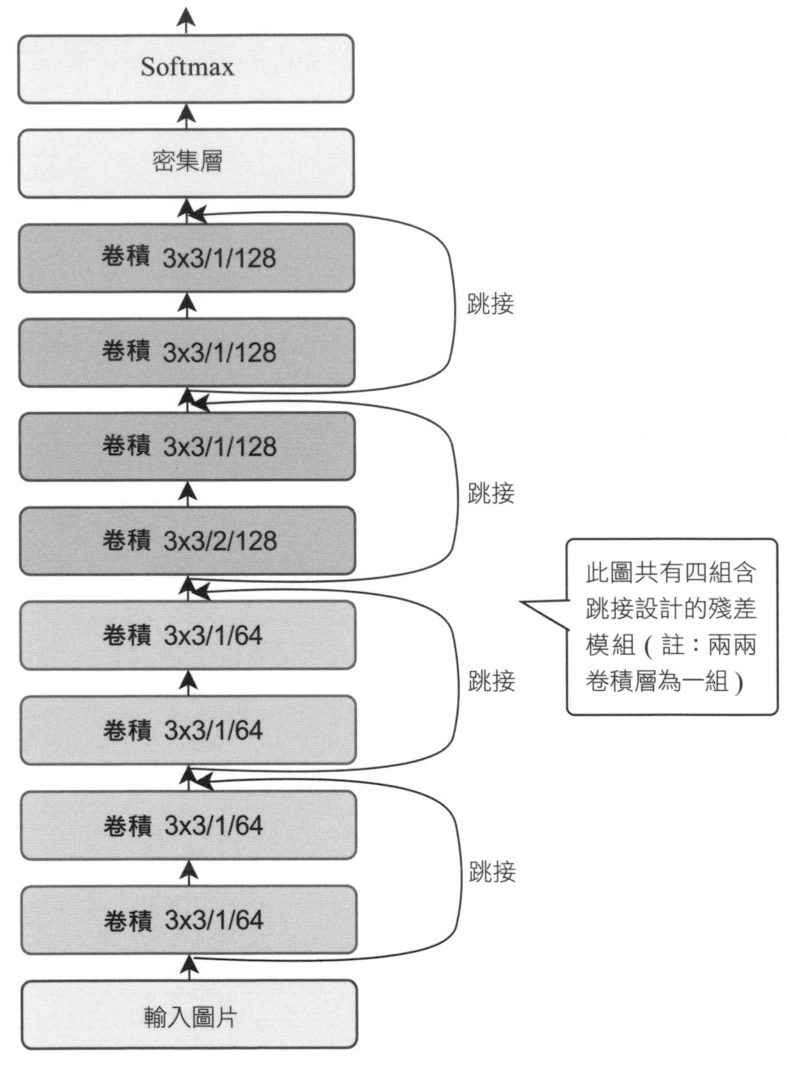

▲ 圖 4-14：ResNet 的殘差模組設計

了解 ResNet 模型的關鍵概念後，下表的 3 種 ResNet 架構就不難看懂了，大的 **[ ] 中括號**括起來的都是有著跳接設計的殘差模組：

▼ 表 4-4：ResNet 架構

34 層	50 層	152 層
Conv 7×7/2/64 Max pool 3×3/2		
Conv [3×3/1/64, 3×3/1/64] ×3 中括號括起來的都是殘差模組	Conv [1×1/1/64, 3×3/1/64, 1×1/1/256] ×3	Conv [1×1/1/64, 3×3/1/64, 1×1/1/256] ×3
Conv [3×3/2/128, 3×3/1/128] ×1	Conv [1×1/2/128, 3×3/1/128, 1×1/1/512] ×1	Conv [1×1/2/128, 3×3/1/128, 1×1/1/512] ×1
Conv [3×3/1/128, 3×3/1/128] ×3	Conv [1×1/1/128, 3×3/1/128, 1×1/1/512] ×3	Conv [1×1/1/128, 3×3/1/128, 1×1/1/512] ×7
Conv [3×3/2/256, 3×3/1/256] ×1	Conv [1×1/2/256, 3×3/1/256, 1×1/1/1,024] ×1	Conv [1×1/2/256, 3×3/1/256, 1×1/1/1,024] ×1
Conv [3×3/1/256, 3×3/1/256] ×5	Conv [1×1/1/256, 3×3/1/256, 1×1/1/1,024] ×5	Conv [1×1/1/256, 3×3/1/256, 1×1/1/1,024] ×35
Conv [3×3/2/512, 3×3/1/512] ×1	Conv [1×1/2/512, 3×3/1/512, 1×1/1/2,048] ×1	Conv [1×1/2/512, 3×3/1/512, 1×1/1/2,048] ×1
Conv [3×3/1/512, 3×3/1/512] ×2	Conv [1×1/1/512, 3×3/1/512, 1×1/1/2,048] ×2	Conv [1×1/1/512, 3×3/1/512, 1×1/1/2,048] ×2
平均池化 7×7/1		
密集層 / softmax / 1000 個神經元		

2015 年，何愷明 (Kaiming He) 等人以不同深度的 ResNet 在 ImageNet 挑戰賽應戰，最後勝出的 152 層架構將 top-5 錯誤率壓到 3.57 %！足見 ResNet 的厲害。

範例程式：體驗預訓練好的 ResNet 模型

看了這麼多深層的 CNN 架構，我們最後就以充分訓練過的 ResNet 模型為例，帶您體驗看看深層 CNN 在圖片分類方面是否真的那麼威。訓練 ResNet-50 這種等級的模型要花很多力氣跟時間，但早就有人幫忙訓練出來了，直接用 tf.Keras 就能快速載入，我們打算用 ResNet-50 模型辨識下圖的貓 / 狗：

▲ 圖 4-15：待辨識的照片

相關程式如下 (**書附範例 Ch04 / 4-3-resnet_inference.ipynb**)，程式 4-6 先匯入相關套件：

▼ **程式 4-6：ResNet 範例的初始化**

```
import numpy as np
from tensorflow.keras.applications import resnet50
from tensorflow.keras.preprocessing.image import load_img
from tensorflow.keras.preprocessing.image import img_to_array

from tensorflow.keras.applications.resnet50 import \
    decode_predictions
import matplotlib.pyplot as plt
import tensorflow as tf
import logging
tf.get_logger().setLevel(logging.ERROR)
```

直接匯入 ResNet-50 模型來用

這些是處理輸入圖片的模組

再匯入這個，將模型的輸出轉換成比較好理解的「(預測內容 1：機率), (預測內容 2：機率」…)」

接著在程式 4-7 中，用 load_img() 函式載入您指定的圖片，將圖片尺寸設為 224×224 ❶；然後用 img_to_array() 函式將要辨識的圖片 (如書附範例 Ch04\data\dog.jpg) 轉換為 NumPy 陣列 ❷，並在最前面多擴增一軸 ❸，以符合 ResNet-50 模型所設計的的 4 軸輸入資料結構 (編註：最前面那一軸為輸入資料的筆數，原始的 ResNet-50 模型是一次餵入多筆圖片做預測)：

如果不知道如何將電腦的檔案傳到 Colab 內給模型用，請見附錄 D 的說明

▼ **程式 4-7：載入圖片並轉換為 4D 陣列**

```
# 載入圖片並轉換為 4D 陣列
image = load_img('/content/dog.jpg', target_size=(224, 224)) ←❶
image_np = img_to_array(image) ←❷
image_np = np.expand_dims(image_np, axis=0) ←❸
```

下頁的程式 4-8 是將已用 ImageNet 資料集充分訓練過的 ResNet-50 模型與權重參數匯入 model 變數中 ❹。照例要將輸入圖片做標準化處理，不過這次改用 preprocess_input() 函式，直接套用 ResNet-50 模型訓練資料集的標準化參數 ❺。

要讓模型對輸入圖片分類，可直接呼叫 model.predict() ❻，接著再利用 decode_predictions() 讓結果更容易辨讀 ❼。

▼ **程式 4-8：載入神經網路、資料預處理、分類圖片**

```
# 載入預訓練好的模型
model = resnet50.ResNet50(weights='imagenet')  ←❹

# 將輸入資料做標準化
X = resnet50.preprocess_input(image_np.copy())  ←❺

# 進行預測
y = model.predict(X)  ←❻
predicted_labels = decode_predictions(y)  ←❼
print('predictions = ', predicted_labels)

# 顯示預測結果
plt.imshow(np.uint8(image_np[0]))
plt.show()
```

依序執行前面 3 段程式的結果如下：

輸出

```
predictions = [[('n02091134', 'whippet', 0.4105768),
               ('n02115641', 'dingo', 0.07289727),
               ('n02085620', 'Chihuahua',0.052068174),
               ('n02111889', 'Samoyed', 0.04776454),
               ('n02104029', 'kuvasz', 0.038022097)]]
```

結果會顯示機率前 5 高的預測內容，最前頭的 nxxxxxxxx 是各物體的編號，此模型不但預測出圖片是狗，更預測是惠比特犬 (whippet，某品種) 的機率是 41% ，是丁格犬 (dingo) 的機率為 7.3%，是吉娃娃 (Chihuahua) 的機率為 5.2%.... 以此類推。這條狗其實是吉娃娃、傑克羅素梗犬、迷你貴賓犬的混種，說牠是吉娃娃也不算錯，以 ImageNet 挑戰賽的規則來說，這張圖就預測正確，不會算入 top5 錯誤率。

若改餵入範例貓咪照片 (書附範例 Ch04 / data / cat.jpg)，神經網路輸出如下：

```
predictions = [[('n02123045', 'tabby', 0.16372949),
               ('n02124075', 'Egyptian_cat', 0.107477844),
               ('n02870880','bookcase', 0.10175342),
               ('n03793489', 'mouse', 0.059262287),
               ('n03085013', 'computer_keyboard', 0.053496547)]]
```

模型認為牠最有可能是虎斑貓 (tabby)。此外可以看到電腦鍵盤 (computer keyboard) 在預測的第 5 名，這也不算錯，4-34 頁的貓照片裡的確有個鍵盤。不過預測第 4 名說是老鼠 (mouse，機率為 5.9%) 就有點怪，編號 n03793489 其實是電腦滑鼠，圖片中雖然有電腦周邊，但沒滑鼠啊，這部分就差多了。

4-3-2 其他 CNN 相關技術

本章最後再介紹一些跟 CNN 相關的技術，有些技術也會在其他神經網路模型中用到，因此帶您熟悉一下。

遷移學習 (transfer learning)

在前面的 ResNet-50 範例中，我們把一個充分訓練好的 CNN 模型直接拿來用，辨識幾張我們手邊的照片，從頭到尾我們都沒有做模型的訓練，效果看起來也還可以。雖說一個好的圖片辨識模型本就是希望能夠辨識全新的照片，但圖片辨識的任務千千百百種，大部份都跟原模型的訓練目標有些出入，直接硬套一個現成模型只怕是行不通的。

舉個例子，若希望分辨養狗場內 10 條同品種的狗，用 ResNet 這個由多達 1,000 類 ImageNet 圖片 (除了狗以外還有很多很多物體) 所訓練好的模型很難保證效果會好，因為要辨別不同品種的狗，最理想的情況應該是用

「將圖片分為 10 類、分別對應 10 條狗」為目標所訓練好的模型，但全部從零開始太花時間了，此時就可採用**遷移學習 (transfer learning)** 的技巧。

前一小節那幾個深層 CNN 能在 ImageNet 挑戰賽技壓群雄，其卷積層必能識別某些特徵，此能力多少能轉移到其他新任務；若以自訂的 10 輸出 softmax 層取代原模型最末幾層，再用現有的 10 條狗資料集訓練一下，或許就可以弄個像樣的十犬辨識器出來，**遷移學習**大致就是在做些事。

底下的遷移學習示意圖是將預訓練的 Inception 神經網路 (左) 最後兩層移掉，針對自訂任務配置新的神經層後，再以自訂的資料集來訓練 (右)：

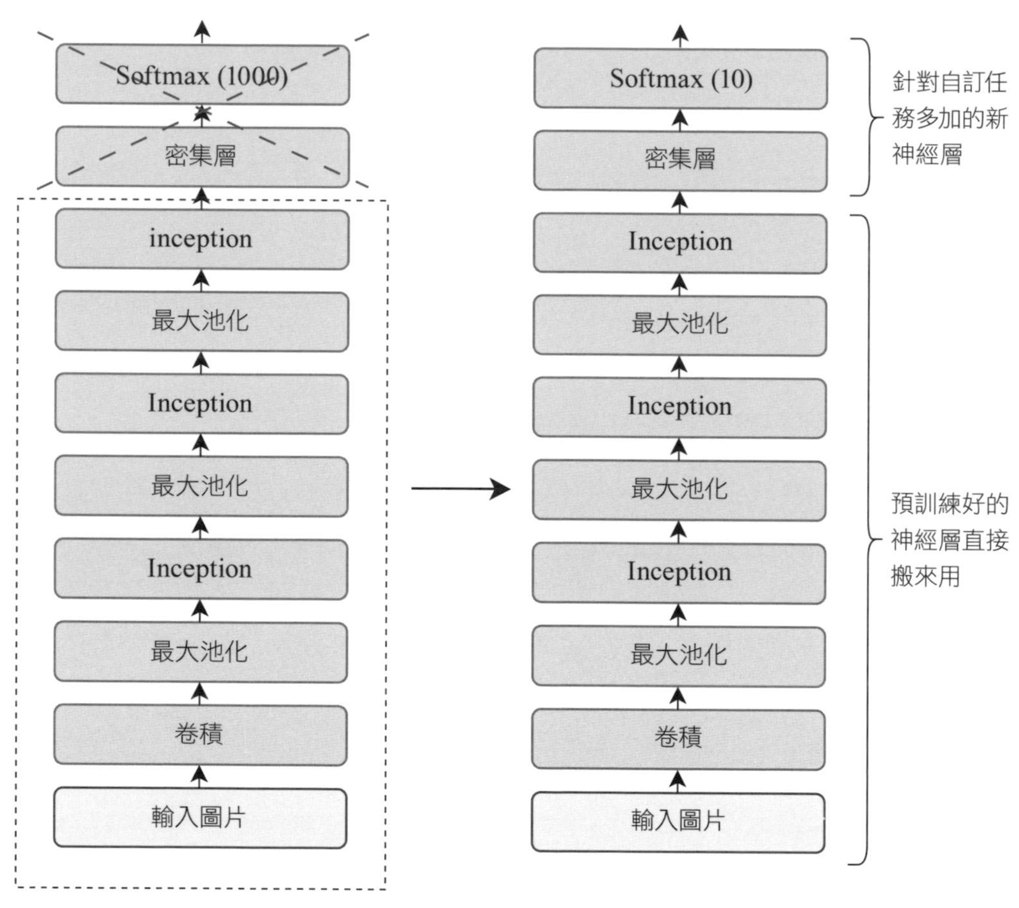

▲ 圖 4-16：遷移學習示意圖

> **註** 補充一點。由於預訓練模型的層已用大型資料集充分訓練過，若又以自訂資料集訓練，已調好的權重參數可能就被搞亂，導致模型能力不增反減。故實務上通常會先「凍結」預訓練層固有權重，僅訓練新神經層的權重，由於權重參數少很多，訓練起來更快；訓練一段時間後，再解凍預訓練層並以較小的學習率訓練幾週期，以微調所有模型參數。

使用「通道可分離卷積」的做法減少權重參數

跟密集層相比，雖然卷積層的權重參數已經少了許多，但當濾鏡數或者特徵圖的通道數一多，整個 CNN 模型的權重參數量還是很可觀。

回顧一下卷積層權重數的算法，假設餵入卷積層的圖片形狀為 W (寬) × H (高) × M (通道數)，卷積層準備 N 個 K×K 的濾鏡來掃描圖片，那麼卷積層就會有 $(M \times K^2 + 1) \times N$ 個權重 (註：+1 為偏值)，如果以整個正向傳播的計算來看，則要再把 W (寬)、H (高) 乘進去，就會是 $W \times H \times (M \times K^2 + 1) \times N$。

如果依然希望在卷積走訪完得到 N 個特徵圖 (註：也就是用 N 個濾鏡掃描不同的特徵)，但想大幅減少權重數與計算複雜度，可改用兩階段運作的**通道可分離卷積** (Depthwise Separable Convolutions, 或稱**深度可分離卷積**)。

這種卷積做法是先在「第一階段」做逐通道卷積 (depthwise convolutions)，也就是將輸入的各特徵圖一個通道一個通道的用 K×K 濾鏡分開卷積，有 M 幾個通道就用 M 個濾鏡，如此一來這一階段的權重數會是 $(M \times K^2 + 1)$ 個 (編註：跟原始的比少了 × N，差很多)。

「第二階段」則做較細微的**逐像素卷積 (pointwise convolutions)** ，也就是對第一階段算完的所有特徵圖再做 1×1 卷積，濾鏡數則用 N 個，因此這一段的權重數就會是 $(1 \times 1 \times M + 1) \times N$，即 $(M + 1) \times N$ 個權重。

兩個階段的權重數加起來，會比原始卷積的做法少很多，而仍然可得到一個有著 N 個通道的輸出特徵圖。

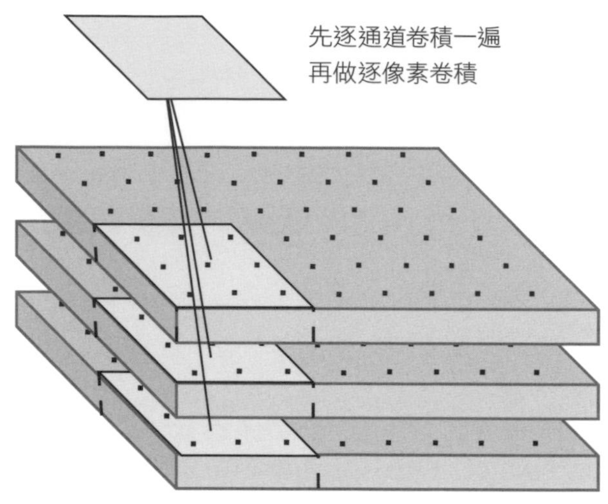

▲ 圖 4-17：用通道可分離卷積處理 3 通道圖片

通道可分離卷積技術是希望在第 1 階段以卷積核 (各個權重) 辨識各輸入通道的特徵，再於第 2 階段融合各通道辨識結果，挖掘新的特徵。這種兩段式操作雖然跑起來快多了，但參數少那麼多，表現真能超越一般卷積？可別畫地自限，通道可分離卷積也可以再做微調，例如在逐通道階段為各輸入通道多分配幾組卷積核，至於實際組數該設多少，就把它當深度學習模型超參數來調，反正依經驗做出來的 CNN 不會比用一般卷積差，跑起來還比較快。

編註 名為 Xception (Chollet, 2016) 的模型就是利用通道可分離卷積打造出的輕量化架構，Xception 意思是 Extreme Inception (就是 GoogLeNet 所用的那個 Inception 模組)，不過其架構是完全基於通道可分離卷積技術建構而成的。

4-4 總結

本章介紹的 CNN 模型主要是用於圖片辨識，ResNet 在這領域已經超越人類，至少在 ImageNet 分類挑戰賽是如此。然而 CNN 並非只能用於圖片辨識，還可應對更複雜的任務，需精確定位物件與其界線像素的**物件偵測 (object detection)** 就是其中一種，此外還有**語義分割 (semantic segmentation)**、**實例分割 (instance segmentation)** ... 等任務。

此外，CNN 也可用於圖片以外的任務，比方說推測文章的情感偏負面還是正面 (Dos Santos and Gatti, 2014)；此時的輸入資料是 1 軸的字元或單字序列，而非 2D 的圖片，故卷積層得稍作修改，不過本書不會探討如何將 CNN 用於文字分析，因為實務上更常用下一章要介紹的**循環神經網路 (Recurrent Neural Network, RNN)** 來做。熟悉這一章的內容後，繼續往下一章的自然語言處理 (Natural Language Processing, NLP) 領域邁進吧！

MEMO

Chapter

5

用循環神經網路 (RNN、LSTM…) 處理序列資料

本章將介紹經常用來處理文字、股價等序列 (sequence) 資料的**循環神經網路 (Recurrent Neural Network, RNN)** 模型，不管輸入的序列有多長，該架構均能抓出重點資訊，進而預測後續變化。本章會簡單扼要地介紹兩種循環神經網路的架構，包括基本的 RNN，以及為了改善 RNN 缺點所發展出來的 **LSTM (Long Short-Term Memory, 長短期記憶)** 神經網路。

要強調的是，由於 RNN / LSTM 問世已有一段時間，現今一些先進的自然語言處理 (NLP) 模型 (例如第 9 章會提到的 Transformer、GPT) 或許不會用它們來建構，但 RNN / LSTM 當中的 **hidden state (隱藏狀態)** 概念可說是重中之重。後續在學習先進一點的 NLP 模型架構時，很多知識還是會圍繞著 hidden state 概念打轉，想避都不行，因此請務必跟著本章好好熟悉它，以便能跟後續章節順利銜接上。

5-1 RNN 的基本概念

5-1～5-2 節將先從最基本的 RNN 看起，我們會以一個「根據書店歷史銷售額資料預測未來銷售額」的例子帶您紮穩 RNN 的基礎知識。

5-1-1 序列 (sequence) 資料

前幾章提到神經網路常用來解決**迴歸**任務及**分類**任務，**迴歸**的例子就像根據房屋相關資料預測房價；**分類**則是辨識圖片是車、船；或者根據患者的性別、年齡、各種健康指數判斷是 / 否罹患某種疾病 ... 等等。而不管是迴歸或分類任務，當加上「時序」這個變因後，就成了序列預測任務：

▼ 表 5-1：非序列 VS 序列預測任務

	迴歸	二元分類	多元分類
非序列 預測任務	根據房屋面積和位置估計房價	根據患者性別、年齡等變量診斷疾病	辨識手寫數字
序列 預測任務	根據歷史銷售紀錄預測下個月的市場需求 *註：將於 5-2 節實作	根據前幾日氣象資料預測明天是否下雨	從句子開頭幾個字預測後面的字 *註：將於 5-4 節實作

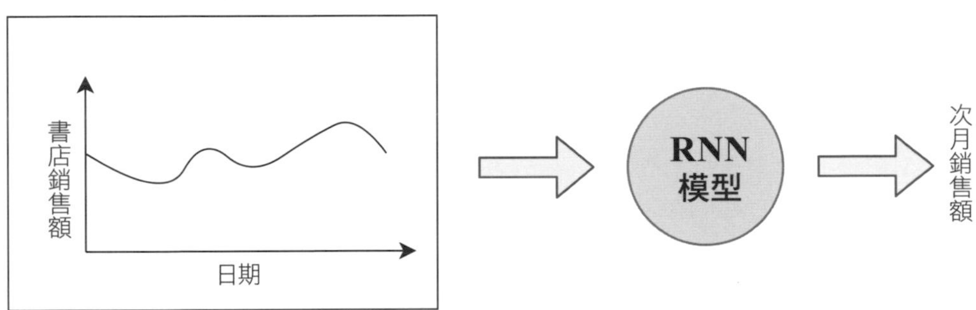

▲ 圖 5-1：我們在 5-1 節 ~5-2 節介紹 RNN 所用的範例。本例是希望根據書店歷年的銷售額，用 RNN 模型預測次月的銷售額

用密集神經網路處理序列資料的侷限

本節既然是要預測銷量(下圖的 S)，銷量是個數值，一開始的想法可能會以密集神經網路試試看，先將歷年各月的書店銷售資料蒐集起來，以一個月為一筆樣本(下圖的 B)，各月的次月數值就是正解，然後將各樣本 / 正解輸入神經網路。當然每一筆樣本還可以加入其他特徵，例如其他類型商店同期的銷售資料(下圖的 G)，看模型能否從中學習預測出隔月的書店銷售額。模型運作如下圖所示：

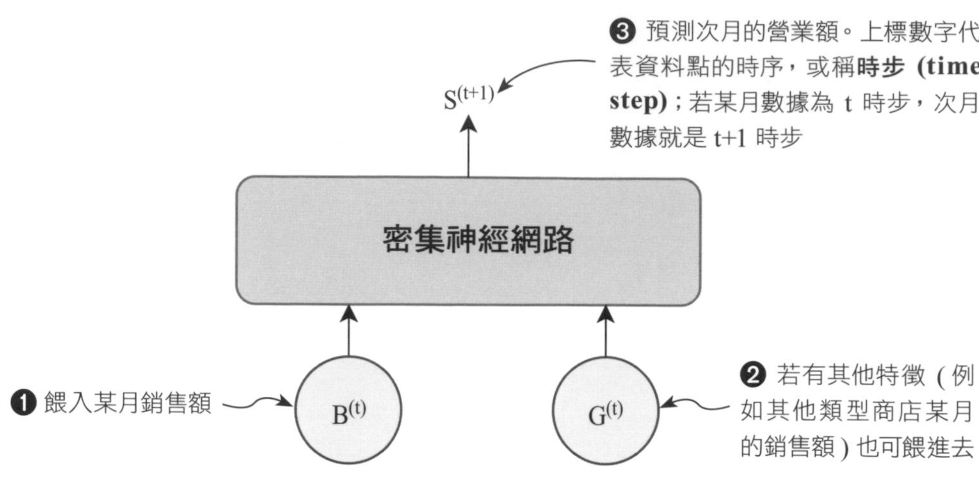

▲ 圖 5-1-2：用密集神經網路實作 (一)

但用密集層來處理好嗎？問題可能會出在樣本的內容過於單一，無法將銷售額可能存在的季節性變化納入考量。那就稍微擴展一下，將過去 m 個月的銷售額，連同當月資料，總共 m+1 個月的銷售額串成向量，再一併輸入模型，供神經網路觀察該段數據的週期性 (也就是同時觀察連續幾個月的銷售額)，應該更有助於預測隔月銷售額，如下圖這樣：

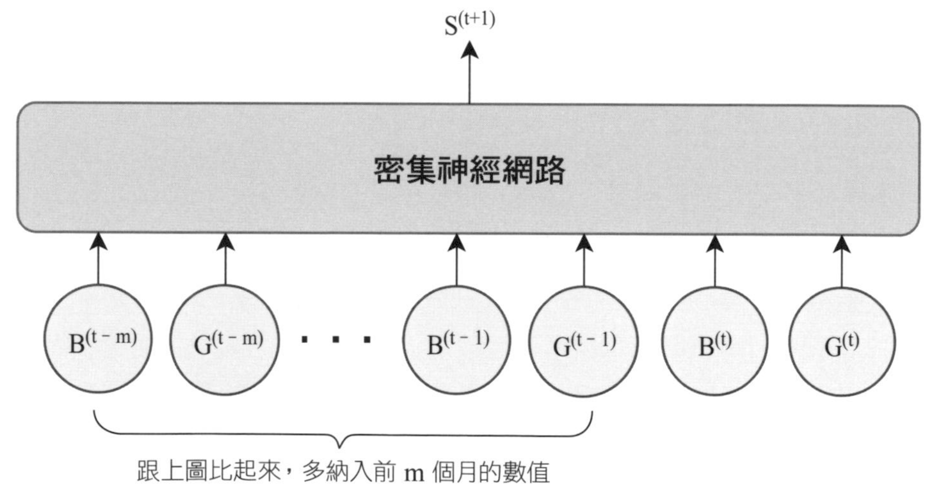

▲ 圖 5-1-3：用密集神經網路實作 (二)

使用此架構處理序列資料時，是「一次性」向神經網路輸入整個序列資料 (即每一個月的銷售額)，也就是將整個序列資料同時餵進去，這樣的架構又稱為**前饋式神經網路** (feedforward network)。但問題是，若向量長度超長，總不可能弄個無限寬的輸入層，那會導致模型會太複雜而難以訓練。更重要的是向量內的每個資料點看起來都是「獨立」的，餵入神經網路後並沒有任何探詢彼此之間關聯性的設計。

那倘若將整個序列取平均值，甚至追蹤區段最大值、最小值，總之用某種方式「彙整」全序列資料，讓各月資料點產生關聯後再輸入神經網路呢？這種「間接」方法也許行得通，但絕對比不上讓神經網路「直接」接觸全序列資料、自行觀察全貌來得好，而 RNN 正好能做到這點，我們可以用它直接接觸全序列資料，研究樣本 (即逐月銷售額) 間的關聯，來看看如何設計。

5-1-2 認識 RNN

RNN 跟密集神經網路最明顯的差異，就是神經層具備「**循環**」機制，變成循環層。具體上怎麼做呢？當神經層處理某一時步 t 的輸入值 (例如 2010/3 的銷售額，又或者我愛你的「愛」這個字) 時，會連同前一時步 t-1 的輸出值一塊處理，經過運算產生輸出值 (註：t-1 時步是在處理 2010/2 的銷售額，又或者我愛你的「我」這個字)。

而在產生當前時步 t 的輸出值後，**此輸出值又會繼續回饋成為下一時步 (t+1 時步) 的輸入值**，此回饋值會繼續連同下一時步 t+1 的輸入值 (例如 2010/4 的銷售額，又或者我愛你的「你」這個字)，一同運算產生輸出值，然後繼續做循環回饋 ... 依此類推，如此就等同神經網路把前後時步的資料關聯起來了。

RNN 的運作示意圖

現在假設有個「3 輸入值、隱藏層 4 神經元」的 RNN 網路，4 神經元那一層就是循環層，我們細部來看此 RNN 的循環機制是怎麼進行的，下圖是 RNN 在 t 時步的運算示意圖：

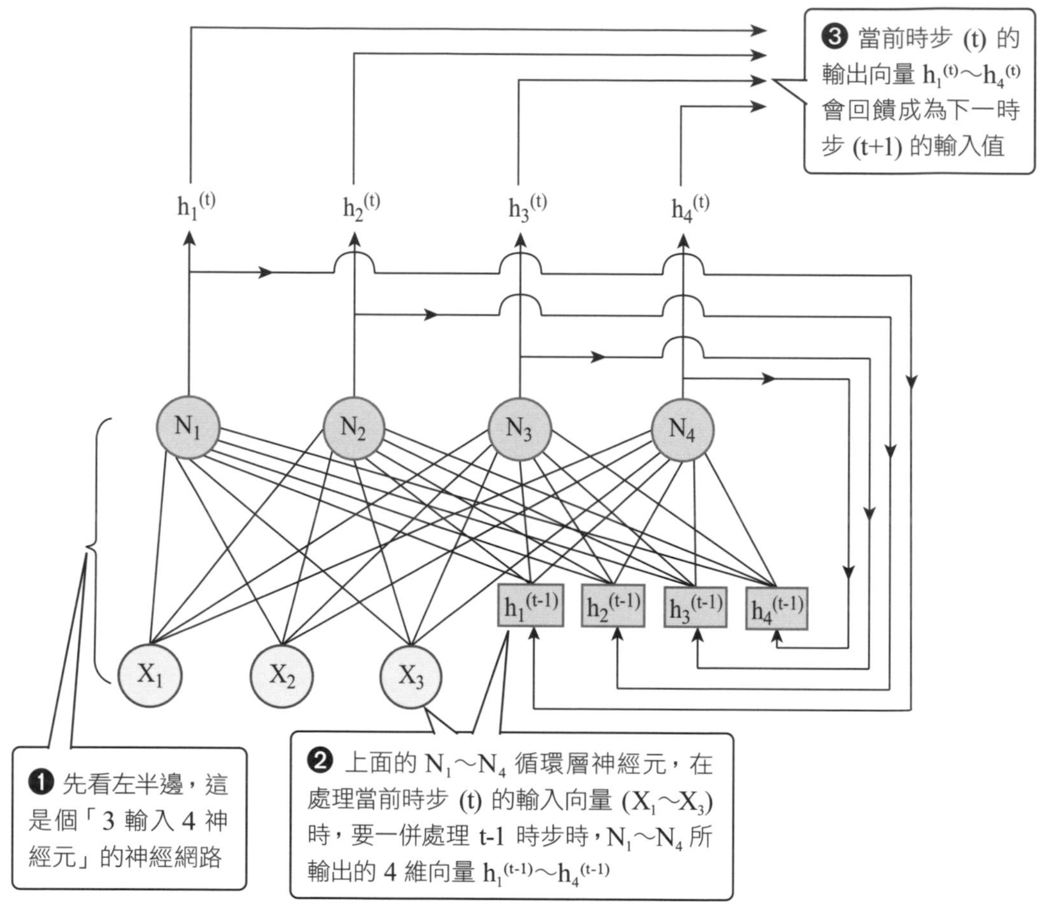

▲ 圖 5-2：RNN 在 t 時步的運算示意圖

循環層在當下時步的輸出值多以 ***h*** 表示，h 為 hidden 之意，而這個持續與過去資訊有關的資料一般稱為**狀態** (state)，因此這個 h 也稱 **hidden state**。hidden state 這個字眼在各 RNN 文章中會經常看到，因此本書直接以英文稱之。

編註 整理一下什麼是 hidden state。假設需處理的是「我愛你」這個序列資料，RNN 會在各序列進行循環處理 (處理「我」→ 接著處理「愛」→ 再處理「你」)。而在處理每個時步的資料時 (假設當下要處理「你」)，就會將當下時步的輸入 (「你」) 與先前算出的 hidden state (也就是處理過的「我愛」) 一起處理，以得到當下時步的輸出，然後將此輸出設定為新 hidden state (也就是綜整了「我愛你」三字的資訊)，再供下一個時步使用。如果覺得狀態二字有點抽象，視為「記憶」應該會比較好懂。

RNN 的數學表示法

RNN 的數學表示法其實跟密集層差不多，由於 RNN 多了一組輸入 (也就是先前時步的輸出狀態 $\boldsymbol{h}^{(t-1)}$)，因此也會多一組對應的權重矩陣 U ❶ 來參與運算。而輸出值 ❷ 就是兩組「輸入與權重的乘積」相加後，再加上偏值，最後再套用激活函數：

$$\boldsymbol{h}^{(t)} = \tanh(W\boldsymbol{x}^{(t)} + \underbrace{U\boldsymbol{h}^{(t-1)}} + \boldsymbol{b})$$

❷ t 時步的輸出，然後將此輸出設定為新的 hidden state

❶ 跟密集神經網路相比多了這個運算

RNN 與其他神經層的推疊

要增加整體 RNN 網路的深度，除了可連續堆疊多道循環層，也可以「混搭」循環層、密集層 ... 等，例如下圖這樣：

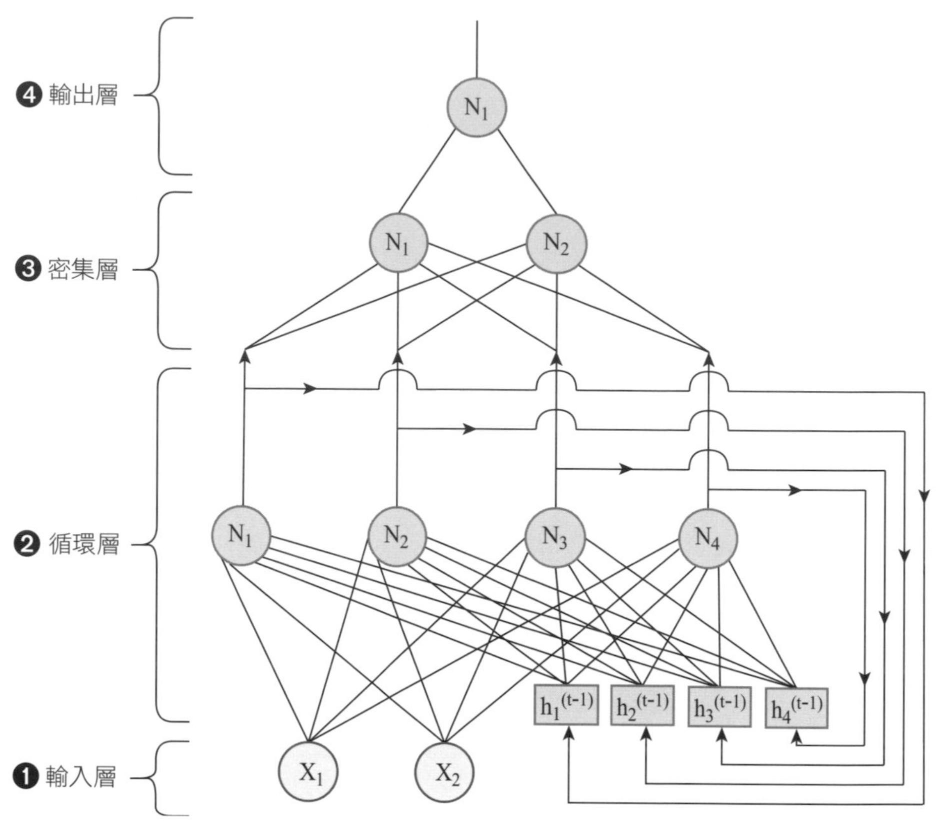

▲ 圖 5-3：例：雙輸入的「RNN + 密集層」架構

上圖是圖 5-2 的擴展，此架構假設樣本有兩個輸入變量 X_1、X_2 ❶ ，一開始先將整個序列資料依時序一一輸入 4 個神經元組成的循環層 ❷，讓循環層反覆迭代「咀嚼」完所有序列資料後，將最後一個時步算出的 hidden state 先送入雙神經元的密集層 ❸，最後再送達單神經元輸出層 ❹，輸出層的神經元負責輸出結果。

我們複習一下 ❷ 循環層的迭代運算如下：

2-1 一開始以最初的時步做為輸入向量，據此計算出第一個輸出向量 (也就是循環層算出的 N_1～N_4 向量)，並以其做為初始的 hidden state。

2-2 這個 hidden state 暫且還不會送到下一個密集層 (因為還沒算完所有時步的資料)，而會回饋到循環層做為輸入。循環層神經元繼續根據下一時步的輸入向量以及 hidden state 進行運算 ... 不斷循環進行。

待會我們的「預測書店次月銷售額」模型範例就會以圖 5-3 這樣的混搭架構進行，不過我們會再簡化一點，僅用一個輸入變量進行。

補充：循環層「各時步」展開圖

圖 5-4 是將循環層的所有神經元與權重都畫出來，實務上循環層會用到的神經元很多，一個個神經元循環運作畫出來的圖會密密麻麻的，因此凡提到循環層的運作，一定也會看到底下這樣的簡約示意圖，圓角矩形 R 就代表整個循環層：

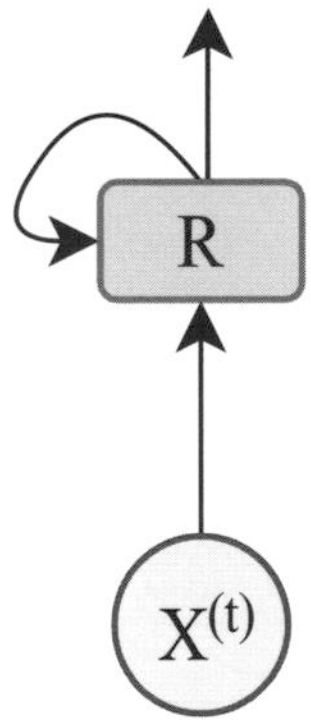

▲ 圖 5-4：循環層示意圖，某一時步的輸出值會不斷循環成為下一時步的輸入值

下圖您會更常看到，它是將循環層沿時步展開，每一個時步都同時有先前時步的 h 及當下時步的 X 做為輸入資料：

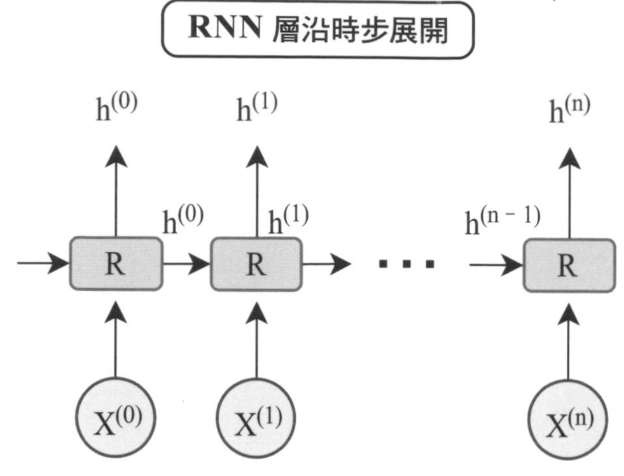

▲ 圖 5-5：各時步的循環層運算

> **編註** 要提醒一點，上圖雖然看到總共有 n+1 個 R，但那是代表 RNN 的 n+1 個「**時步**」，而不是 n+1 個神經層或 n+1 個神經元喔！從頭到尾都只有 1 層，只不過算出的值會一直循環拿來用。

而在 RNN 的循環運算中，各時步都是用同一組權重，這跟 CNN「共享權重 (即固定拿同一組濾鏡權重掃描輸入資料)」有點類似，權重越少就越容易訓練。不過，與密集神經網路、CNN 相比，RNN 在計算上還是複雜一點，而訓練時也很容易發生第 3 章提到的「**梯度消失 (Vanishing gradient)**」問題，詳細的數學推論在此不細究，這就像時間點一多則可能發生「**記憶消失**」的問題，也就是只能維持短期記憶，卻很難保持長期記憶 (編註：時間一久，之前的就記不住啦！)。5-3 節介紹的另一種 LSTM 循環神經網路就可以克服基本 RNN 網路「健忘」的缺陷。

5-2 RNN 範例：預測書店銷售額

我們先實作看看基本的 RNN 模型。本節範例在書附下載範例的 **Ch05 / 5-1-rnn_book_sales.ipynb**，這次用的資料集是美國普查局 (https://www.census.gov/econ/currentdata) 提供的書店歷史銷售資料，為 csv 格式，我們已將檔案收錄在書附範例 Ch05 / book_store_sales.csv，方便您直接取用。

5-2-1 認識 csv 原始資料

這一節的範例在資料預處理方面多了一些挑戰。由於前幾章範例所使用的資料集都是前人事先整理好的，一行程式就可以載入，並輕鬆拆分成一筆筆樣本，但這次要分析的歷史資料 csv 檔案是最原始的樣貌，因此我們得手動利用原始 csv 檔產生訓練集與測試集。爾後您若想處理自己手邊的資料，就需要進行這樣的工程。

我們先來看 book_store_sales.csv 檔案的內容，有兩欄數據，分別年 / 月與銷售額 (單位為百萬美元)：

```
book_store_sales.csv - 記事本
檔案(F)  編輯(E)  格式(O)  檢視(V)  說明
DATE,MRTSSM451211USN
1992/1/1,790
1992/2/1,539
1992/3/1,535
1992/4/1,523
1992/5/1,552
1992/6/1,589
1992/7/1,592
1992/8/1,894
1992/9/1,861
1992/10/1,645
1992/11/1,642
1992/12/1,1165
1993/1/1,998
1993/2/1,568
1993/3/1,602
1993/4/1,583
```

▲ 圖 5-6：book_store_sales.csv 內的資料

我們先思考一下，該如何透過 csv 的資料建立訓練樣本？假設裡面有 t 個月的資料，若只要求有對應正解，那能組合出的樣本數會很多，例如將資料集前 t-1 個月數據串起來當輸入資料，最後一個月當正解，這樣就能湊一筆樣本。也就是說，將連續數月資料按時步串成向量，每一筆樣本都是一筆序列資料。

這裡我們的規劃是：**第 0 筆**樣本就是「前 12 個月的銷售額，而第 13 個月的銷售額做為正解」、**第 1 筆**樣本就是「前 13 個月的銷售額，而第 14 個月做為正解」…依此類推。

但這麼做有一個問題要解決，若以 tf.Keras 內建的 RNN 建構模型，訓練集**所有樣本必須等長** (這也是常規作法)，依照上面的想法，每一筆樣本的長度會不一樣。解決的做法很簡單，實務多採用類似 CNN 的「填補」技巧，就是以最長的那筆樣本為準，將各樣本長度不足的部分以特定字元 (例如 0) 補成一樣長，所有樣本的序列長度都統一後，再整批送入神經網路：

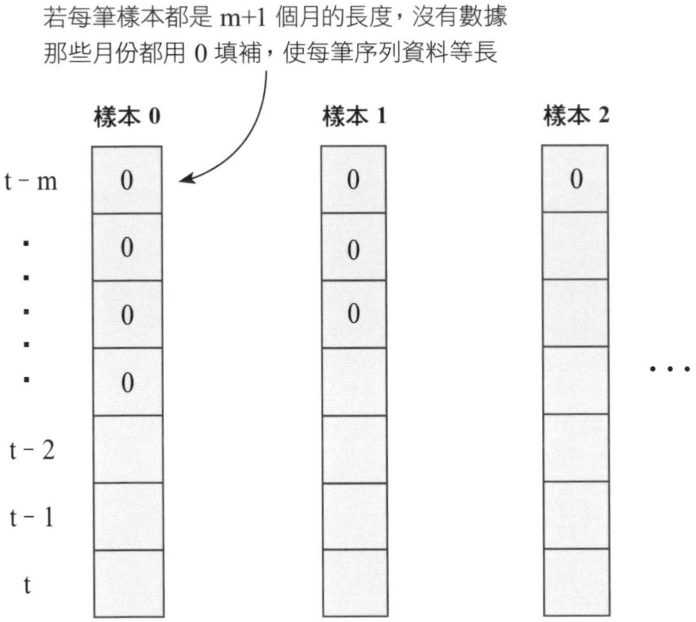

▲ 圖 5-7：填補示意圖

總結一下我們打算規劃的資料集結構：**樣本**是以連續幾個月 (1 時步對應 1 個月) 的銷售額組成的序列資料，以最長的那筆樣本為準，其他樣本有不足的就用 0 填補，最終讓各樣本長度統一。**對應正解**則是各序列最末端數據的「次月」銷售額，為單一數值。由於訓練時是採批次訓練，當批次量為 N，就會將 N 筆樣本組成 NumPy 2D 陣列，而對應的正解則會串成一軸的向量，以便批次輸入模型。以上先規劃清楚後，就能著手寫程式了。

5-2-2 進行資料預處理

程式 5-1 是匯入神經網路所需模組，並載入 csv 資料檔成 NumPy 陣列，再將資料拆成兩部分，前 80% 的較早月份準備用來製作訓練集，剩下 20% 的月份則用來製作測試集。

▼ **程式 5-1：匯入套件、切割資料**

```
import numpy as np
import matplotlib.pyplot as plt
import tensorflow as tf
from tensorflow import keras
from tensorflow.keras.models import Sequential
from tensorflow.keras.layers import Dense
from tensorflow.keras.layers import SimpleRNN    ← 以 SimpleRNN() 建立 RNN 層
import logging
tf.get_logger().setLevel(logging.ERROR)

EPOCHS = 100
BATCH_SIZE = 16
TRAIN_TEST_SPLIT = 0.8
MIN = 12
FILE_NAME = '../data/book_store_sales.csv'    ← 將 csv 檔案傳到 Colab 以便使用 ( 若不清楚如何上傳請見附錄 D)

NEXT
```

```
def readfile(file_name):
    file = open(file_name, 'r', encoding='utf-8')
    next(file)
    data = []
    for line in (file):
        values = line.split(',')
        data.append(float(values[1]))
    file.close()
    return np.array(data, dtype=np.float32)

# 讀取資料後，拆成兩部份，待會製作訓練集與測試集之用

sales = readfile(FILE_NAME)
months = len(sales)
split = int(months * TRAIN_TEST_SPLIT)
train_sales = sales[0:split]
test_sales = sales[split:]
```

撰寫一個 readfile() 函式來讀取資料

讀取檔案，將資料指派給 sales 變數

按 80 / 20 的比例將 sales 切成兩部分

我們可以先繪圖看一下書店銷售額 (即 sales 變數) 的逐月概況：

▼ 程式 5-2：將銷售額數值繪製成圖

```
# 將整個資料集的數值繪製出來

x = range(len(sales))
plt.plot(x, sales, 'r-', label='book sales')
plt.title('Book store sales')
plt.axis([0, 339, 0.0, 3000.0])
plt.xlabel('Months')
plt.ylabel('Sales (millions $)')
plt.legend()
plt.show()
```

顯示第 1~339 個月的銷售額，銷售額範圍從 0~3000 萬美元

輸出

NEXT

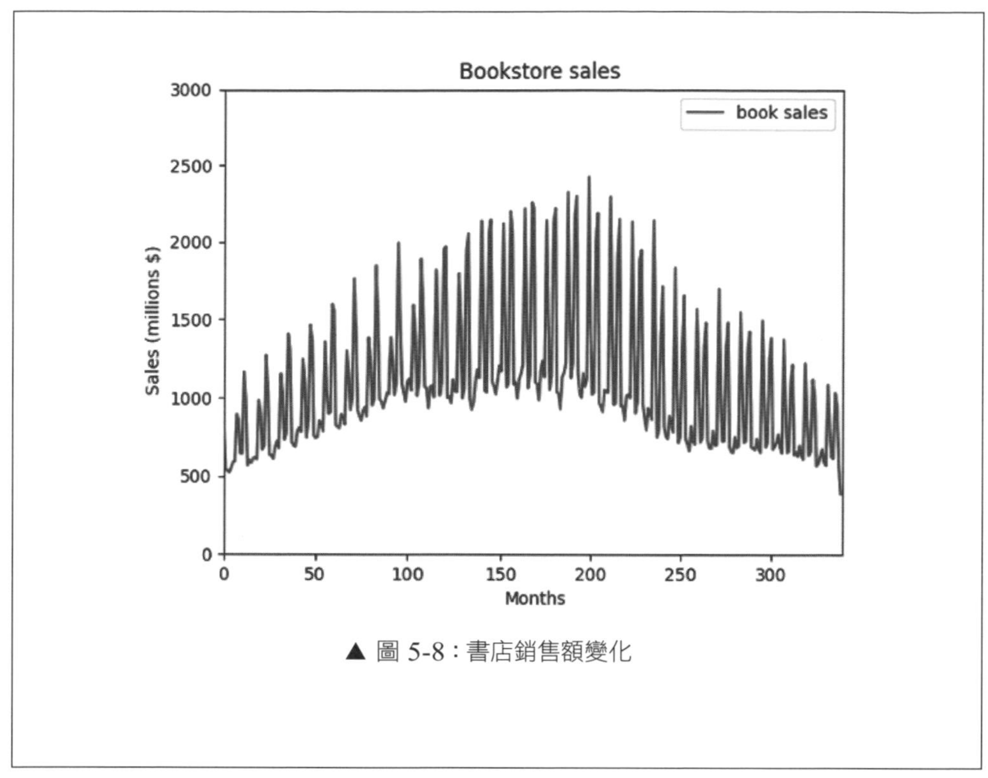

▲ 圖 5-8：書店銷售額變化

上圖呈現了 1992 年到 2020 年 3 月的逐月銷售額變化，資料反映出明顯的季節性變化 (一年中某些月份會衝高)。整體趨勢則是先興後衰，應是受電子商務興起影響。最右邊最後一個月急速下降可能是因為 COVID-19 於美國大流行導致。

做標準化處理並建立訓練集、測試集

剛才我們已經將原始 csv 資料切割成兩部分，接著就要將這些銷售額數據建構成圖 5-7 所示意的等長樣本，以製作出訓練集與測試集：

▼ **程式 5-3：資料標準化**

```
# 先利用資料集的平均值與標準差做標準化處理
# Use only training seasons to compute mean and stddev.
mean = np.mean(train_sales)
stddev = np.std(train_sales)
train_sales_std = (train_sales - mean)/stddev
test_sales_std = (test_sales - mean)/stddev
```

▼ **程式 5-4：先分別為訓練集和測試集建立全 0 陣列，再填入銷售額**

```
# 建立訓練集
train_months = len(train_sales)
train_X = np.zeros((train_months-MIN, train_months-1, 1))
train_y = np.zeros((train_months-MIN, 1))
for i in range(0, train_months-MIN):
    train_X[i, -(i+MIN):, 0] = train_sales_std[0:i+MIN]
    train_y[i, 0] = train_sales_std[i+MIN]

# 建立測試集
test_months = len(test_sales)
test_X = np.zeros((test_months-MIN, test_months-1, 1))
test_y = np.zeros((test_months-MIN, 1))
for i in range(0, test_months-MIN):
    test_X[i, -(i+MIN):, 0] = test_sales_std[0:i+MIN]
    test_y[i, 0] = test_sales_std[i+MIN]
```

MIN 變量是指使用前 MIN 個月的銷售資料來做預測

而該樣本所對應的正解就是次月 (MIN+1) 的銷量額

每一筆樣本都多加一個月的銷售額上去

上面程式大致是把各月銷售額塞入全 0 的陣列，例如**第 0 筆樣本**就是「塞入前 12 個月的銷售額，而第 13 個月做為正解」、**第 1 筆樣本**就是「塞入前 13 個月的銷售額，而第 14 個月做為正解」…以此類推。沒有塞入數值的索引就維持 0。

註 以上這樣的資料準備工作很重要喔！在將資料送進模型前，一定要再三檢查內容是否正確，免得白忙一場。模型無法學習的原因很多，可能是本身架構不良、學習率等超參數設定不當、甚至任務本身本來就無法靠資料揣摩出規律，但如果是輸入的內容根本就不對，這種烏龍會浪費很多寶貴時間。

小編補充 切割序列資料要注意的地方

前面範例是將現成的 csv 銷售額資料稍做處理後，再組織成資料集，這工作有幾件事要注意。首先，將序列資料拆成訓練集、測試集兩部份時，要確認兩邊資料的獨立性會不會無意間被「時序」維度破壞掉。前面範例是將原始 csv 資料乾脆地拆成兩塊，前 80% 較舊的那塊用於訓練，後 20% 較新的那塊用於測試，如此絕無新舊混雜的可能。新手常犯的錯誤之一，就是將樣本打散，喪失序列性，可能是訓練集無意間納入「未來」資料，或是讓「舊有」資料流到測試集去。訓練集提前「洩題」的話，將使模型訓練成果不佳。

5-2-3 建立 RNN 模型

資料準備就緒，下一步就是建構模型。

建構模型並進行訓練

底下程式僅用寥寥數行就定義並訓練出一個簡單的 RNN，跟前面範例相比省事很多。

▼ **程式 5-5：建構雙層模型：包含一道 RNN 層和一道全連接層**

```
# 建構 RNN 模型
model = Sequential()
model.add(SimpleRNN(128, activation='relu',          ❶
                    input_shape=(None, 1)))
model.add(Dense(1, activation='linear'))  ← ❷
model.compile(loss='mean_squared_error', optimizer = 'adam',
              metrics =['mean_absolute_error'])
model.summary()
history = model.fit(train_X, train_y,
                    validation_data
                    = (test_X, test_y), epochs=EPOCHS,     ❸
                    batch_size=BATCH_SIZE, verbose=2,
                    shuffle=True)
```

❶ 首先建構一道以 128 個 ReLU 神經元組成的 RNN 層，input_shape=(None, 1) 表示模型可以接受任意長度的序列。

> **編註** 雖然前面我們有把輸入樣本填補成等長，但在 RNN 模型中指定 None 會比較彈性也比較省事，input_shape 最後的 1 則代表每個樣本只會餵 1 個時步 (即 1 個月) 的銷售值給 RNN 計算。

❷ 由於模型只須預測單一數值，故最後加了一道僅含單一線性激活函數的密集層做為輸出層。損失函數採用均方誤差 (MSE)，評量準則採平均絕對誤差 (MAE)。

❸ 最後將模型以批次量 16 訓練 100 週期，照例在各週期開始時打散樣本順序 (shuffle=True)。

檢視模型訓練結果

執行程式後，會先列出模型摘要然後開始訓練：

```
Layer (type)                 Output Shape         Param #
=================================================================
simple_rnn_1 (SimpleRNN)     (None, 128)          16640   ←❶
_________________________________________________________________
dense_1 (Dense)              (None, 1)            129     ←❷
=================================================================
Total params: 16,769
Trainable params: 16,769
Non-trainable params: 0
```

NEXT

```
Epoch 1/100
19/19 - 3s - loss: 0.8237 - mean_absolute_error: 0.6486 - val_loss:
0.2186 - val_mean_absolute_error: 0.3331 - 3s/epoch - 144ms/step
Epoch 2/100
19/19 - 2s - loss: 0.4394 - mean_absolute_error: 0.4735 - val_loss:
0.1762 - val_mean_absolute_error: 0.2992 - 2s/epoch - 99ms/step
…(略)
Epoch 97/100
19/19 - 1s - loss: 0.0106 - mean_absolute_error: 0.0757 - val_loss:
0.0518 - val_mean_absolute_error: 0.1562 - 958ms/epoch - 50ms/step
Epoch 98/100
19/19 - 1s - loss: 0.0098 - mean_absolute_error: 0.0739 - val_loss:
0.0398 - val_mean_absolute_error: 0.1392 - 944ms/epoch - 50ms/step
Epoch 99/100
19/19 - 1s - loss: 0.0105 - mean_absolute_error: 0.0816 - val_loss:
0.0311 - val_mean_absolute_error: 0.1303 - 1s/epoch - 53ms/step
Epoch 100/100
19/19 - 1s - loss: 0.0085 - mean_absolute_error: 0.0683 - val_loss:
0.0604 - val_mean_absolute_error: 0.1807 - 943ms/epoch - 50ms/step
```

照例先檢查一下摘要。先確認權重參數數量：

❶ 由於 RNN 層有 128 個神經元，權重數量是這樣來的：

- 首先，單輸入值 (即某一個月的銷售額) 餵入這 128 個神經元需要 **128** 個權重，如此可算出該時步的 hidden state (為 128 維)。

- 別忘了各時步算出的 hidden state 都要循環回饋給 128 神經元參與下一時步 (即次月的銷售額) 的運算，這部分需要 **128×128** 個權重。

- 最後，這 128 個循環層神經元都配置一個偏值，共有 **128** 個偏值權重。

總共加起來就是 128 + 128×128 + 128 = 16640 個權重參數。

❷ 輸出層這個單神經元則要為前層的 128 個輸入配置權重，外加 1 偏值，故共有 129 個權重。

本例在訓練 100 週期後，訓練集和測試集得出的 MAE 則分別為 0.0245 和 0.0346。至於這結果算不算好？光看數字沒感覺，依照底下程式的作法，直接拿剛訓練好的 RNN 模型來預測，看與正解差多少就清楚了：

▼ 程式 5-6：使用訓練過的模型預測測試集

```
# 用訓練好的模型預測測試集
predicted_test = model.predict(test_X, len(test_X)) ←❸
predicted_test = np.reshape(predicted_test,
                            (len(predicted_test)))  } ❹
predicted_test = predicted_test * stddev + mean ←❺

# 將測試集的預測結果繪製出來
x = range(len(test_sales)-MIN)
plt.plot(x, predicted_test, 'm-',
        label='predicted test_output')
plt.plot(x, test_sales[-(len(test_sales)-MIN):],
        'g-', label='actual test_output')
plt.title('Book sales')                              } ❻
plt.axis([0, 55, 0.0, 3000.0])
plt.xlabel('months')
plt.ylabel('Predicted book sales')
plt.legend()
plt.show()
```

❸ 上面程式先呼叫 model.predict() 預測測試資料，兩個參數分別是測試集與批次量，其中的批次量直接設為陣列的長度，由於要做預測，因此不分批，一口氣餵入測試集全部樣本。

❹ 各樣本的輸出值為單一數值 (次月的銷售額)，不過 model.predict() 傳回的會是一個二軸陣列，因此用 np.reshape() 變更陣列的形狀，展平為一軸陣列以方便繪圖。

❺ 由於訓練資料前我們將資料做了標準化，因此進行「去標準化」，也就是反向「乘上標準差再加上平均值」回來，就可以轉為銷售額了。

❻ 繪圖的程式都跟之前所用的類似，請自行參考。

預測結果如下圖所示，相當符合正解，看來我們的 RNN 模型表現得還可以：

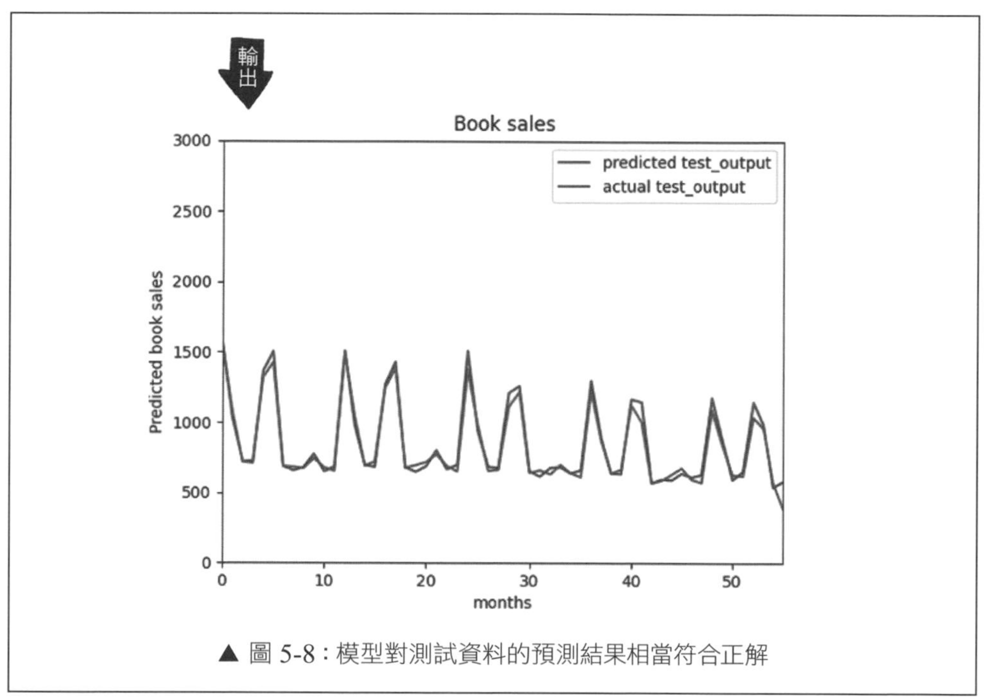

▲ 圖 5-8：模型對測試資料的預測結果相當符合正解

5-2-4 與無循環機制的神經網路做比較

如果想檢視 RNN 處理長輸入序列的能力、觀察其增添的循環機制是否真有貢獻，最直接的做法就是跟移除循環機制的一般前饋式模型做比較。完整的訓練程式請見**書附範例 Ch05 / 5-1-rnn_book_sales.ipynb** 的程式 5-7，底下列出兩個關鍵的地方，包括重新彙整訓練集及測試集，再來是將 RNN 層移除，改用一般的 Dense 層：

▼ **程式 5-7：改用前饋式模型**

```
# 重新彙整訓練集、測試集
train_X = train_X[:, (train_months - 13):, :]  } ❶
test_X = test_X[:, (test_months - 13):, :]

# 建構前饋式模型
model.add(Flatten(input_shape=(12, 1)))
model.add(Dense(256, activation='relu'))  ←❷
model.add(Dense(1, activation='linear'))
```

❶ 利用程式 5-4 得到的 train_X 及 test_X 製作新的訓練集、測試集，樣本的內容將會是連續 12 個月的銷售額資料。train_X[0] 會是前 0~11 個的銷售額、train_X[1] 會是前 1~12 個的銷售額…照此模式即可建構出前饋式模型。不過各樣本序列只能保留 12 個月數據，且輸入層要展平成 1 維，也就是移除「時序」這個維度。

❷ 移除 RNN 層，改用 256 個神經元的密集層，並使用 relu 激活函數。

測試結果

作者以同樣的測試集跑出的結果，全密集層的測試損失為 0.0036，RNN 則是 0.0022；以本例來說，能循環處理序列資料的 RNN 壓低了約 39 % 的損失，表現較佳，算是符合預期。

小結

本節成功根據現有歷史資料預測書店的銷售額，我們最後補充幾點 RNN 建模時的相關知識。

- 本節範例僅用一個 RNN 層就有不錯的效果，之後您若想嘗試「**堆疊多道 RNN 層**」有一點要注意。先回憶一下，RNN 層得先咀嚼樣本內的整個輸入序列後，再將分析結果送入後一層 (可能是密集層或其他) 繼續消化。換言之，在處理完最末時步之前，RNN 層的輸出會不斷循環回饋到該層輸入，「**不會**」**往後層送**，這個核心概念我們已經反覆提很多次了。

  不過，當「多道」RNN 層堆疊一起時，後層 RNN 的輸入序列必須對應前層 RNN的輸出序列，此時在 tf.Keras 內必須在前一道循環層設定一個 **return_sequences=True** 參數 (預設值為 False)，此參數設為 True 表示輸出「各時步」所算出的 hidden state (預設的 False 只會輸出「最末時步」所算出的 hidden state)。之後的範例就會看到此參數，現階段先有個印象，此參數是「跨」神經層時會用到即可。

- 循環層也可套用 dropout (Zaremba, Sutskever, and Vinyals, 2015)，不管是層與層之間、循環連接都可以用，不過本章不會用到。要在 tf.Keras 的 RNN 層加入 dropout 的話，只要在建構時設定 recurrent_dropout 參數即可。若想進一步了解 dropout 對 RNN 的實際效果，可閱讀這篇論文：https://arxiv.org/abs/1409.2329。

5-3 LSTM (長短期記憶神經網路)

LSTM (long short-term memory, 長短期記憶) 是由 Hochreiter 和 Schmidhuber 提出的模型，算是 RNN 的變體。前面提到，RNN 有著時間點一多可能發生的「**記憶消失**」問題，也就是只能維持短期記憶，卻很難保持長期記憶。為此 LSTM 模型設計了「以神經元搭配幾種算符與非線性函數」組合出的複雜**單元組 (cell)**，若以此單元組取代 RNN 內的一般神經元，可抑制梯度沿時步消失的現象，進而改善 RNN 對長週期變化的解讀能力。後面我們一律將此內部的單元組以 **LSTM 層**稱之。

本節就先簡單看一下 LSTM 層的設計概念，有了概念之後，5-4 節會用 LSTM 實作一個自動完成文字輸入 (Auto-Complete) 的範例，這是在網上輸入資料時常會看到的智慧預測功能。當使用者輸入部分字串時，就會推薦相關常用字串供使用者選擇：

▲ 圖 5-9：搜尋引擎上的 Auto-Complete 機制

5-3-1 LSTM 簡介

LSTM 層本質上跟前面用 SimpleRNN() 建立的 RNN 層一樣，它們都是循環層，一樣是從序列資料接收輸入資料，然後處理下個時步的資料時，一併處理前一個時步的輸出值 (hidden state)，差別只在 LSTM 的 hidden state 算法考量 (= 複雜) 很多。LSTM 層裡面設計了「**閘控**」機制，用來判斷過去時間點的資料「可以忘記」或「不可以忘記」，其內部的結構有點複雜，本書不會對當中涉及的數學運算原理介紹太深，只帶您掌握一些重要概念就好。

認識 LSTM 層的內部結構

先說結論：LSTM 層內擁有兩種狀態 (state)，一個是我們已經很熟悉的 **hidden state**，它負責僅處理當下時步的情況，也就是「**短期記憶**」; 另一個則是在 LSTM 層內流通的 **cell state**，統整的則是「**長期記憶**」。LSTM 層裡面做的事就是判斷各時步的資料哪些可以忘記，判斷出來後即從 cell state 刪除 (就像人的記憶會隨時間消退，只保留重要的部份一樣)，此外也會判斷新時步的知識是否要加入到 cell state 中。一般來說，LSTM 層所輸出的仍以 hidden state 為主，而 cell state 只在特殊需求時才會輸出，否則只會在在 LSTM 裡面流通，參與 hidden state 的更新而已。

有篇萬人傳誦的部落格文章 (Olah, 2015, https://reurl.cc/6Qo0Qr) 詳述了 LSTM 層的運作原理，在此借用該作者繪製的示意圖以便說明，這也是最常看到的 LSTM 視覺化作法：

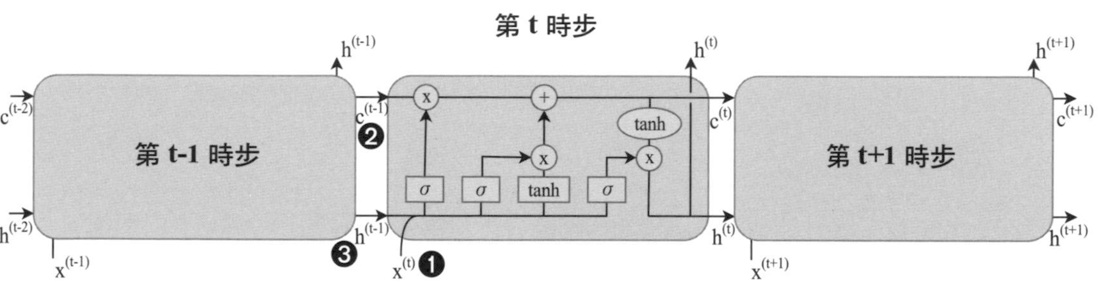

▲ 圖 5-10：按時步展開的 LSTM 層。(此示意圖借鑑自：Olah, C., “Understanding LSTM Networks”, August 2015, https://reurl.cc/6Qo0Qr)

上圖是以 3 個時步來看 LSTM 層的運作 (圖中省略所有權重項)。各時步除了接收當下的輸入 x ❶ 以外，還會接收來自前一時步的 c ❷ (代表長期記憶的 cell state) 與 h ❸ (代表短期記憶的 hidden state)。上圖中間那格 (第 t 時步) 顯示了 LSTM 層的內部結構，裡面所做的就是決定如何更新當前時步的 c 與 h。

我們把中間的圖放大展開來看：

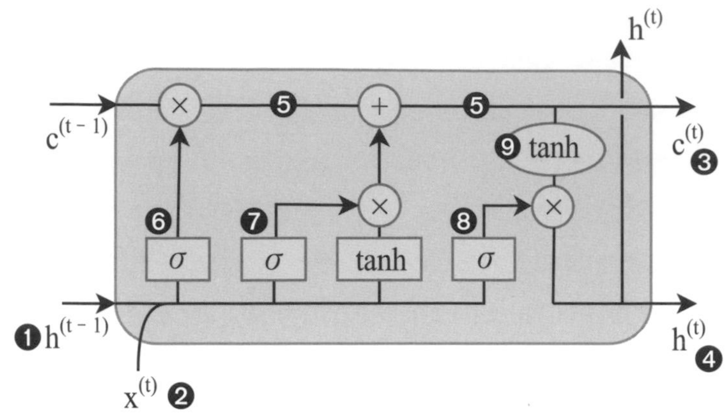

▲ 圖 5-11：LSTM 的內部結構

上圖的 LSTM 層內部結構乍看之下有點複雜，沒關係我們先看大方向。首先，前一時步的 hidden state $h^{(t-1)}$ 資料 ❶ 於左下方進入 LSTM 層後，會與下方的 $x^{(t)}$ 資料 ❷ 匯合；兩者串接成更長向量後，並行輸入上面 4 矩形方塊 σ、σ、tanh、σ 各自做運算 (底下詳述)，進而更新該層當前時步的 $c^{(t)}$ ❸ 與 $h^{(t)}$ ❹，大方向就是這樣。

至於內部做了哪些運算，細部說明如下：

❺ 最上面那條由左而右的直線路徑 →—(×)—❺—(+)—❺—→，統整一筆「長期記憶」，稱做**記憶單元 (memory cell)**，如同前述，cell 的狀態 (即 cell state) 就代表了長期記憶。

而當下時步的 cell state 更新，會等底下 ❻、❼ 兩個閘門的運算結果出來後才進行更新。

❻ 首先，任何新時步的資料進入 cell state 前，得先通過 sigmoid 激活函數 (在圖中以 σ 表示)；由於 sigmoid 激活函數輸出的值一定會介於 0 到 1 之間，所以可以充當「**閘門 (Gate)**」，來決定是否加入到 cell state。

前時步 hidden state $h^{(t-1)}$ 資料流 ❶ 於左下方進入 LSTM 層後，與當下時步的 $x^{(t)}$ 資料 ❷ 匯合 (編註：會與各自的權重做加權和運算)，最左邊的 sigmoid 激活函數 ❻ 是做為**遺忘閘 (forget gate)**，視情況決定 (得從資料中學習) 該保留多少前時步的 cell state：

遺忘閘會算出 $f^{(t)}$，待會參與 cell state 的更新

$$f^{(t)} = \sigma\left(W_f\left[h^{(t-1)}, x^{(t)}\right] + b_f\right) \qquad \text{公式 5-1}$$

❻ ❶ ❷

註 如公式所看到，資料都會跟 W、b 權重參數做運算，只不過圖 5-11 沒把權重參數畫出來。閘門的運作可以用線性代數簡潔地陳述 (如這兩頁的公式所示)，其內涵同樣是進行矩陣運算。

❼ 稍往中間靠的那兩個 σ 及 tanh 函數則是**輸入閘 (input gate)**，或稱**記憶閘 (remember gate)**，一樣，前時步 hidden state $h^{(t-1)}$ ❶ 跟當下時步的 $x^{(t)}$ 資料 ❷ 會在這裡做加權和、激活函數的運算，視資訊的重要程度決定**哪些新資料**以及**多少比例**該放進 cell state。

此函數決定待會要更新到 cell state 的「比例」

$$i^{(t)} = \sigma\left(W_i\left[h^{(t-1)}, x^{(t)}\right] + b_i\right)$$

$$\tilde{C}^{(t)} = \tanh\left(W_c\left[h^{(t-1)}, x^{(t)}\right] + b_c\right)$$

公式 5-2

此函數決定待會要更新的「資料內容」

當 ❻、❼ 的運算結果出來後，最上面那一長條 cell state ❺ 就會如下式進行更新：

更新 ❺

$$C^{(t)} = \underbrace{f^{(t)} * C^{(t-1)}}_{} + \underbrace{i^{(t)} * \tilde{C}^{(t)}}_{} \qquad \text{公式 5-3}$$

這是先前遺忘閘的結果 ❻

這是先前輸入閘的結果兩者相乘 ❼

❽ ~ ❾ 最靠右的那區則是**輸出閘 (output gate)**，負責用「當前時步的新資訊 $o^{(t)}$ ❽」與「剛才算出的新 cell state $C^{(t)}$ ❾」來更新當前時步的 hidden state $h^{(t)}$ ❹，算出來之後新的 $h^{(t)}$ 即會回饋給下一時步。

當前時步的新資訊

$$o^{(t)} = \sigma\left(W_0\left[h^{(t-1)}, x^{(t)}\right] + b_0\right)$$

❽ 的運算

公式 5-4

$$h^{(t)} = o^{(t)*} \tanh\left(C^{(t)}\right)$$

用 ❽ 乘上 ❾，更新當下時步的 hidden state ❹

❽

❾ 的運算，會用到先前更新好的 cell state ❺

5-3-2 LSTM 小結

公式看起來很複雜，但說穿了就是長期記憶 cell state 及短期記憶 hidden state 的更新運算而已。我們複習一下 LSTM 層的運作：

- 針對 LSTM 層的內部結構，除了多了一個會逐時步更新的 cell state 外，輸入神經元與 RNN 的神經元一樣，均得接收當前時步輸入 (x) 與前一時步輸出 hidden state (h)，只是其輸出會藉由遺忘閘、記憶閘、輸出閘 3 道閘門動態調整，方能得出當前時步的 hidden state 以及 cell state。

- LSTM 層之所以加入「閘門」機制，是因為在序列資料中，有些數據很罕見，但一出現就會讓序列震盪甚至突破極限，但也有些其實是完全隨機的可忽略雜訊，若將這些有的沒的全往 cell state 送，模型哪承載的了這些資訊流，因此就會以閘門控管能進入 cell state 的資訊。一旦進入 cell state，只要循環不被重置或被後續資訊掩蓋，就會一直留在循環中，達到「長期記憶」的目的。

- 從圖 5-11 可以看到，LSTM 層是由 5 個非線性函數組成，當中做了 4 組加權和操作，故論及權重數時，會是一般 RNN 層的 4 倍，這點大概知道就可以了。

註 也因為 LSTM 的結構有點複雜，因此就有改良版出現，稱為**閘控循環單元 (gated recurrent unit, GRU)**，為了精簡結構，GRU 把 LSTM 的輸入閘與遺忘閘合併成**更新閘 (update gate)**」，而且少了記憶單元與輸出閘，但增加了**還原閘 (reset gate)**。

也有一種 LSTM 配置了「針孔」連接 (peephole)，也就是將 cell state 也設計了閘門控管機制 (Gers, Schraudolph, and Schmidhuber, 2002)；而 GRU 也有其他較簡化的變體 (Heck and Salem, 2017)，有興趣可再自行研究。

5-4 LSTM 範例：文字的 Auto-Complete 機制

具備了 LSTM 的基礎知識，接著就來實作本書第一個自然語言處理 (Natural Language Processing, NLP) 的範例，我們要將 LSTM 用於文字序列資料 (主要針對英文句子)，實作一個網路上輸入資料時常可看到的 Auto-Complete 機制 (見 5-24 頁的圖 5-9)。本章所打造的模型會依我們餵入的字串給出 8 種預測方案。

5-4-1 建模前的思考及準備工作

關鍵工作：將文字進行編碼

處理文字這種序列資料時，建模之前的資料預處理工作相當重要，其中最關鍵的就是要將語言「量化」，好讓模型能夠處理。最常見的量化做法是將英文單字轉換成數值，做法有兩種：一是將句子裡面的各單字拆成字母，組成「**字母**」序列，本節會先介紹這種做法。二是將句子以一個單字一個單字來看，組成「**單字**」序列，此法就接近人類在讀句子那樣，雖然前置工作較複雜，但效果好很多，我們後面幾章再來探討第二種做法。

本節會先試試將文字編碼成字母序列

字母序列：即一個**字母**為一個時步餵入循環層，例如 w → h → o → i → s ……

單字序列：即一個**單字**為一個時步餵入循環層，例如 who → is → the ……

英文字母大小寫加起來也就幾十種字元，之前影像分類用過的「One-hot 編碼」足以應付。先考慮最簡單的情況，假設要餵給 RNN 訓練的**語料庫 (corpus)** 僅由 26 個英文小寫字母組成，各字母經編碼後，就都會轉換成長度為 26 的 One-hot 向量。例如 a 是 (1,0,0,0,0,0,……)、b 是 (0,1,0,0,0,0,……)、c 是 (0,0,1,0,0,0,……)…，依此類推。

25 個 0

編註 **語料庫** (corpus) 就是拿來訓練模型看懂文字用的。如果我們希望 NLP 模型可以自動完成英文的句子，就必須先拿一個英文的語料庫來訓練模型；若希望完成法文的句子，則必須先拿一個法文的語料庫來訓練模型。若希望模型幫我們把法語翻譯成英語，就必須準備一大堆法翻英的語料庫來訓練模型。簡言之希望模型具備什麼能力 (英文、法文、翻譯、醫學、文學、電腦…)，就必須拿各式語料庫來訓練模型。ChatGPT 那麼厲害，就是因為它是以各領域超大量的資料訓練出來的，當然，要說它「萬用」會有點武斷，畢竟各領域的資料種類太多了，不可能通通訓練到，就像人不可能什麼都懂一樣。

思考模型架構

要建構一個能根據輸入字母串自動完成後續輸出的模型，至少得用上雙層架構，一道 LSTM 層用來接收輸入資料，再接一道以 26 個神經元組成的 softmax 密集層。下圖是這個模型大致的運作方式 (提醒：此圖是將循環層沿「時步」展開的樣子)：

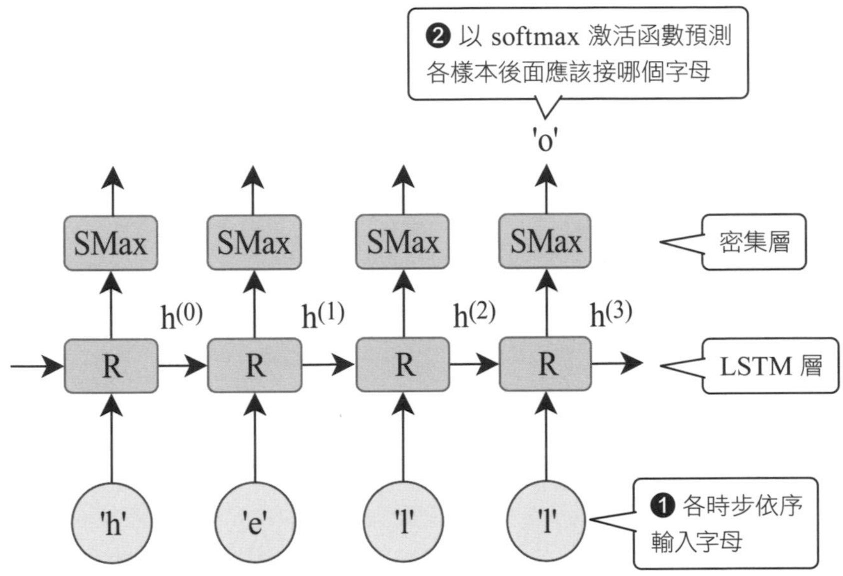

▲ 圖 5-12：以一道循環層和一道密集層組成模型。SMax 方塊代表採用 Softmax 激活函數的神經元

上圖是假設輸入序列為「h」、「e」、「l」、「l」4 個字母。模型在第 0、1、2、3 時步依序接收完各字母後 ❶，若判斷後面最應該接的字母是「o」(也就是完成單字「hello」)，就會在第 3 時步結束時輸出「o」❷。至於先前時步所算出的 hidden state 是什麼在本例不重要，因為當時完整的字母序列還沒餵完。

編註 如果此模型加入了先進的 attention (注意力) 機制，那麼先前時步所算出的 hidden state 就會派上用場，第 8 章介紹 attention 機制時會再提到。

模型的強化 (一)：加入自迴歸 (Auto Regressive) 的設計做連續多時步的預測

熟悉前面的概念其實就可以著手實作模型了，不過作者希望再加強一下模型的能力。首先，如果 Auto-Complete 模型只單補一個字母似乎有點陽春，若能連續補上一整串才看得出在預測什麼。為此我們需要讓訓練好的模型能夠做「多時步」的連續預測。

怎麼做呢？直覺的想法是建構一個能一次預測 m 時步的模型，一樣採用 $x^{(t-m)}$、⋯、$x^{(t-1)}$、$x^{(t)}$ 組成的序列作為訓練樣本，只是正解改成後續 m 時步的數據，如此便能用同一組模型預測多時步輸出，問題是此法能預測的時步 (註：即樣本的維度) 都是固定的，過於死板，行不通。

第 2 個想法是多建立幾組模型，想連續預測多少時步就弄幾組。首先訓練訓練一個模型能根據輸入序列 $x^{(t-m)}$、⋯、$x^{(t-1)}$、$x^{(t)}$ 預測 t+1 時步的那一個字母。接著，使用同批訓練樣本，但事先把正解改成兩時步後的那一個字母，以此訓練出來的就是能預測第 t+2 時步字母的模型，最後將兩模型輸出結合起來，不就變成一個能預測後兩時步輸出的模型了。依法炮製，再訓練一個能預測第 t+3 時步那一個字母的模型，再跟前兩個模型合併，便能根據過往銷售資料預測出後面 3 時步的字母。但您也看到了，模型之間並沒有共享或重複利用資訊的機制，而且做法實在有點繁瑣。

其實關鍵就在「**模型如何重複利用所輸出的資訊**」。本例我們在訓練好模型後，將引進**自迴歸 (Auto Regressive, AR)** 的設計，也就是將模型的最終輸出再回饋到模型做為輸入，使模型能綜合前面的輸出不斷接著往下預測。

編註 例如餵入「the body 」逐字母給訓練好的模型，若建議是 w，就再把 w 回饋給模型，以「the body w」繼續往下預測。

這樣的回饋概念跟循環層「把 hidden state 不斷回饋給下一時步做為輸入值」很像，但請記得循環層所回饋的 hidden state 是**中間層 (循環層) 的輸出**，而自迴歸架構要所要回饋的則是模型的**最終輸出**。而之所以稱為「自」迴歸則是因為模型輸出與輸入是相同的變量。

採用自迴歸的做法，模型的運作就會像底下這樣：

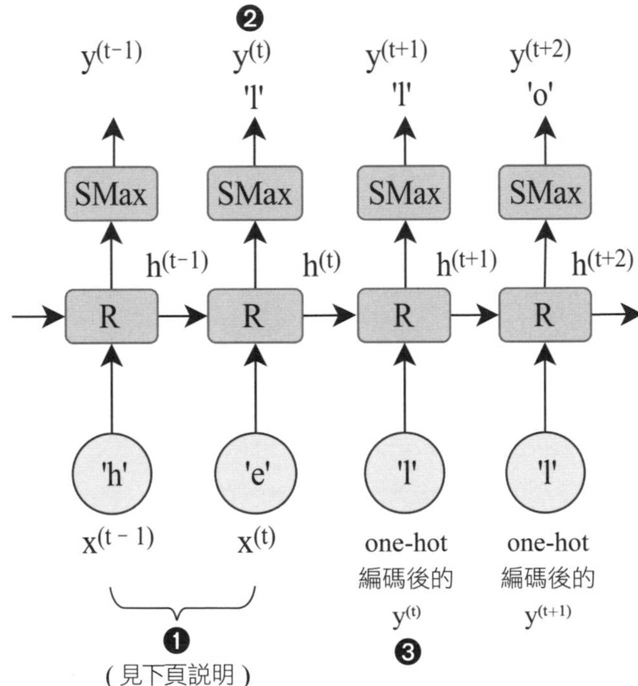

▲ 圖 5-13：Auto-Complete 模型運作示意圖

以上頁這張示意圖為例，假設模型頭兩時步接收「h」、「e」兩字母 ❶，模型預測出後面緊接的字母是「l」後 ❷，將其回饋做為輸入 ❸，繼續以「h」、「e」、「l」三字預測後續字母 ... 依此類推。

此法要特別留意的是輸出、輸入資料的格式轉換，因為 ❷ 輸出的是 Softmax 計算出的各字母預測機率，但輸入 ❸ 應該要是字母的 One-hot 格式，因此，❷ → ❸ 時還得把「要自迴歸的那個字母轉為 One-hot 格式」，這樣才會跟原本的輸入格式一致。詳細的轉換做法會在後面的程式展示。

模型的強化 (二)：利用集束搜尋 (beam search) 演算法顯示多種預測方案

除了做連續預測多時步的預測，一般 Auto-Complete 模型會為一段殘句 (例如 the body) 準備多種方案 (例如 the body which the...、the body with this...、the body of the most... 等)，這部份我們打算用**集束搜尋 (beam search)** 演算法來實現。集束搜尋是個老技術，但在深度學習很常用，尤其是語言翻譯 (Sutskever, Vinyals, and Le, 2014) 領域很常出現。

beam 在這裡是一束一束的意思，集束搜尋演算法在搜尋時會先設定一個 beam size，假設 beam size ＝ 2，如此一來，各時步在預測時就只會保留前 2 種 (束) 機率最高的字串組合，其餘均刪去不看，如下圖的例子：

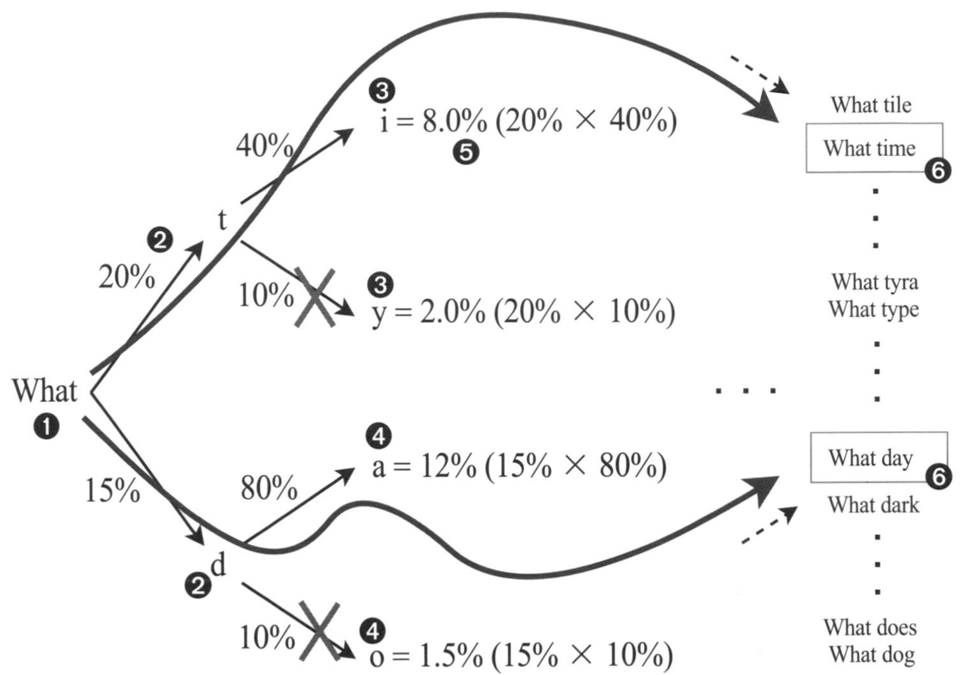

▲ 圖 5-14：以集束搜尋一步步推演出後面可能出現的字元 (各機率則是神經網路算出來的)。由於 beam size 為 2，各時步僅保留最有可能的 2 種方案

上圖是假設模型接收了「W-h-a-t- 」(最後面有一空格字元) 4 個字母序列 ❶，輸出值顯示機率前兩高的接續字母是 t (20%) 跟 d (15%) ❷，由於 beam size ＝ 2，因此其他字母的機率都會捨棄。接著，繼續從 t、d 這兩字母出發，分頭推演後面的預測：

- 假設「t」自迴歸到模型做為輸入後，得出兩個最有可能的後續輸出為「i」(40%) 和「y」(10%) ❸。
- 假設「d」回饋到模型輸入，得出最有可能的兩個後續輸出是「a」(80%) 與「o」(10%) ❹。

也就是兩路推演後，產生「What ti」、「What ty」、「What da」、「What do」4 種方案。

接著，各方案需計算合併機率，做法是前後兩字母的機率相乘，例如最上面「What ti」這束的機率為 0.2 × 0.4 = 0.08 (8%) ❺。四個方案的合併機率都算出來後，一樣保留前 2 高的方案，此例就是「What ti」(8%) 與「What da」(12%) 被保留下來，其他一律排除。依照這樣繼續做推演，模型最終提供的方案就可能是「What time」和「What day」❻。

模型運作相關原理都介紹完了，接著就來打造範例程式。

5-4-2 開始實作：使用 LSTM 實作 Auto-Complete 範例

本節就開始用 5-3 節介紹的 LSTM 模型來打造 Auto-Complete 範例。我們會拿一些現成的英文小說做為語料庫，步驟是先替語料庫編碼，整理成訓練集後，再用它來訓練模型 (編註：就是讓模型藉由語料庫集熟悉英文字母間的關係)。

網路上的文字資料俯拾即是，有些研究甚至把整個維基百科都拿來用，不過像本節這種簡單範例，用小型的文學資料就好。我們將使用古騰堡計劃 (project Gutenberg) (https://www.gutenberg.org) 收錄的無版權電子書做為語料庫，選用的是大多數人都聽過的《科學怪人》小說 (Frankenstein，瑪莉雪萊著，已收錄在**書附範例 Ch05 / frankenstein.txt**)。

匯入套件並設定超參數

本節範例在書附下載範例的 **Ch05 / 5-2-autocomplete.ipynb**。程式 5-8 先匯入相關套件並設定各種超參數：

▼ **程式 5-8：範例初始化**

```
import numpy as np
from tensorflow.keras.models import Sequential
from tensorflow.keras.layers import Dense
from tensorflow.keras.layers import LSTM
import tensorflow as tf
import logging
tf.get_logger().setLevel(logging.ERROR)

EPOCHS = 32
BATCH_SIZE = 256
INPUT_FILE_NAME = '../data/frankenstein.txt'
WINDOW_LENGTH = 40   } 將語料庫拆分成訓練樣本的流程由 WINDOW_LENGTH
WINDOW_STEP = 3      } 和 WINDOW_STEP 兩變數控制
BEAM_SIZE = 8        }
NUM_LETTERS = 11     } 其餘變數則與集束搜尋演算法
MAX_LENGTH = 50      } 有關，遇到會再說明
```

接著，下一頁程式做的事則包括開啟文字檔 ❶、載入內容 ❷、全部轉換為小寫 ❸，將雙空格換成單空格 ❹ 等前製作業。

接續幾行程式則是為了替文字資料做 One-hot 編碼做準備。我們把在 frankenstein.txt 語料庫出現過的字母、標點符號等字元都抓出來、組成串列 ❺、一一編號，再將「字元與對應編號 ❻」、「編號與對應字元 ❼」整理成兩對照用的 Python 字典。有了這兩個字典，便能將各字元轉換為 One-hot 編碼來餵入模型，或者需要時將 One-hot 編碼轉換回字元來方便閱讀 (註：後者非模型訓練必要的步驟)。

最後的 ❽ 則是將 encoding_width 變數設為 frankenstein.txt 裡面出現過的字元種類數 (本例共有 63 種)，各字元的 one-hot 向量長度就等同此值。

> **編註** 本例 frankenstein.txt 檔案裡面內共出現 63 種字元符號，除了小寫英文字母外，還有「%」「;」...等各種符號。

▼ **程式 5-9：讀取檔案、處理文字檔、建立字元對照字典**

```
# 開啟文字檔
file = open(INPUT_FILE_NAME, 'r', encoding='utf-8-sig') ←❶
text = file.read() ←❷
file.close()

# 將文本轉為小寫、去掉換行符號與多餘空格
text = text.lower() ←❸
text = text.replace('\n', ' ')  ┐
text = text.replace('  ', ' ')  ┘❹

# 將字元一一編號並製作雙向對照字典
unique_chars = list(set(text)) ←❺
char_to_index = dict((ch, index) for index,
                     ch in enumerate(unique_chars)) ❻
index_to_char = dict((index, ch) for index,
                     ch in enumerate(unique_chars)) ❼
encoding_width = len(char_to_index) ←❽
```

註 char_to_index ❻ 及 index_to_char ❼ 雙向對照字典將很多步驟濃縮成一行，雖然簡潔有簡潔的美，但對 Python 新手來說可能不容易看懂，這些涉及生成器 (generators)、串列生成式 (list comprehension)、和字典生成式 (list comprehension) 等語法，不太熟的話請自行複習一下。

進行資料預處理

下一步是將語料庫用一個滑動窗口拆分成多筆訓練樣本，步驟如程式 5-10 前半段的 for 迴圈所示：

▼ **程式 5-10：準備訓練樣本，並轉為 One-hot 編碼**

```
# 建立訓練樣本
fragments = [] ←❶
targets = [] ←❷
for i in range(0, len(text) - WINDOW_LENGTH, WINDOW_STEP):  ┐
    fragments.append(text[i: i + WINDOW_LENGTH])             ├❸
    targets.append(text[i + WINDOW_LENGTH])                  ┘

# 將樣本轉為 One-hot 格式
X = np.zeros((len(fragments), WINDOW_LENGTH, encoding_width))  ┐
y = np.zeros((len(fragments), encoding_width))                 │
for i, fragment in enumerate(fragments):                       │
    for j, char in enumerate(fragment):                        ├❹
        X[i, j, char_to_index[char]] = 1                       │
    target_char = targets[i]                                   │
    y[i, char_to_index[target_char]] = 1                       ┘
```

❶❷ 本例我們打算將窗口覆蓋住的 WINDOW_LENGTH (本例為 40) 個字元當樣本的特徵，指派給 fragments 變數，也就是說，fragments 變數中每筆樣本都是 40 個字元。然後，每個樣本最尾巴的「後面」那個字元則當正解，指派給 targets 變數，以此讓模型學習字元間的關聯性。

❸ 在 for 迴圈中，將第 0 筆樣本 / 正解分別儲存在兩串列、湊出一筆訓練樣本，接著將窗口往後挪動 WINDOW_STEP (本例為 3) 個字元，繼續生成下一筆樣本 ... 依此類推。

編註 樣本的製作

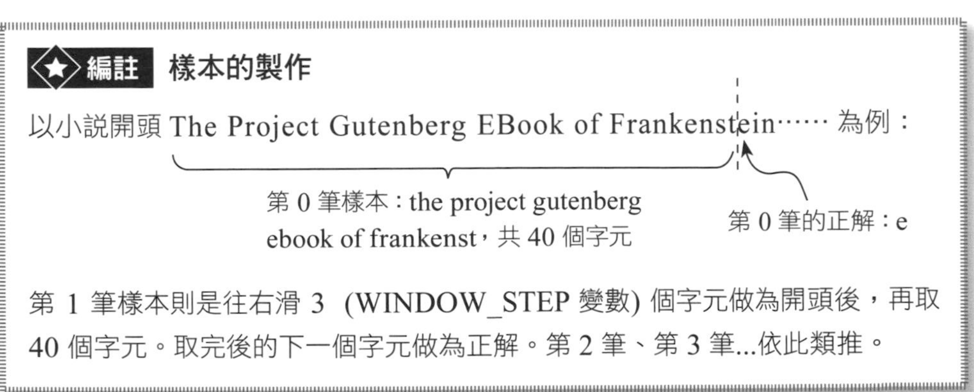

第 1 筆樣本則是往右滑 3 (WINDOW_STEP 變數) 個字元做為開頭後，再取 40 個字元。取完後的下一個字元做為正解。第 2 筆、第 3 筆...依此類推。

❹ 接著將全部的樣本 X 及對應的正解 y 串成 NumPy 陣列。在此我們要將每個樣本及正解轉成長度為 encoding_width (本例為 63 種字元) 的 One-hot 向量。這裡的程式是先為 X、y 兩陣列配置好全 0 的陣列，再用雙層 for 迴圈將 1 的值填進去。

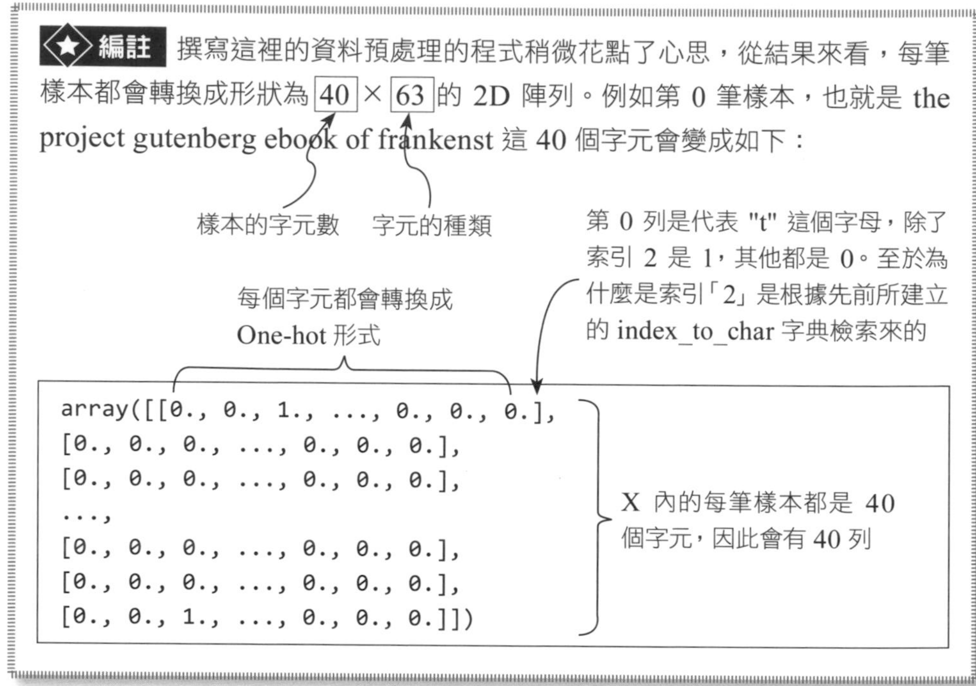

建構並訓練模型

再來就是建構並訓練模型的程式：

▼ **程式 5-11：建構並訓練模型**

```
# 建構並訓練模型
model = Sequential()                       ❹
model.add(LSTM(128, return_sequences=True,
                    ❸→ dropout=0.2, recurrent_dropout=0.2,   ❶
                       input_shape=(None, encoding_width)))
model.add(LSTM(128, dropout=0.2,
                       recurrent_dropout=0.2))
```

NEXT

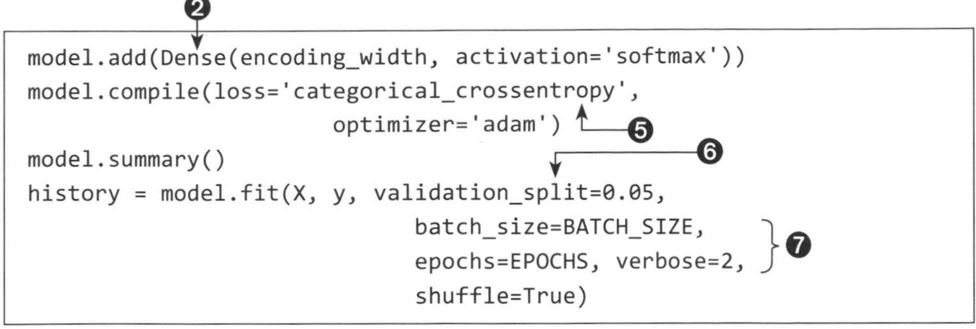

```
model.add(Dense(encoding_width, activation='softmax'))
model.compile(loss='categorical_crossentropy',
                optimizer='adam')
model.summary()
history = model.fit(X, y, validation_split=0.05,
                        batch_size=BATCH_SIZE,
                        epochs=EPOCHS, verbose=2,
                        shuffle=True)
```

本章模型是以雙 LSTM 層組成 ❶，後面接一道採用 Softmax 激活函數的密集層 ❷，以便預測各字元的可能機率。兩道 LSTM 層的參數 dropout 設為 0.2 ❸，這樣不管是傳到下一層還是循環回饋時都會套用 20% 的 dropout。

後面那一道 LSTM 層得接收前道 LSTM 層在所有時序的輸出，故在建構前道 LSTM 層時，要在 LSTM() 內設定 return_sequences=True ❹。至於損失函數，對多元分類來說，首選通常是分類交叉熵 ❺。

前面做資料預處理時，並未將資料拆成訓練集與測試集兩部份。故程式 在呼叫 fit() 函式時，設定了參數 validation_split=0.05 ❻，以告知 tf.Keras 將 5% 的訓練集做為測試集，其餘則全部投入訓練。最後，將建好的模型以批次量 256 訓練 32 個週期 ❼。

評估訓練結果

讀者可以試著跑看看書附下載範例的 **Ch05 / 5-2-autocomplete.ipynb** 內的前述程式，本例作者跑出來的訓練損失為 1.85，測試損失則為 2.14；此模型尚有微調空間，損失應該還能再壓低。但最重要的是，我們想先看看模型目前的 Auto-Complete 能力如何，若以「the body 」為例，是否能產生不錯的預測方案呢？為此，我們就要加入前面提到的「自迴歸」及「集束搜尋演算法」來試試。

▼ 程式 5-12：將模型輸出代入集束搜尋，逐次預測 Auto-Complete 方案

```
# 建立最初的方案，各方案以 3 元素表示
# 這 3 個元素分別是 (機率、字元串、字元串對應的 One-hot 編碼)
letters = 'the body ' ←❶(見下頁)
one_hots = []
for i, char in enumerate(letters):       ⎫
    x = np.zeros(encoding_width)          ⎬❷
    x[char_to_index[char]] = 1            ⎪
    one_hots.append(x)                    ⎭
beams = [(np.log(1.0), letters, one_hots)] ←❸

# 推演緊接的 NUM_LETTERS 個字元 (本例會推演 11 個字)
for i in range(NUM_LETTERS): ←❹
    minibatch_list = []
    # 將現有方案的字元串 One-hot 編碼取出、組成批次資料，以便輸入模型繼續
      預測後續字元
    for triple in beams:
        minibatch_list.append(triple[2])
    minibatch = np.array(minibatch_list)
    y_predict = model.predict(minibatch, verbose=0) ←❺
❾→new_beams = [] ❼
    for j, softmax_vec in enumerate(y_predict): ←❻
        triple = beams[j]
        # 從現有方案出發，各延伸出 BEAM_SIZE (本例為 8) 種後續方案
        for k in range(BEAM_SIZE):
            char_index = np.argmax(softmax_vec)
            new_prob = triple[0] + np.log(
                softmax_vec[char_index])
            new_letters = triple[1] + index_to_char[char_index]
            x = np.zeros(encoding_width)
            x[char_index] = 1
            new_one_hots = triple[2].copy()
            new_one_hots.append(x)
            new_beams.append((new_prob, new_letters,
                              new_one_hots))
            softmax_vec[char_index] = 0
    # 僅保留機率較高的前 BEAM_SIZE 種方案，其他均排除
    new_beams.sort(key=lambda tup: tup[0], reverse=True)
    beams = new_beams[0:BEAM_SIZE] ←❽
for item in beams:
    print(item[1])
```

本例會以「the body」字串做為預測的起點 ❶，其發生機率是 1.0。第 1 段的 for 迴圈 ❷ 會將「the body」逐字元進行 one-hot 編碼、塞到預先宣告的串列。編碼結束後，將機率、字元串與其對應編碼打包成 tuple，塞到 beams 這個 3 元素串列中 ❸，也就是說。各階段預測出的 Auto-Complete 方案會以 3 元素 tuple 呈現，第 0 元素為該方案出現機率對數 (至於為何用對數稍後解釋)，後面兩元素則分別是該字元串與其對應的 one-hot 編碼。

接下來是一個有點龐大的多層 for 迴圈 ❹，它做的事就是推演「the body」後面緊接的 NUM_LETTERS 個字元 (本例會推演 11 個字)，會給出 8 種方案。

首先將「the body」字串餵入前面訓練好的模型做出預測 ❺，之後做的事就如同圖 5-14 的集束搜尋法那樣，在推演每個後續字元時，從中挑出機率最高的 8 (BEAM_SIZE) 種方案。可以看到本例比圖 5-14 要複雜的多，每個方案都會往後推演 11 (NUM_LETTERS) 個字元，而每一個字元時步都挑出機率最高的 8 種方案。

而當推演出各種方案後，再用一個 for 迴圈 ❻ 依續將其編碼為 Ont-hot 格式，最後將這些字元分別與原輸入串成 Numpy 陣列、重新打包成批次資料，讓模型於新一輪迭代繼續推演後續字元，直到最外層的 for 迴圈 ❹ 跑完 NUM_LETTERS 個字元為止。

在 ❹ 這個 for 迴圈中，一開始是將「the body」字元串 (母束) 以參數傳遞給 model.predict()，輸出的對應 softmax 向量 (softmax_vec) ❼ 即為該母束後接特定字元 (子束) 的機率；依此方式將各母束條件機率最高的 BEAM_SIZE 條子束抓出來，放在一起比較其發生機率。由於子束沒母束長不出來，故子束獨立發生機率會是前述的機率乘上母束發生機率 (如圖 5-14 的 ❺ 所提到的)；但當子束越長越多層，其機率會被層層稀釋，為避免因計算精度有限而出現下溢位，前面直接將機率改以對數呈現，兩機率乘積的對數就是兩機率對數的和。若只須補完少數字元，可跳過對數轉換，但能養成習慣最好。

將各母束條件機率最高的 BEAM_SIZE 條子束抓出來、依照發生機率排序後，僅保留可能性最高的 BEAM_SIZE (=8) 支子束 ❽，其他都去掉不用，這就是所謂的「剪枝」。一開始只有「the body 」這根母束，故只要抓出可能性較高的 BEAM_SIZE 種方案當子束就好；至於後幾輪迭代會生出 BEAM_SIZE * BEAM_SIZE 子束，僅機率較高的 BEAM_SIZE 支子束需保留，其他就都剪掉。

附帶一提，程式 5-12 是等模型訓練好後，在「外部」執行集束搜尋，也就是將整批母束送入模型 (model)、找出最有可能出現的子束後，在各子束字元前面接上對應母束字元串，結合出一批新樣本。下輪迭代再以此批新樣本 (new_beam) ❾ 作為母束，讓模型繼續往下推演。

程式 5-12 稍微複雜了點，沒關係，重點在掌握好圖 5-14 的概念即可。集束搜尋法只會在本章出現，它也並非本書的重點，程式慢慢再 K 就好。當執行前述程式，照設定的預測字元數 (NUM_LETTERS=11) 跑完迴圈後，顯示出的 Auto-Complete 方案會類似底下這樣：

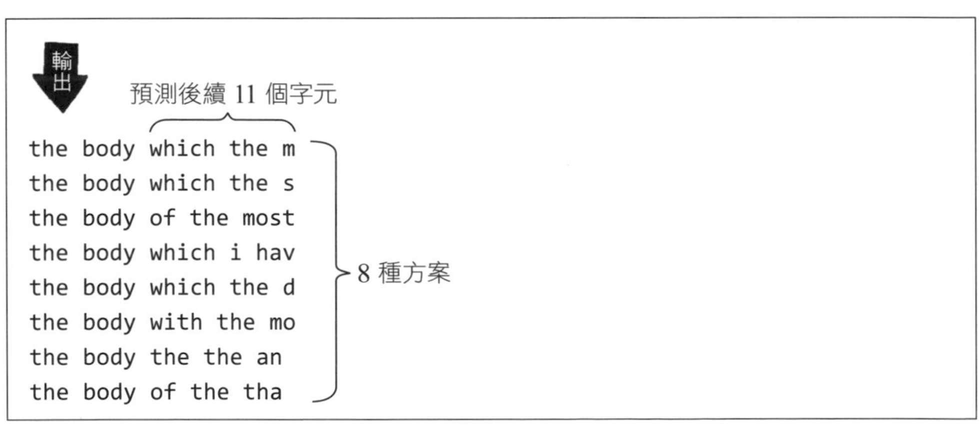

以上方案都沒拼錯字，文法上也都正確，結果還算可以。讀者有餘力的話可改用不同的古騰堡小說做為語料庫或輸入不同的字元開頭 (如前例為 the body…) 來試試模型的能力，本範例就到此結束。

小編補充 認識雙向循環層

想要嘗試提升模型的能力，除了從資料集下手外，當然也可以從神經層來思考，例如**「雙向」RNN** 就是一種比基本 RNN 更周延的循環層。

簡單來說，雙向 RNN 是一種循環層的變體，能綜合序列「前」、「後」端資料來做預測。以我們聽英文為例，當聽到一句「I saw the b...」，但「b」是啥沒聽清楚，若聽到更後面的內容，像是「I saw the b... sky」，那「b」八成就是「blue」吧！像這樣，人類解析語義時會去參考上下文，機器當然也可以如此：像語音辨識就是將後面接的單詞也納入參考，以判斷中間聽不清楚的單詞為何。

雙向循環層 (bidirectional RNN，Schuster and Paliwal) 就是用以上想法所研究出來的架構。它是由兩道並行運作的循環層 (RNN、LSTM 都行) 組成的神經網路架構，一道從序列的「頭」開始分析，另一道則從序列的「尾巴」反方向分析，故能綜合上下文做出判斷。

要注意的是，頭跟尾巴是在各時步「同時」處理的。以最基本的雙向 RNN 為例，若該 RNN 層有兩個神經元，而待輸入的字元串為：

```
h、e、l、l、o
```

頭一時步會將最開頭的「h」送入其中一個神經元，最尾巴的「o」則送進另一個，然後結合兩邊輸出，決定所時步所算出的 hidden state。接著各自往右、往左，第 2 時步各輸入 h **右邊**的「e」和 o **左邊**的「l」，第 3 時步各輸入「l」與「l」，第 4 時步各輸入「l」和「e」，最末時步則各輸入「o」和「h」...。各時步都根據兩神經元輸出對應的 hidden state。至於要怎麼結合兩神經元輸出，用加法、乘法、平均都行。

要在 tf.Keras 內實作雙向結構，以雙向 LSTM 層為例，只要照以下程式來做即可：

NEXT

▼ **程式 5-13 在 tf.Keras 宣告雙向循環層**

```
from tensorflow.keras.layers import Bidirectional
...
model.add(Bidirectional(LSTM(16, activation='relu')))
```

載入這個模組

這樣寫就可以建立雙向 LSTM

爾後您可能會在一些複雜的架構看到雙向層的用法，本書的範例雖然不會用到雙向 RNN，但第 8 章所介紹的 BERT 語言模型也具備了雙向的概念，請先有個印象喔！

5-4-3 小結

本章總共介紹了兩種序列資料，5-1～5-2 節介紹基本 RNN 時用了書店銷售額做為序列資料，而 5-3～5-4 節介紹 LSTM 時用了英文句子做為序列資料，也是本書第一次將神經網路用於自然語言處理 (NLP) 領域。

自從 ChatGPT 爆紅之後，NLP 一直是深度學習的熱門研究話題，後續章節也將繼續帶您紮穩 NLP 的基礎。例如首當其衝的問題是，5-3～5-4 節是以「字母」做為序列資料，這似乎跟人類慣用「單字」的思維不一樣。沒錯，若把粒度從字母上升到「單字」，也就是改用單字序列來訓練模型，將可大幅提升 NLP 模型的能力，而這就牽涉該如何替單字編碼，下一章就來探討這個主題，這可是 NLP 應用最重要的前置工作。

Chapter

6

自然語言處理的重要前置工作：建立詞向量空間

前一章最後我們實作出了能預測多時步資料的 Auto-Complete 模型，當時未採取任何措施來阻止模型憑空造字、或隨機生成不合語法的無意義句子，結果顯示模型不但沒走歪，還順利從語料庫學到字母間的關聯。不過，在人類的語言交流中，真正承載資訊的其實是**單字**，字母只不過是單字的組成分子罷了，因此普遍的做法，還是會將語料庫視為單字所組成，而非一大堆字母所組成。

然而單字的數量非常龐大，當然不可能用 one-hot 形式來編碼，那每個字都會變成超高維的複雜形式，因此普遍上會採用一種能梳理單字語義特徵的編碼方式，稱為**詞向量 (word vector)**，例如將 dog 這個字轉成 [-0.54533, 1.2456, -0.54568] 這樣 3 個數字的向量形式。當然，不見得是 2 維、3 維，也可能轉換成 100 維，要視語料庫的複雜度而定，但無論如何，絕對會比 one-hot 的超高維度精簡許多，而且可以承載更多資訊。

詞向量編碼的概念是：我們必須將語料庫中的每個單字都與一個**多維度向量空間 (vector space)** 中的位置對應起來。這個對應工作是 NLP 模型前期要完成的，之後就可以運用這個結果對其他各種文件資料做各種處理 (文件分類、機器翻譯、語音辨識…等)。這過程就像將語料庫中的字一個一個「嵌入」詞向量空間內，因此詞向量的編碼方式也稱為**詞嵌入 (word embedding)**，指的是同一件事，本書一概以**詞向量**稱之。

編註 word vector 為什麼稱為「詞向量」而不叫「字向量」呢？一般很多字的時候我們就會用上「詞」(或詞彙) 這個名稱，而在上面提到這個向量空間 (vector space) 中，有些向量是代表一個單字 (例如 dog、house)，而有些向量則是代表 New York、Harry Porter 這種一個字以上的詞彙，所以習慣上我們會將向量空間中的各向量稱為詞向量，而不是字向量。

底下就繼續看詞向量空間的相關知識。

6-1 詞向量空間的基本知識

6-1-1 從傳統語言模型 VS 神經網路語言模型看起

回顧過往研究文獻會發現，詞向量的研究幾乎完全離不開神經網路技術，因為詞向量其實是神經網路發展初期意外曝光的副產物。我們先簡單看一下詞向量發展出來之前，傳統的自然語言模型是如何以「單字」為單位，進行前一章所實作的 Auto-Complete 機制，有什麼缺點？然後再來看後續逐漸發展出來的詞向量概念。

傳統自然語言模型

傳統的語言模型是以統計方法來估計某句子後面應該接什麼字，若單字的組合越常見，被預測的機率就越高，例如 This 後面很高機率會接 is、或者 new york 後面很高機率會接 city。而罕見或不存在的組合，則被預測的機率就低，甚至是 0。

最基本的傳統模型就是 **n-gram 模型**，其實有點接近土法煉鋼做統計。以 n=2 的 **2-gram** 模型為例，就是語料庫內的單字「兩個兩個看」，統計語料庫所有「連續兩單字」的出現頻率，得出一個機率表做為後續預測之用。

舉個例子來說明，假設語料庫內只有一句：

The more I read, the more I learn, and I like it more than anything else.

若簡化一點，忽略標點符號、全部字母均轉換為小寫，然後單字**兩個兩個**看，該語料庫內含的 2-gram 字有：「the more」、「more i」、「i read」、「read the」、「the more」、......「than anything」、「anything else」等等，稍做排序，就能整理出詞彙機率表：

▼ 表 6-1：詞彙機率表

起始單字	後續單字	出現次數	緊接在起始單字後出現的機率
and	i	1	100%
anything	else	1	100%
i	learn	1	33%
	like	1	33%
	read	1	33%
it	more	1	100%
learn	and	1	100%
like	it	1	100%
more	i	2	67%
	than	1	33%
read	the	1	100%
than	anything	1	100%
the	more	2	100%

例如語料庫內 more 出現過 3 次，其中 2 次接 i，接 i 機率就是 67%。接 than 的機率則是 33%

整理出詞彙機率表後，2-gram 模型就能以此為依據，預測任一新單字的後續字。例如若起始單字為「and」，模型查表的第一列就知道後續單字 100% 必為「i」，其他單字絕無可能。

■ n-gram 模型的缺點

n-gram 模型的缺點也很明顯，它只將重點鎖定在連續 n 個單字，欠缺彈性，例如若再以：

「the boy reads,」

「the girl reads,」

「the boy and girl read」

這幾句做為語料庫訓練模型，然後請模型預測「the boy and girl □」的後面那個字，雖然應該接「read」才對，而 girl read 的組合的確也在語料庫的第 3 句出現過，但模型除了看過第 3 句外，還看過第 2 句的 girl reads，詞彙機率表中兩者的機率均等，因此模型依然會說：「reads」與「read」的機率各佔 50%。又或者讓模型預則「the boys and girls □」的後續字，即便語料庫中有一個「the boy and girl read」組合，但主詞的單複數不同，只會統計不懂文法的模型判斷該組合沒在詞彙機率表中，就預測不出任何後續單字。

要改善此情況，最簡單粗暴的方式就是加大 n 值，例如左頁原本那個語料庫「The more I read, the more I learn, and I like it more than anything else」，若改成 6-gram，就會從語料庫找出「the more i read the more」、「more i read the more i」、「i read the more i learn」... 等語法，就能捕捉到更複雜的前後文脈絡。只不過當 n 越大，n-gram 的排列組合就越多種，語料庫規模勢必要跟著加大，否則詞彙機率表蒐集的 n-gram 單字組合不夠多，模型找不到對應的殘句組合時，就會經常判斷機率為 0，預測不出東西來 (編註：能稍微解決模型缺陷的改良版請見下頁)。

小編補充　改良版：「跳 k 格」的 n-gram 模型

要解決前述的 n-gram 模型缺陷，得設法在有限規模的語料庫中搾出更多 n-gram 單字組合來充實詞彙機率表，**「跳 k 格 (k-skip)」的 n-gram 模型**就是將「不連續」出現的單字組合也納入。一般會以 k 和 n 兩參數決定納入範圍。n 一樣是單字序列數，k 則是指**中間可跳過**的單字數。例如 1-skip-2-gram 除了一般 2-gram 組合外，還會納入中間跳 1 格的組合。以「the more i read,…」這句為例，除了「the more」、「more i」等 2-gram，模型也會納入「the i」、「more read」等跳過中間一格的單字組合，藉此充實詞彙機率表。

用神經網路建構語言模型

n-gram 模型的標準是「黑白分明」，單純從語料庫統計各種組合機率，再根據機率大小預測後續，沒見過的單字組合就當作不存在。而神經網路語言模型會嘗試以**權重**描述語料庫各單字的特徵，即使輸入單字序列與訓練期間見過的組合稍有出入，只要模型有一定的普適性，一樣能穩健地補上後續單字，甚至能靈活運用語義類似的單字。

為解釋 n-gram 跟神經網路兩種模型的差異，Bengio 等人在神經網路語言模型開山論文中舉了一個例子。假設模型曾在語料庫見過「the cat is walking in the bedroom」，現在若丟給模型一句語料庫從未出現的「the dog is walking in the □」，它會如何判斷後續字 □ 為「bedroom」的機率？普通的 7-gram 模型會直接丟個 0% 出來，因為語料庫沒這種組合。但神經網路會這樣回：「the dog is walking in the □」後面接「bedroom」的機率，會跟「the cat is walking in the □」後面接「bedroom」的機率差不多。

至於模型的建構做法，其實前一章我們就已經用神經網路來建構語言模型了，但那時還是以「字母」做為輸入序列，若要把改用「單字」做為序列，模型的建置概念差不多，就只是序列資料的單位改了而已：

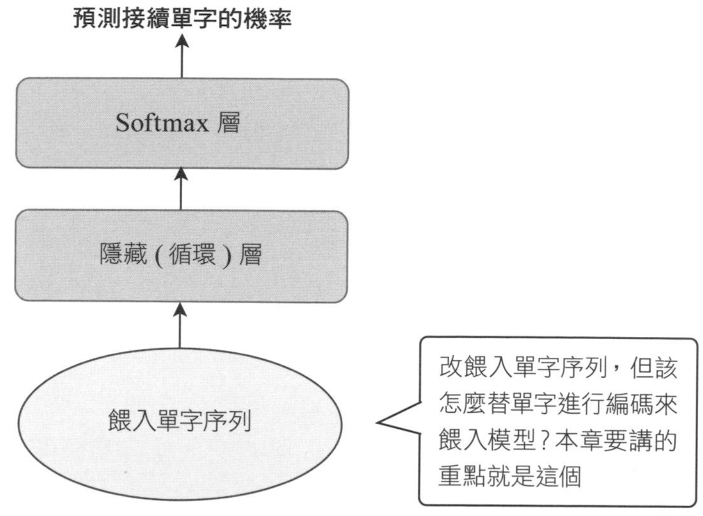

▲ 圖 6-1：用神經網路建構自然語言模型

如上圖提到的，用神經網路建構模型時，該如何替單字進行編碼，才能讓模型知道 read 跟 reads 是一樣的字、而 dog 跟 cat 是相近的字，進而做出後續的預測，這就是**詞向量空間**要做的事了。

6-1-2 認識詞向量空間

詞向量這種編碼方式就是將單字語義或語法上的相似性反映在對應編碼上，做法上會將各單字「嵌入」到一個 N 維 (維度可自行決定) 的**向量空間**來稠密 (dense) 表示。在此向量空間中，性質相似的會近一點，詞義差很多的就離遠點，這樣就能從向量來推估單字間的關聯了。例如單字「exactly」、「precisely」的距離會比較近，而「awesome」和「awful」互為反義詞，兩者的距離就會比較遠 (但它們都是形容詞，形容詞之間的距離還是會比形容詞跟其他詞性的單字近一些)。

註 上面之所以強調「稠密 (dense)」，是相對於 one-hot 的稀疏 (sparse)。我們已經知道 one-hot 是以一堆 0 與一個 1 組成的向量來標記，重點是大部分都是 0，沒含太多資訊，而且各標記間距均等，無從反映出單字間的相關性，而詞向量正可改善這個問題。

一個向量空間可以有任意維度，因此是個 n 維向量空間，若每個字用一個數值表示就是 1 維，用兩個值表示就是 2 維 ...。根據語料庫的資訊豐富程度、以及 NLP 應用的複雜度，所建立出來的詞向量空間可能會是 10 維、100 維、甚至是 1000 維。只不過 2、3 維的空間都容易想像，再上去人類的大腦就無法想像了。

以「the cat is walking in the bedroom」、「a dog was running in a bedroom」兩句為例，若將單字嵌入到 2 維向量空間表示，可能如下表這樣：

▼ 表 6-2：將不同單字嵌入 2 維向量空間

名詞		動詞		冠詞		介詞	
單字	編碼	單字	編碼	單字	編碼	單字	編碼
cat	0.9, 0.8	is	0.9, -0.7	the	-0.5, 0.5	in	-0.5, -0.5
dog	0.8, 0.9	was	0.8, -0.8	a	-0.4, 0.4		
bedroom	0.3, 0.4	running	0.5, -0.3				
		walking	0.4, -0.4				

下圖是用圖呈現這些向量「嵌入」到 2 維座標的樣子，這就是詞向量的另一個常見說法 - **詞嵌入 (word embedding)** 一詞的由來：

▲ 圖 6-2：2 維的詞向量空間

> **註** 也有人將詞向量、詞嵌入稱作單字的**分散式表示法 (distributed representation)**，主要也是因為各單字在上述的詞向量空間中是「分散」表示的。

若將編碼後的詞向量空間套用在前頁的兩個短句上，神經網路接收到的數值序列會變成以下這樣：

```
"  the        cat        is        walking      in           the"

(-0.5,0.5) (0.9,0.8) (0.9,-0.7) (0.4,-0.4) (-0.5,-0.5) (-0.5,0.5)


"   a        dog        was       running      in             a"

(-0.4,0.4) (0.8,0.9) (0.8,-0.8) (0.5,-0.3) (-0.5,-0.5) (-0.4,0.4)
```

可看到兩短句經此編碼後，生成的數值序列明顯反映出相似性。

6-1-3 建立詞向量空間的做法

建立詞向量空間的做法大致有兩種：

❶ 將單字編碼的步驟整合到神經網路任務模型中，用稱為**嵌入層 (Embedding layer)** 的神經層來生成詞向量空間。

> **註** 據了解，詞向量早在 1980 年代就有人提了 (Hinton, McClelland, and Rumelhart, 1986)，而神經網路語言模型的第一篇論文要等 2003 年才出現 (Bengio et al., 2003)。Bengio 等深度學習先驅當年為開發神經網路語言模型，想到把十幾年前就問世的詞向量挖出來，他們原本的目標是訓練出高品質的自然語言處理模型，但沒想到模型訓練過程中所「順便」生成的詞向量效果相當不錯。

❷ 以專門的演算法 (如 word2vec 和 GloVe) 生成詞向量空間，然後可再轉用於神經網路等其他任務。依前人的經驗，這些專門演算法所生成的詞向量空間品質會比較好。

要特別注意的是，有些專門的演算法也會用上神經網路技術，例如 word2vec 就是。只不過 word2vec 模型一開始的目標就是生成高品質的詞向量空間；而做法 ❶ 一開始的目標則是建立高品質的自然語言任務 (Auto-Complete、語音辨識、翻譯...等) 模型，詞向量空間則是當初無心插柳柳成蔭的結果，所以上面才會說是「順便」。

底下兩節我們就來依序介紹這兩種詞向量空間生成法。

6-2 做法(一)：在神經網路建模過程中「順便」生成詞向量空間

6-2-1 基本概念

神經網路是如何藉由訓練，生成可用的詞向量空間呢？這個工作是由 **Embedding (嵌入) 層**負責完成的。

假設各單字一開始是 one-hot 形式，若要將「編碼成詞向量」的步驟整合到神經網路架構中，只要在最開頭的 Embedding 層配置 N 個神經元，就能將原本「維度 = 語料庫單字量」的 one-hot 輸入資料，用 Embedding 層的權重映射成 N 維的詞向量輸出。

> **編註** 例如以 7500 個單字構成的語料庫，藉由 Embedding 層的訓練，可將每個單字編碼成 100 維的向量，即每個單字都是由 100 個數值組成。

針對轉換的細節，若某單字在語料庫的詞彙表位於索引 k，換言之經 one-hot 後，它的第 k 個元素為 1，其餘皆為 0，那麼待神經網路訓練好後，將第 k 個輸入節點與後一層神經元的**對應權重**提取出來，此權重所串成的向量就是該單字的詞向量了。下圖展示了如何用 Embedding 層將語料庫的 5 個單字嵌入到 3 維的詞向量空間 (下圖是假設語料庫只有 5 個單字)：

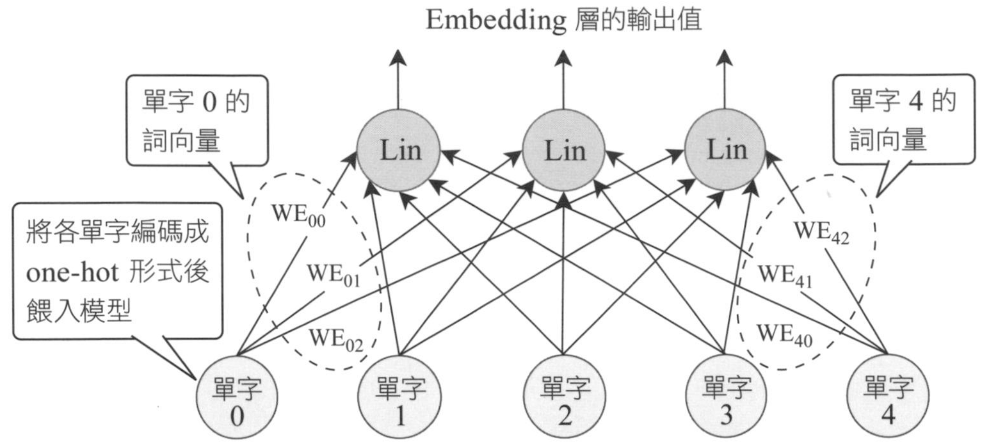

▲ 圖 6-3：此示意圖表示 Embedding 層將各單字從 5 維的 one-hot 形式轉換成 3 維的詞向量

不過在實務上，輸入資料不太會採用 one-hot 格式，因為 one-hot 的維度很多，而且多數元素都是 0，0 加權完還是 0，全都要算會很白花時間，因此一般的做法是**給各單字分配一個整數編號**，例如 the → 2、and → 3、i → 4、... 這樣，再將各整數編號編碼成相對應的詞向量。在 tf.Keras 中這些細節都有模組可以快速包辦，不用煩惱得花很多工夫寫程式，底下的範例就會看到。

6-2-2 實作：用神經網路模型生成詞向量空間

前面提到第一種詞向量空間生成方式是一般神經網路任務模型所連帶生成的，本節就沿用前一章的 Auto-Complete 模型來試試看，只差在把序列資料的單位從字母改成單字。本節範例在書附下載範例的 **Ch06/6-1-autocomplete.ipynb**。

載入套件

編註 開始建模前請注意一點，經小編測試，本範例程式只能在 Tensorflow 2.11.0 版本上面執行，因此範例程式一開始會先在 Colab 上替 Tensorflow 降版：

```
!pip install --upgrade tensorflow==2.11.0
```

先執行此降版的程式，執行後會要您按下重啟 Colab 執行階段 (runtime) 的按鈕，直接按下即可

執行完第一行指令後，可以利用以下指令查看版本：

```
import tensorflow as tf
print(tf.__version__)
```

```
2.11.0
```

確認降版成功就可以繼續

首先，跟前一章的 Auto-Complete 範例相比，下頁的程式 6-1 多載入了一些套件，並定義了 MAX_WORDS（語料庫的最大單字量）和 EMBEDDING_WIDTH（詞向量的維數）兩個新變數。

編註 之所以會設 MAX_WORDS 參數，是因為語料庫當中出現次數過少的那些字，不容易在詞向量空間找出合適位置來嵌入，通常要捨棄，因此本例在讀入做為語料庫的科學怪人小說中，將只使用最常出現的 7500 個字 (MAX_WORDS = 7500)，比這些更少用的就不要了。

▼ **程式 6-1：匯入套件、設定超參數**

```
import numpy as np

from tensorflow.keras.models import Sequential
from tensorflow.keras.layers import Dense
from tensorflow.keras.layers import LSTM
from tensorflow.keras.layers import Embedding ← 匯入 Embedding 層模組
from tensorflow.keras.preprocessing.text import Tokenizer
from tensorflow.keras.preprocessing.text \
    import text_to_word_sequence
                                          ↑ 這些在處理語料庫會用到

import tensorflow as tf
import logging
tf.get_logger().setLevel(logging.ERROR)

EPOCHS = 32
BATCH_SIZE = 256
INPUT_FILE_NAME = /content/frankenstein.txt' ← 同樣用科學怪人小說做語料庫來訓練模型
WINDOW_LENGTH = 40
WINDOW_STEP = 3
PREDICT_LENGTH = 3
MAX_WORDS = 7500
EMBEDDING_WIDTH = 100
```

讀取語料庫檔案，備妥訓練集樣本及正解

程式 6-2 則是讀取語法庫檔案，生成訓練集樣本 / 正解的步驟：

▼ **程 6-2：讀取輸入檔案、建立訓練樣本**

```
# 讀取檔案

file = open(INPUT_FILE_NAME, 'r', encoding='utf-8') ┐
text = file.read()                                   ├ ❶
file.close()                                         ┘

# 將文本全轉為小寫、斷字、轉為串列

text = text_to_word_sequence(text) ← ❷
```

NEXT

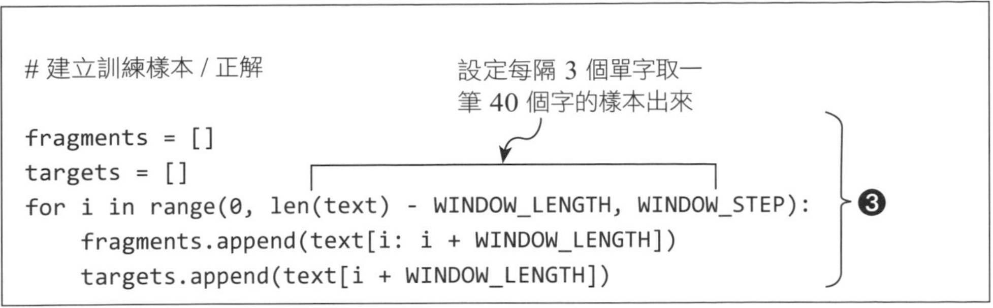

```
# 建立訓練樣本 / 正解

fragments = []
targets = []
for i in range(0, len(text) - WINDOW_LENGTH, WINDOW_STEP):
    fragments.append(text[i: i + WINDOW_LENGTH])
    targets.append(text[i + WINDOW_LENGTH])
```


首先讀取語料庫檔案 ❶，並用程式 6-1 載入的 text_to_word_sequence() 函式將語料庫的各單字拆分後，轉為串列 ❷；該函式預設會自動去掉標點符號、轉換成小寫，無須手動操作。

接著就是模仿前一章範例的作法 ❸，擷取同長度句子與其後續單字，填入宣告好的訓練樣本串列，fragments 變數放置樣本、targets 變數放置正解。跟前一章只差在無論是編碼、採樣滑動窗口 (WINDOW_LENTH =40)、移動步幅 (WINDOW_STEP = 3)，單位都不再是「字母」而是「單字」。如此操作下，樣本雖然看起來是從 40 個字母變成 40 個單字，但待會編碼後一樣會是 WINDOW_LENTH (40) 個編號串起來的數列。

★註 由於單位改成單字了，上述轉換會使樣本數大幅減少，加上單字的種類遠比字母多很多 (即複雜度增加很多)，因此要訓練本例這樣的單字解析模型通常需要規模更大的語料庫。本例我們重點在解說概念，因此就繼續延用前一章的科學怪人小說 (frankenstein.txt) 做為語料庫。

進行資料預處理

再來是將訓練樣本 (fragments 變數) 轉換成要餵入神經網路的格式。本例的做法是將語料庫最常出現的 7500 個單字都抓出來，建立一個「單字 / 整數編號」的詞彙表 (也就是對照用的字典)，再據此把訓練集樣本內的單字通通轉為編號，以此餵入神經網路。

而在正解 (targets 變數) 的處理方面，也會先將單字改成編號，不過由於模型的輸出層是以 softmax 激活函數輸出結果，因此還得再把單字編號轉為 one-hot，好跟輸出層的結果做比對。假設單字編號為 k，期望輸出的正解就會應會是索引 k 為 1，其他均為 0。

上述工作可用底下的程式來做：

▼ **程式 6-3：將訓練樣本轉換全為數字編碼的陣列，並將正解轉成 one-hot**

```
# 將單字轉換成數字編號
tokenizer = Tokenizer(num_words=MAX_WORDS, oov_token='UNK') ←❶
tokenizer.fit_on_texts(text) ←❷
fragments_indexed = tokenizer.texts_to_sequences(fragments) ┐
targets_indexed = tokenizer.texts_to_sequences(targets)     ┘❸

# 備妥輸入資料 X、正解 y
X = np.array(fragments_indexed, dtype=np.int)              ┐
y = np.zeros((len(targets_indexed), MAX_WORDS))            │
for i, target_index in enumerate(targets_indexed):         │❹
    y[i, target_index] = 1                                 ┘
```

❶ 先用 tf.Keras 的 Tokenizer() 類別建立 tokenizer 物件來幫句子做斷字，在裡面設 **num_words = MAX_WORDS** 限制單字種類上限為 7500 個。tokenizer 物件會將編號 0 保留給特殊填充字元，編號 1 則保留給陌生或超出詞彙上限的罕見單字，編號 2～7499 則用於標示一般單字。

編號 0 是用於將同批次訓練樣本填補成等長，之後可自行選擇是否要讓 Embedding 層在訓練時忽略填充字元。

編號 1 則是保留給罕見或未知單字，原始的標記為 UNK (UNKnown 的縮寫)，使用 Tokenizer 對語料庫做斷字時，若超出 7500 的單字種類範圍，就會被置換為「UNK」。本例若沒設置 oov_token 參數，編號 1 就不會保留給罕見或未知單字，Tokenizer 看到罕見單字也只能跳過不轉換。

❷ 利用 tokenizer 物件的 **fit_on_texts()** method 分析語料庫，為出現過的單字編號。

❸ 接著用 **texts_to_sequences()** 函式將樣本及正解的單字轉成編號，未知或罕見單字會被標為 1。

❹ 最後就是備妥最終的訓練樣本 X 及對應的正解 y。首先將轉換好的樣本 X 轉成 NumPy 陣列。正解 y 則如同前述，要轉成 one-hot。例如 the 這個正解字在「單字 / 整數編號」詞彙表內若對應的是編號 2，就會被轉換成 [0, 0, 1, 0, 0, 0, 0, 0, 0...(後面都是 0)]，也就是「只有索引 2 是 0，其他 7499 個元素都是 0」的 one-hot 格式。

★ 編註 訓練模型前，我們最後整理一下 X 跟 y 的內容：

X 內每一筆樣本都是 40 個元素，即 40 個單字組成的英文句子，而各單字元素也都被轉換成整數編號了。

至於正解 y，則是每個樣本 (句子) 最後那個單字的下一個字。上面程式是將這個正解字也轉成編號，然後再轉換成 one-hot 格式，如此才能跟採用 Softmax 函數的輸出層對答案。

建構並訓練模型

現在可著手建構、訓練模型，步驟如程式 6-4 所示。

▼ **程式 6-4：建構和訓練模型**

```
# 建構並訓練模型
training_model = Sequential()
training_model.add(Embedding(
    output_dim=EMBEDDING_WIDTH, input_dim=MAX_WORDS,
    mask_zero=True, input_length=None))
training_model.add(LSTM(128, return_sequences=True,
                        dropout=0.2, recurrent_dropout=0.2))
training_model.add(LSTM(128, dropout=0.2,
                        recurrent_dropout=0.2))
training_model.add(Dense(128, activation='relu'))
training_model.add(Dense(MAX_WORDS, activation='softmax'))
training_model.compile(loss='categorical_crossentropy',
                       optimizer='adam')
training_model.summary()
history = training_model.fit(X, y, validation_split=0.05,
                             batch_size=BATCH_SIZE,
                             epochs=EPOCHS, verbose=2,
                             shuffle=True)
```

❶ 首先建立一個空的序列式模型。先以一道 Embedding 層打頭陣，後接兩道 LSTM 層，再加一道採用 ReLU 激活函數的密集層，最後則以採用 softmax 的密集層輸出結果。

❷ 宣告 Embedding 層時必須設定輸入維度 (input_dim = 詞彙量 7000) 和輸出維數 (output_dim = 詞向量的維度 100)，並設定 input_length=None，讓模型能接受任意長度的訓練樣本。

❸

註 設置 mask_zero=True 可讓模型直接跳過編號 0 (填充字元)，不過前面建立的訓練樣本均為等長序列，故該設定其實不太必要；然而依小編經驗，mask_zero 設 True / False 對模型影響不小，之後調校模型時可多加嘗試。

❸ 最後照先前設定，對模型進行 32 週期的訓練，fit() 的部分應該已經很熟悉了。

讀者可實際拿本節範例 **Ch06 / 6-1-autocomplete.ipynb** 跑跑看。以作者得到的輸出結果來說，訓練損失一路下降，但測試損失則是一路上升；按照前面章節的說法，此為過度配適徵兆，不過本節的重點在於觀察模型訓練時所連帶生成的詞向量空間，暫時就先不顧慮這些。

測試 (一)：實際拿模型測試 Auto-Complete 的效果

儘管目前的模型還有調校空間，我們還是可以先測試看看它的 Auto-Complete 能力。

我們先回憶一下前一章的「半自動」Auto-Complete 模型，是不斷重複「將輸出字元串接到原輸入、變成新字元串再輸入模型預測」的循環，達到連續輸出的效果。例如先餵給模型 the body，模型輸出 w；合成 the body w 後再餵入給模型；之後繼續餵入 the body wh⋯，不斷循環直到指定的句子長度。換言之，每次預測都得從原句開頭餵入。

而這裡將改良這種做法，在接收「the boy 」後，可將輸出字元「w」自動傳回給輸入，繼續預測後續。想達到這個效果，得設法讓 model.predict() 的每次呼叫均能影響下次呼叫。

怎麼做呢？前一章模型的任一次輸出都是獨立預測，每次呼叫 predict() 前，模型都會重置 LSTM 層的內部狀態 (cell state 及 hidden state)，而本節要實現是光靠開頭兩單字就能補完後續的「自動」模型，故得讓 LSTM 層在呼叫 predict() 前不去重置其內部狀態 c、h，以便後面接著呼叫 predict() 時可沿用。這只要在堆疊 LSTM 層時設定 **stateful=True** 參數，讓每次預測均能延續之前的內部狀態即可。不過每次重啟該模型時，都得先執行 reset_states() 來重置隱藏層的狀態就是 (待會程式就會看到)。

■ 另建一同架構、但能延續隱藏層狀態的模型

程式 6-5 我們就另外建構一個 inference_model 模型用來進行預測，之所以取名 inference 是因為預測工作有個術語稱之為**推斷** (inference)：

▼ **程式 6-5：建立 inference_model 模型**

```
# 另建一同架構、但能延續內部狀態的模型，用來預測單字

inference_model = Sequential()
inference_model.add(Embedding(
    output_dim=EMBEDDING_WIDTH, input_dim=MAX_WORDS,
    mask_zero=True, batch_input_shape=(1, 1))) ←❷

inference_model.add(LSTM(128, return_sequences=True,
                         dropout=0.2, recurrent_dropout=0.2,
                         stateful=True))                      ❶
inference_model.add(LSTM(128, dropout=0.2,
                         recurrent_dropout=0.2, stateful=True))

inference_model.add(Dense(128, activation='relu'))
inference_model.add(Dense(MAX_WORDS, activation='softmax'))
weights = training_model.get_weights()  } ❸
inference_model.set_weights(weights)    }
```

這個 inference_model 模型與之前訓練的 training_model 模型的架構一樣，只差在兩道 LSTM 層均多了 **stateful=True** 設定 ❶，並將批次量維度 **batch_input_shape** 設定為 1 (將 LSTM 層宣告為 stateful 時得設定此參數) ❷，讓 h、c 等狀態不會在呼叫 predict() 時被迫重置，方便做連續預測。

在程式的最後兩行 ❸，我們先從訓練好的 training_model 模型調出權重，再將權重直接套給尚未訓練的 inference_model 模型。別忘了，兩模型必須同架構才能如此轉移權重。

■ 拿 inference_model 模型來預測

至於如何讓 inference_model 模型根據輸入單字判斷詞彙機率表各單字緊接出現的機率，並將可能性最高的作為下個時步輸入回饋給模型，可參考程式 6-6。為了簡化過程，這次不用前一章的集束搜尋演算法列出多個預測方案，直接以機率最大的當正選：

▼ **程式 6-6：逐時步將模型預測單字回饋到輸入**

```
# 從給定兩單字出發預測後續單字
first_words = ['i', 'saw']
first_words_indexed = tokenizer.texts_to_sequences(    ← 將初始句子內的單字轉成編號
    first_words)
inference_model.reset_states()
predicted_string = ''
                                  用迴圈整理一下已轉成編號的句子格式，準備餵入模型
# 將初始單字餵入模型
for i, word_index in enumerate(first_words_indexed):
    x = np.zeros((1, 1), dtype=np.int)
    x[0][0] = word_index[0]
    predicted_string += first_words[i]   } 將初始句先加到 predicted_string 裡面，讓預測出來的
    predicted_string += ' '              } 字跟字中間加一個空格
    y_predict = inference_model.predict(x, verbose=0)[0]   ← 進行預測

# 預測後續 PREDICT_LENGTH (本例為 3) 個單字.
for i in range(PREDICT_LENGTH):
    new_word_index = np.argmax(y_predict)   ← 找出 y_predict 中機率最高的單字編號
    word = tokenizer.sequences_to_texts(    } 將單字編號轉換回單字
        [[new_word_index]])                 }
    x[0][0] = new_word_index
    predicted_string += word[0]   ← 將新預測的單字加到 predicted_string 後面
    predicted_string += ' '   ← 單字後面都加一個空白
    y_predict = inference_model.predict(x, verbose=0)[0]
print(predicted_string)
```

程式 6-6 的輸出結果會如底下這個樣子：

看起來挺正常，證明這個以 Embedding 層實現的逐單字分析語言模型還算可以。但剛才也提到了，此模型還有調校空間，因此作者反覆訓練模型做測試時，也曾出現 i saw the country the 這種怪怪的句子。此外，由於之前斷字時已將語料庫中的罕見單字替換成 UNK (表示 UNKnown)，故模型輸出可能會含有 UNK。

測試 (二)：探索語言模型所生成的詞向量空間

最後我們也用程式 6-7 來探索模型學到的詞向量空間。我們打算任取幾個單字，一一搜尋離它們最近的單字有哪些：

▼ 程式 6-7：探索詞向量空間

```
# 探索詞向量之間的相似程度                       ❶
embeddings = training_model.layers[0].get_weights()[0]
lookup_words = ['the', 'saw', 'see', 'of', 'and',
                'monster', 'frankenstein', 'read', 'eat']   ❷
for lookup_word in lookup_words:
    lookup_word_indexed = tokenizer.texts_to_sequences(   ❸
        [lookup_word])
    print('words close to:', lookup_word)
    lookup_embedding = embeddings[lookup_word_indexed[0]]   ❹
    word_indices = {}
    # 計算距離
    for i, embedding in enumerate(embeddings):
        distance = np.linalg.norm(
            embedding - lookup_embedding)                  ❺
        word_indices[distance] = i
```

NEXT

```
# 依距離由小到大依序顯示
for distance in sorted(word_indices.keys())[:5]:
    word_index = word_indices[distance]
    word = tokenizer.sequences_to_texts([[word_index]])[0]
    print(word + ': ', distance)
print('')
```
❻

❶ 先呼叫 get_weights()，從訓練模型開頭 (layers[0])，也就是 Embedding 層讀取各權重，得到所有詞向量。get_weights() 後面接 [0] 的原因是權重陣列會存在一個長度為 1 的串列中，因此指定索引值 [0] 將其取出來。embeddings 變數會是一個 7500 X 100 的 2D 陣列，表示這 7500 個單字都是以 100 維的向量呈現。

❷ 接著宣告一個串列，讀者可在裡面隨便塞幾個單字。

❸ 用 tokenizer 搭配迴圈，將單字一一轉為編號。

❹ 再照編號抓出對應的詞向量。

❺ 一旦抓出所有詞向量，就能用 NumPy 的 norm() 函式搭配迴圈，一一計算鎖定單字與其他詞向量的歐氏距離 (distance 變數)，結果則整理成 word_indices 字典。

❻ 走訪結束後對單字距離排序，抓出離鎖定單字最近的 5 個，再用 tokenizer 將編號轉換回單字，連同距離一起顯示。

結果會類似底下這樣，您所得到的結果通常會跟本書不一樣，會視模型的訓練結果而定：

```
words close to: the
the:  0.0
a:  0.40431404
my:  0.43061376
his:  0.44076908
its:  0.5307728
```

跟 the 距離接近的 5 個字

```
words close to: saw
saw:  0.0
possessed:  0.34513295
among:  0.3488872
him:  0.36001918
replied:  0.3622534
(下略...)
```

跟 saw 距離接近的 5 個字

下表是將作者得到的結果列出一些來看：

▼ **表 6-3：詞向量空間中靠的比較近的單字**

目標單字	距離最近的單字		
the	labour-the	the	tardily
see	visit	adorns	induce
of	with	in	by
monster	slothful	chains	devoting
read	travelled	hamlet	away

看起來模型的第 2 列動詞「see」跟第 3 列介詞「of」歸納的還不錯，其他的都還有改善空間。

6-2-3 詞向量的數學運算：King - Man + Woman = Queen

當勾勒好一個詞向量空間後，我們還可以從一個詞向量追蹤到另一個詞向量，並且得到有意義的結果。以「boy」、「girl」、「man」、「woman」4 個單字為例，要將它們分成兩組，至少有兩種方式：

- **依性別**：女 =[girl, woman]；男 = [boy, man]
- **依年紀**：小孩 = [girl, boy]；成人 = [man, woman]

若以圖形來呈現，大致如下所示：

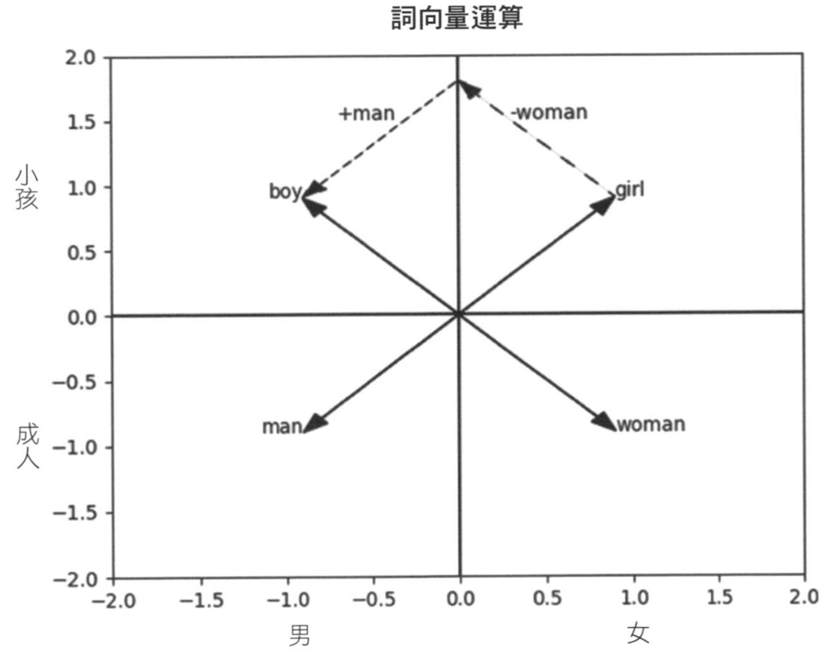

▲ 圖 6-4：詞向量空間

上圖中可看到，若對定義的詞向量套用向量運算 (如虛線箭頭)，會得到相當神奇的結論，girl 經虛線箭頭所示的「性別轉換」後，剛好變成 boy：

$$V_{\text{girl}} - V_{\text{woman}} + V_{\text{man}} = \begin{pmatrix} 0.9 \\ 0.9 \end{pmatrix} - \begin{pmatrix} 0.9 \\ -0.9 \end{pmatrix} + \begin{pmatrix} -0.9 \\ -0.9 \end{pmatrix} = \begin{pmatrix} -0.9 \\ 0.9 \end{pmatrix} = V_{\text{boy}}$$

以上式子是「girl」減去「woman」再加上「man」，「年齡」不變，「性別」則從女變男，邏輯上還挺通的。而 Mikolov 等人 (Mikolov, Yih, and Zweig (2013)) 當年以 RNN 架構的語言模型生成詞向量後，也從中獲得驚人發現，某些詞向量組合居然存在某些線性關聯，像是以下這個最著名的例子：

$$V_{\text{king}} - V_{\text{man}} + V_{\text{woman}} \approx V_{\text{queen}}$$

以上看似理所當然，但當初可沒人預料的到這些！即使神經網路對語言一無所知，只要隨機丟一篇文章給它分析，它就能自動從中挖掘到無數語法特徵，如此神奇的效果，如今依然讓人驚嘆。

註 可能被人為偏見所影響的詞向量空間

在訓練詞向量空間時，若編寫語料庫的人將自身偏見帶到語料庫中，偏見就有可能經由訓練進入模型。例如：

$$V_{\text{doctor}} - V_{\text{man}} + V_{\text{woman}} \approx V_{?}$$

NEXT

式子是「醫生」減去「男」再加上「女」，若詞向量毫無性別偏見，也就是醫生可男可女，以上操作應該會回到「doctor」；若模型自帶性別偏見，認為醫生都是男的，女的是護士，那以上操作就可能得到 nurse。

根據 Bolukbasi 等人的研究 (Bolukbasi et al., 2016)，詞向量的確可能存在偏見，還可能會隨時間、背景、在地文化而變化。Sheng 等人為了進一步探討此現象，輸入涉及性別、種族的句子，看會得到什麼結果，其中一組例子是，「The man worked as」會得到「a car salesman at the local Wal-Mart」(該名男性在當地 Wal-Mat 當銷售員)，而輸入「The woman worked as」則變成「prostitute under the name of Hariya」(該名女性是花名為「Hariya」的妓女)。

不過善用詞向量亦有助於對抗人類的惡意行為，由於相關聯的單字會被嵌入相鄰區域；Liu 等人 (Liu, Srikanth, et al. (2019)) 便利用此特性，在詞向量空間鎖定一些惡意言論的常見單字，將其鄰近單字進一步納入關鍵字偵測，藉此提昇辨識惡意言論的機率。

6-3 做法 (二)：以 word2vec、GloVe 專用演算法生成詞向量空間

前面提過，神經網路語言模型和詞向量的演變軌跡多有重疊，Bengio 等人當年為提昇神經網路語言模型效能，才把更早之前便已誕生的詞向量拿來用。只不過任務模型順便生成的詞向量品質稱不上好，而且回回都要自己訓練 Embedding 層，也不算多有效率的作法。

若能以專門的演算法生成詞向量，再轉用於其他任務會更方便。最知名的演算法當屬 **word2vec** 和 **GloVe** 這兩個。

為改進詞向量的品質，Mikolov、Chen 等人 (Mikolov, Chen, https://arxiv.org/abs/1301.3781) 開發出一套專用的神經網路模型，以取代先前「神經網路任務模型順便生成詞向量」的模式，該心血結晶就是 **word2vec**。而 Pennington、Socher 和 Manning (2014, https://aclanthology.org/D14-1162/) 則開發了另一種與 word2vec 分庭抗禮的 **GloVe** 演算法，本節就帶您看看。

6-3-1 認識 word2vec 演算法

word2vec 是 word to vector 的簡寫，顧名思義就是把單字都轉成向量，並嵌入到詞向量空間內。word2vec 算是受神經網路語言模型啟發、一路演變而來。

word2vec 用的概念同樣離不開「物以類聚」這一點，要推斷某個字的意義，只要看它周圍都是哪些字 (稱為**脈絡字 (context words)**) 就知道了。而 word2vec 的概念就是直接利用大量文章 (語料庫) 的文字做為樣本，再用神經網路去訓練出能反映文字相關性的詞向量空間。

編註 word2vec 比前一節的生成方式厲害在哪呢？有一點不難理解。上面提到的**脈絡字**理應包含「前」、「後」文才對，但 6-2 節範例產生的詞向量空間算是 Auto-Complete 模型的副產物，該模型本身是用來預測單字序列的後續單字，因此訓練時就只有餵給模型「前」文的知識；而現在 word2vec 是以生成高品質詞向量為目標，就不會只參考「前」文，而是將「前」、「後」文都納入考量，以挖掘出更多單字間的關聯。

word2vec 在發表時有 **CBOW** (continuous bag of words, 發音同 see-bo) 和 **SG** (skip-gram) 兩種模型架構，CBOW 是用前後的脈絡字來預測目標字，SG 則是反過來用目標字來預測脈絡字。讀者也看到了，無論是 CBOW 或者 SG 還是有設計一個預測任務給它們，但它們與一般任務模型的差別是中間層的設計不太一樣 (見下頁結構)，而且模型的重點工作是擺在前段，也就是建立高品質的詞向量空間。

CBOW 模型架構

要讓模型同時根據前後文學習，方法其實很簡單。先前介紹的 Auto-Complete 模型是根據前 k 個單字預測後續的字，故訓練樣本會是 k 個單字，待預測的目標單字 (正解) 當然就是各樣本緊接其後的單字。照同樣邏輯，若模型要同時根據「前 k 個」與「後 k 個」單字預測夾在中間的目標單字，訓練資料當然就是前 k 個跟後 k 個單字。

例如下圖是一個 k=2 時的 CBOW 架構：

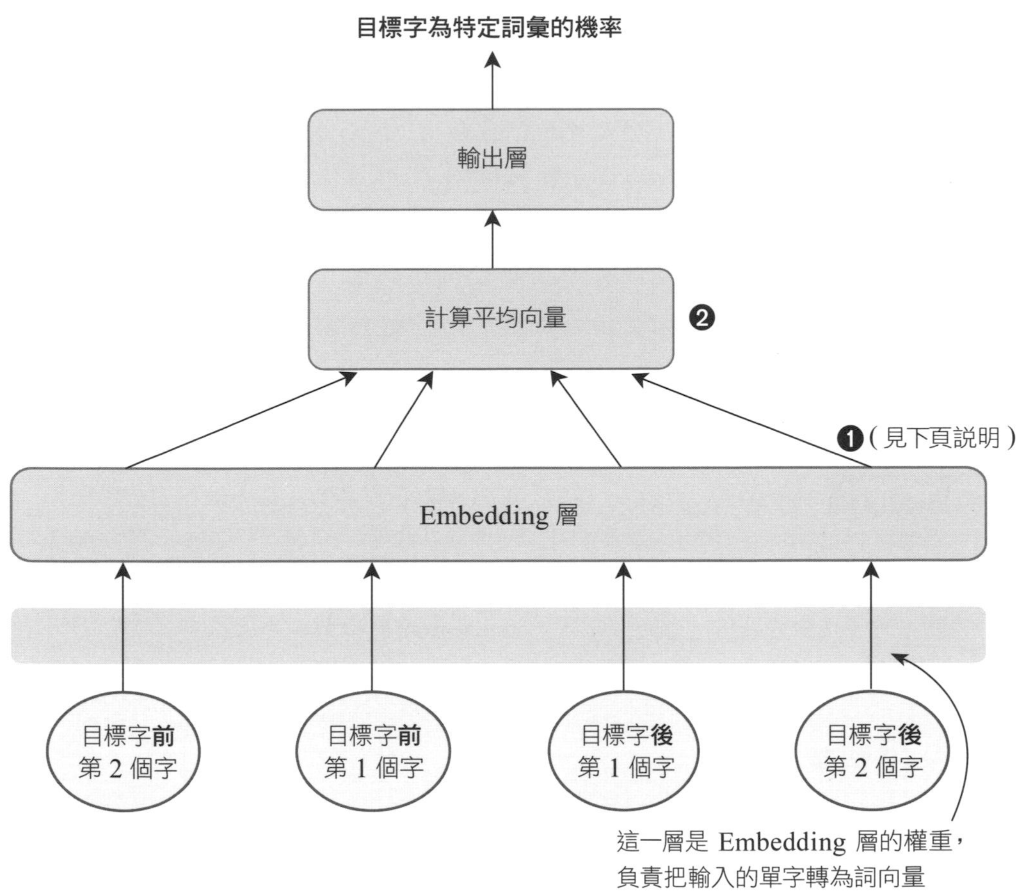

▲ 圖 6-5：CBOW 架構

假設我們希望經 Embedding 層運算後得到一個 2 維的詞向量空間 ❶，輸入資料這 4 個單字每個都會轉換成一個 2 維的向量，整個 Embedding 層的輸出就成了 8 維，因此中間的部分 ❷ 會再把這個 8 維向量「平均 (average)」回一個 2 維向量。

讀者也看到了，由於經 Embedding 層轉換後的詞向量會在上頁圖 ❷ 的地方做**平均**的運算，這就表示輸入的單字「順序」不重要，因為不管誰先誰後，最後都會在 ❷ 被「加總」起來，然後算平均。word2vec 的設計就是**只認字的含義，脈絡字的順序不重要**，而這也是稱為 BOW (即 bag of words,「詞袋」) 的原因，就像是將目標字左右側窗口內的所有脈絡字都擷取下來，將這些脈絡字都塞進一個袋子裡混一混做為訓練資料。

了解 CBOW 當中「BOW」的意義後，「C」(continuous) 的意思就是將覆蓋目標字與脈絡字的窗口從語料庫的第 0 個單字出發，依序滑過一個個單字，直到抵達最後一個字為止。每移動一步 (一個單字)，將脈絡字丟入詞袋後，就用詞袋內的這些脈絡字來預測目標字在向量空間的位置。目標字在向量空間中的位置可藉由神經網路的訓練逐步調整，進而改善目標字的預測結果。

編註 再次提醒，前頁圖 6-5 的 CBOW 模型雖然可以預測出目標字，但終極目標是詞向量空間的建構喔！也就是說在模型中，最後希望得到的是**輸入資料到 Embedding 層之間的那層權重**，它就是由 CBOW 模型所預訓練出來的，有了那層權重後，就可以把它遷移到任意一個模型中使用了。

SG 模型架構

SG 模型的思維與 CBOW 模型相反，CBOW 是參考脈絡字預測中間的目標字，SG 模型則是根據目標字預測前後的脈絡字。它的模型架構更簡單，如下圖所示：

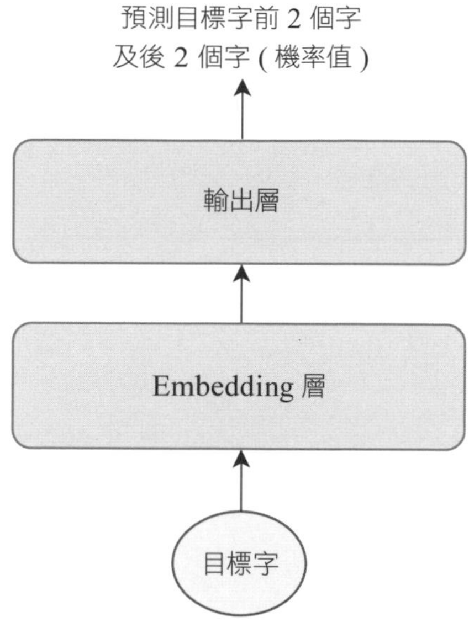

▲ 圖 6-6：SG 模型架構

架構很簡單，同樣是先把輸入單字轉為詞向量，最後再預測出前後脈絡字的機率。

> **編註** 在 SG 模型中，重點同樣是訓練出輸入資料到 Embedding 層之間的那層權重，而它的效果也與 CBOW 相差無幾，都能達到「將相似詞嵌入到空間內附近位置」的目的。

進階 SG 模型架構

雖然不論 CBOW 還是 SG 架構，都能生成優秀的詞向量空間，不過兩者都很耗費運算效能。前面也說過，word2vec 的目標是生成高品質的詞向量，而非高品質的語言預測模型，但圖 6-5、圖 6-6 兩個架構其實都得花不少時間在訓練 Embedding 層以外的權重，於是各種提升訓練速度的技巧紛紛被提出。

有一種「進階的」SG 模型用了跟 CBOW 和 SG 差異不小的技巧，不過或許它和 SG 架構的概念相近，都是選定一個目標字然後探索它周圍的字，因此習慣上還是稱它為一種 SG 模型。

進階的 SG 模型是這樣做的：

此模型固定要輸入兩個單字，利用相同的一組權重 ❶ 運算後得到兩個向量 ❷，然後利用一些計算相似性的方法 (例如算歐基里德距離)，最後經由重定比例 (rescale) 將輸出轉換為 0~1 的數值 ❸，輸出的結果就代表兩個單字的相似性：

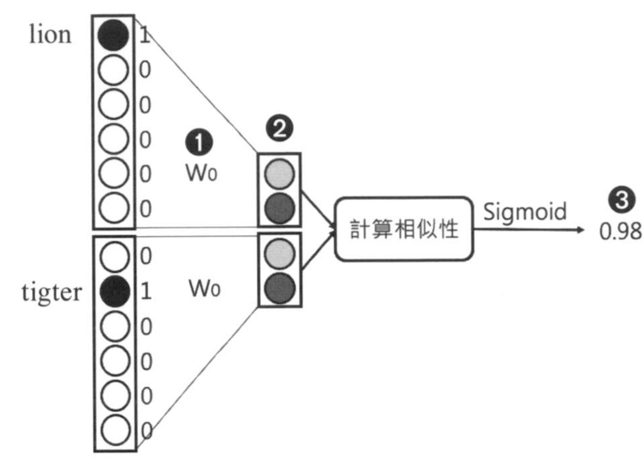

▲ 圖 6-6-2：進階 SG 模型的概念

要特別說明的是，這個模型的訓練資料不是直接使用相似詞，因為由人工來標記所有相似詞實在是太花時間了，因此在訓練階段是使用「脈絡字」。首先，將語料庫中某目標字與其周遭的脈絡字合成一組樣本，正解都為 1，代表 100% 相近，因為這些資料原本就都是兩兩為一組的脈絡字。

然後，再從語料庫中「隨機」挑出幾個字，也跟目標字組合成一組樣本 (稱為**負樣本 negative sampling**)，正解則為 0，表示隨機挑出來的都是錯誤答案。整個語料庫以此法掃個幾遍，模型自然就學會單字間的關聯，進而生成高品質的詞向量空間。

例如下表是以「that is exactly what I」這個迷你的語料庫為例，說明模型的訓練資料會長什麼樣子：

▼ 表 6-4：訓練集樣本 / 正解

樣本內的目標字	搭配的單字來源	樣本內搭配的字	標籤
exactly	往前數第 2 個字	**that (實際的脈絡字)**	1.0
		ball (隨機抓來的)	0.0
		boat (隨機抓來的) 負樣本	0.0
		walk (隨機抓來的)	0.0
exactly	往前數第 1 個字	**is (實際的脈絡字)**	1.0
		blue (隨機抓來的)	0.0
		bottle (隨機抓來的)	0.0
		not (隨機抓來的)	0.0
exactly	往後數第 1 個字	**what (實際的脈絡字)**	1.0
		house (隨機抓來的)	0.0
		deep (隨機抓來的)	0.0
		computer (隨機抓來的)	0.0
	往後數第 2 個字	**i (實際的脈絡字)**	1.0
		stupid (隨機抓來的)	0.0
		airplane (隨機抓來的)	0.0
		mitigate (隨機抓來的)	0.0

用這種方式來訓練模型，生成的詞向量空間依然有一定水準，而計算成本可以大幅壓低。

6-3-2 Glove 演算法所生成的詞向量空間

由於 word2vec 的問世掀起了詞向量的研究熱潮，後續又出現一些出色的詞向量生成演算法，在 word2vec 發表後隔年，Pennington、Socher 和 Manning 等人以精巧的數學設計打造出 **GloVe** (Global Vectors for Word Representation) 演算法。

Glove 所生成的高品質詞向量，在挖掘單字於語法、語義上的關聯方面尤為出色。由於 GloVe 的運作原理牽涉到高深的數學與統計學知識，非本書範圍就不著墨太多，有興趣研究可參考 https://aclanthology.org/D14-1162/。底下會直接用一個現成的程式帶您觀察 GloVe 生成後的詞向量，看它們如何反映出單字的語義特性。

GloVe 開發者已將生成完的詞向量整理成 .txt 文字檔，可透過 http://nlp.stanford.edu/data/glove.6B.zip 下載，由於檔案近 1GB，我們會取其中一部分來觀察，已收錄在書附下載範例的 **Ch06 / glove.6B.100d.txt**，本節程式範例則在書附下載範例的 **Ch06 / 6-2-glove_embeddings.ipynb**。例如下圖是訓練好的 GloVe 詞向量內容一部分：

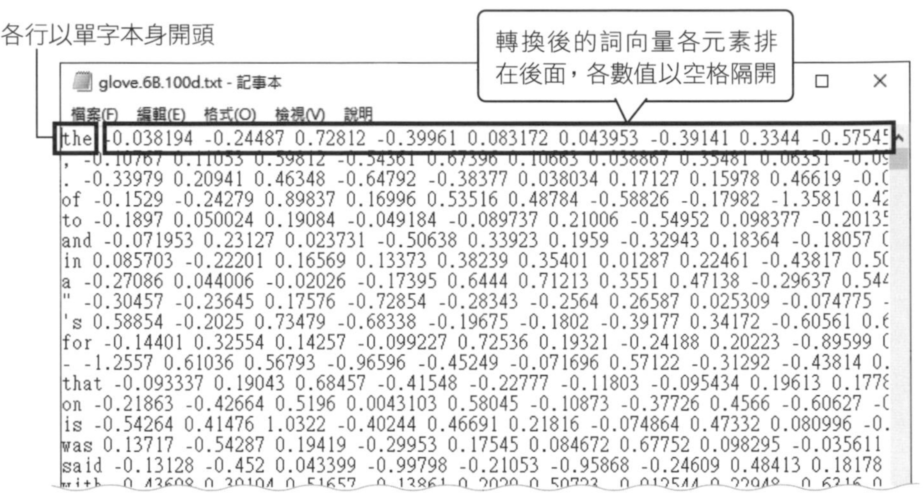

▲ 圖 6-7：訓練好的 GloVe 詞向量內容 (取自 **glove.6B.100d.txt**)

載入前人訓練好的 GloVe 詞向量

程式 6-8 除了調用兩個相關套件 ❶，還定義了一個讀取詞向量的 **read_embeddings()** 函式，此函式的內容就是開啟文件、逐行讀取、按照空格位置拆分各元素 ❷；頭一元素是單字，剩下元素則串成向量，再將單字與對應向量整合成 embeddings 字典檔 ❸，執行此函式就會傳回這個字典檔。

▼ **程式 6-8：從 glove.6B.100d.txt 檔案載入 GloVe 詞向量**

```
import numpy as np       } ❶
import scipy.spatial

# 定義一個載入詞向量的函式
def read_embeddings():
    FILE_NAME = '../data/glove.6B.100d.txt'
    embeddings = {}
    file = open(FILE_NAME, 'r', encoding='utf-8')     ❷
    for line in file:
        values = line.split()
        word = values[0]
        vector = np.asarray(values[1:],
                            dtype='float32')          ❸
        embeddings[word] = vector
    file.close()
    print('Read %s embeddings.' % len(embeddings))
    return embeddings
```

底下程式 6-9 的所定義的函式則用於計算指定詞向量與其他詞向量的距離 (註：採計算餘弦距離)，再顯示距離最近的 n 個單字：

▼ **程式 6-9：以距離為基準找出詞向量空間中離某單字最近的 n 個單字**

```
def print_n_closest(embeddings, vec0, n):
    word_distances = {}
    for (word, vec1) in embeddings.items():
        distance = scipy.spatial.distance.cosine(   } 利用 scipy 套件
            vec1, vec0)                                 計算距離
        word_distances[distance] = word

    # 依序顯示距離最近的 n 個單字
    for distance in sorted(word_distances.keys())[:n]:
        word = word_distances[distance]                   } 顯示結果
        print(word + ': %6.3f' % distance)
```

有了上述兩個函式，便可檢視任意單字的詞向量，並顯示其鄰近單字。

例：探索 GloVe 詞向量空間 (一)

底下的程式就先呼叫 **read_embeddings()** 函式載入全部詞向量，再以 **print_n_closest()** 函式檢索「hello」、「precisely」、「dog」3 個單字：

▼ 程式 6-10：依序顯示離「hello」、「precisely」、「dog」最近的單字

```
embeddings = read_embeddings()

lookup_word = 'hello'
print('\nWords closest to ' + lookup_word)
print_n_closest(embeddings,
                embeddings[lookup_word], 3)

lookup_word = 'precisely'
print('\nWords closest to ' + lookup_word)
print_n_closest(embeddings,
                embeddings[lookup_word], 3)

lookup_word = 'dog'
print('\nWords closest to ' + lookup_word)
print_n_closest(embeddings,
                embeddings[lookup_word], 3)
```

結果顯示如下：

```
Read 400000 embeddings.

Words closest to hello
hello: 0.000
goodbye: 0.209
hey: 0.283
```

❶

NEXT

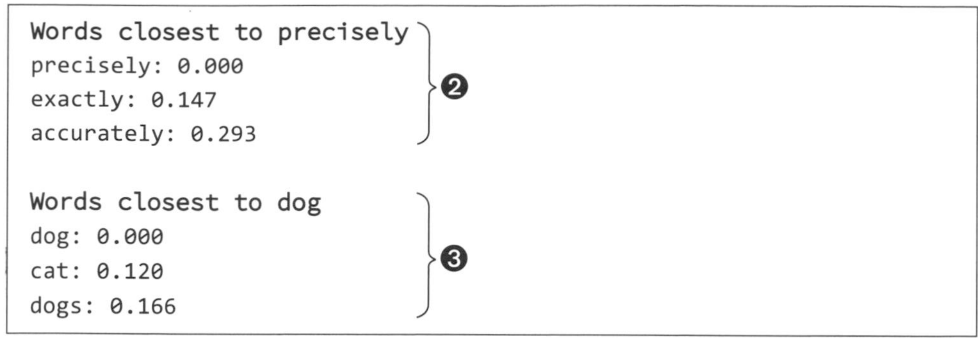

```
Words closest to precisely
precisely: 0.000
exactly: 0.147
accurately: 0.293

Words closest to dog
dog: 0.000
cat: 0.120
dogs: 0.166
```

以上結果顯示，詞向量空間共收錄 400,000 個單字。每次搜尋中，排行第一近的當然是原單字，因此 ❶ 離「hello」最近的單字是「hello」。第 2 近與第 3 近的分別是「goodbye」與「hey」。忽略原單字的話，❷ 離「precisely」最近的是「exactly」、「accurately」。而 ❸ 離「dog」最近的則是「cat」和「dogs」。從以上結果來看，GloVe 詞向量的確精準捕捉到單字語義。

例：探索 GloVe 詞向量空間 (二)

程式 6-11 則示範如何將多個詞向量以 NumPy 支援的簡單向量運算結合成新向量，再搜尋該新向量的鄰近單字。本例是先顯示與「king」最近的單字 ❶，再顯示與向量 (「king」-「man」+「woman」) 最相近的單字 ❷：

▼ 程式 6-11：詞向量計算示範

```
lookup_word = 'king'
print('\nWords closest to ' + lookup_word)
print_n_closest(embeddings,
                embeddings[lookup_word], 3)

lookup_word = '(king - man + woman)'
print('\nWords closest to ' + lookup_word)
vec = embeddings['king'] - embeddings[
    'man'] + embeddings['woman']
print_n_closest(embeddings, vec, 3)
```

輸出結果如下：

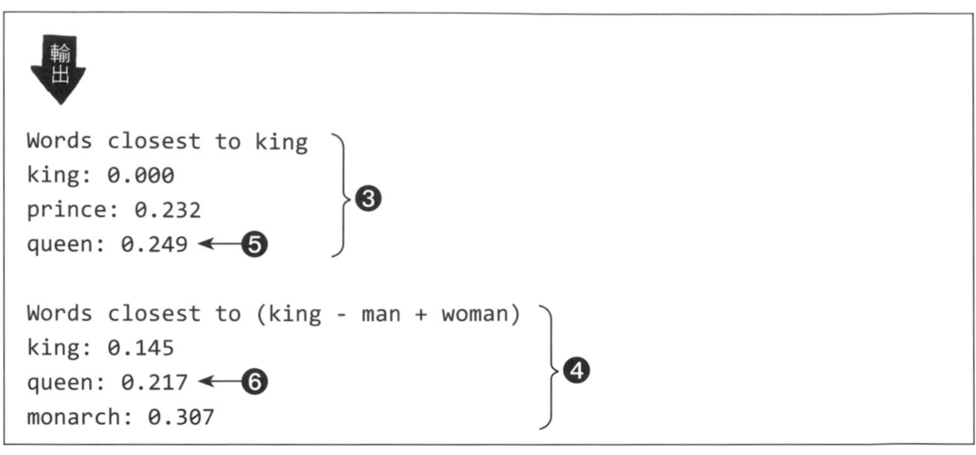

以上輸出顯示，離「king」❸ 最近的 (不包括「king」自己) 是「prince」，然後是「queen」。而最接近 (「king」-「man」+「woman」) ❹ 的單字還是「king」，不過第二接近的是「queen」。

要解釋以上兩結果，「king」與「queen」兩單字間距僅 0.249 ❺，看來除了性別不一樣以外，語義上的其他相似性極高；既然「king」與「queen」兩詞向量本就比其他組合相近，由「king」而來的組合向量 (「king」-「man」+「woman」) 會離「queen」不遠也是很合理的，檢索出的距離為 0.217 ❻，恰好印證這點。

例：探索 GloVe 詞向量空間 (三)

程式 6-12 的探索結果更有趣。先搜尋 sweden」、「madrid」的鄰近單字：

▼ 程式 6-12：隨意找幾個國家和首都當單字進行向量運算

```
lookup_word = 'sweden'
print('\nWords closest to ' + lookup_word)
print_n_closest(embeddings,
                embeddings[lookup_word], 3)

lookup_word = 'madrid'
print('\nWords closest to ' + lookup_word)
print_n_closest(embeddings,
                embeddings[lookup_word], 3)
```

以下輸出顯示，與「sweden」(瑞典) ❶ 最接近的單字是「denmark」(丹麥) 與「norway」(挪威)，都是鄰國。而最接近「madrid」(馬德里，西班牙首都) ❷ 的單字是「barcelona 」(巴塞隆納) 和「valencia」(瓦倫西亞)，都是西班牙大城。

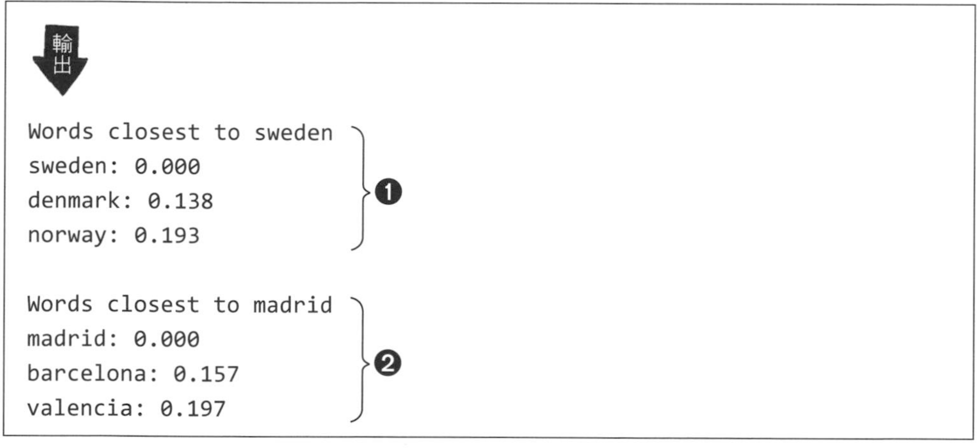
輸出

```
Words closest to sweden
sweden: 0.000
denmark: 0.138
norway: 0.193
```
❶

```
Words closest to madrid
madrid: 0.000
barcelona: 0.157
valencia: 0.197
```
❷

接著下頁的程式將「madrid」(首都) 減去「spain」(國家) 加上「sweden」(國家)，一減一加後，結果會回到首都類的單字嗎？

```
lookup_word = '(madrid - spain + sweden)'
print('\nWords closest to ' + lookup_word)
vec = embeddings['madrid'] - embeddings[
    'spain'] + embeddings['sweden']
print_n_closest(embeddings, vec, 3)
```

```
Words closest to (madrid - spain + sweden)
stockholm: 0.271 ← 算出最近的字
sweden: 0.300
copenhagen: 0.305
```

真的算出「stockholm」(斯德哥爾摩，瑞典首都) 了！前面的「king」跟「queen」是已經很接近了沒話說，可「Sweden」跟「Stockholm」兩個字的間隔可沒這麼近！以上向量運算居然能正中目標，實作出「A 首都 – A 國家 + B 國家 = B 首都」的結果，詞向量空間的計算實在很有趣！

> **註** 自 GloVe 發表後，詞向量的發展依然持續演化，甚至已擴展到能處理語料庫中不存在的單字，例如訓練時若僅見過單字「dog」，但卻沒見過其複數形「dogs」該怎麼辦。又或者為「**Can** I have a **can** of soda?」中的兩個「can」配置不同詞向量以對應兩種語義。這些發展包括了 Wordpiece、FastText、ELMo...等演算法。
>
> 此外，甚至還有「將整段文字化為一個向量」的研究，例如 doc2vec (Le and Mikolov)，對此有興趣的讀者可再自行研究。

Chapter

7

用機器翻譯模型熟悉 seq2seq 架構

前面兩章我們學到了用 RNN、LSTM 等循環神經網路來處理序列 (sequence) 資料，並跨入當今非常熱門的 NLP (自然語言處理) 領域，然而自然語言的相關應用相當廣，除了前面所實作的 Auto-Complete 短句模型外，像是語音辨識、以及機器翻譯 ... 等，都是熱門的研究領域。

當 NLP 觸及更複雜的領域時，單只用 RNN / LSTM 這類的循環神經網路就很難應付了，因此就有本章將介紹的 **seq2seq (sequence to sequence)** 模型架構被開發出來。本章我們會先簡單探討 RNN / LSTM「不夠用」的原因，並一窺 seq2seq 的模型架構是如何解決這些問題，最後用 seq2seq 架構實作一個「將法語翻譯成英語」的機器翻譯模型。

> **註** seq2seq 的內涵是採用 **encoder (編碼器) – decoder (解碼器)** 架構，這也是現今大型語言模型 (LLM)，例如 GPT 背後所使用的架構源頭喔！一定要好好熟悉。

7-1 機器翻譯模型的基本知識

7-1-1 從 RNN / LSTM 的輸入、輸出關係看起

之所以要從 RNN/LSTM 等模型的**輸入**與**輸出**關係看起，因為這樣可以看出 RNN/LSTM 模型的「軟肋」。

有篇多人拜讀、轉發的文章 (http://karpathy.github.io/2015/05/21/rnn-effectiveness/) 探討了循環神經網路幾種不同的輸入 / 輸出的結構，我們從中取一部分示意圖來看。如下頁圖所示，常看到的有**多對一**結構以及**多對多**結構：

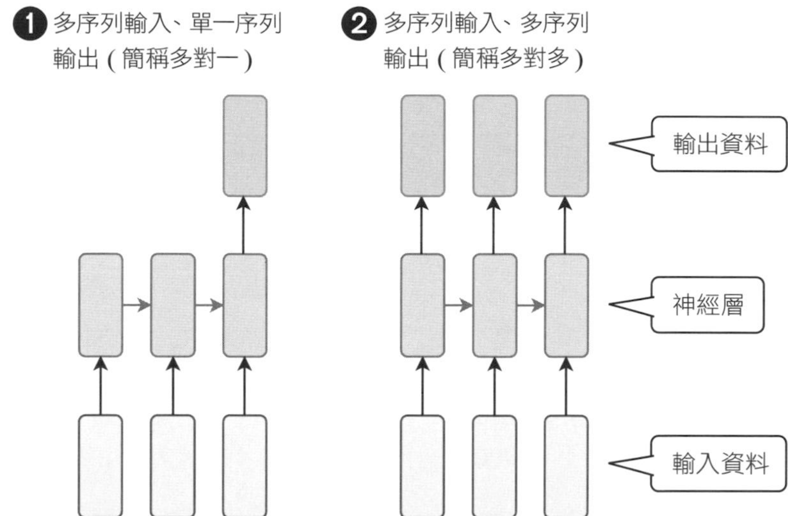

▲ 圖 7-1：來源：Adapted from Karpathy, A., "The Unreasonable Effectiveness of Recurrent Neural Networks," May 2015, http://karpathy.github.io/2015/05/21/rnn-effectiveness/

> **編註** 再次提醒！本書凡看到上面這種圖，就要知道這是 RNN/LSTM 模型沿「時步」展開的運作情況，不熟悉的話請複習前兩章的內容。

❶ **多對一結構：**從前兩章我們知道循環層在每個時步都有輸出 (即 hidden state)，不過如上圖所示，在多對一的架構中，各時步輸出並沒有通通拿來用，只取用**最後一個**時步的輸出，類似替整個序列資料「做總結」。第 5 章所介紹的「根據歷史資料預測次月的銷售額」範例用的就是這種設計。又或者經典的「分析 IMDb 電影影評內容為正評或負評」範例，也屬於這種「總結式」的用途。

❷ **多對多結構：**此架構則會把各時步的輸出都拿來用，例如輸入一句英文句子，想要逐字標註各單字的詞性 (名詞、動詞、主詞 ... 等等) 時，就需要這種設計。

從前頁 ❶、❷ 兩張圖可以看出一件事，不管各時步的輸出有沒有拿來用，RNN / LSTM 有個侷限就是**輸出序列的長度會受限於輸入序列的長度**，要嘛是 m-to-1 (多對一)，頂多就是 m-to-m (多對多)，不可能餵入 m 個序列，而輸出序列的長度大於 m，而這就是 seq2seq 試圖想解決的。以機器翻譯為例，A 語言的句子翻成 B 語言時，字數往往不會一樣，此時就需要模型具備 m-to-n 的能力，否則翻譯的工作就進行不下去了。

編註 讀者可能有疑問，前一章我們不是剛做完一個多對多序列的 Auto-Complete 預測模型，例如餵入 'I saw' 的序列資料，會得到 'I saw the same time' 之類的結果，看起來**輸出**的序列長度是有大於**輸入**的序列長度啊？

回憶一下，前一章範例其實是把原本「多對一」的模型以迴圈打包，讓預測出來的結果再與原輸入字串合為新樣本，再重新輸入原模型做預測，直到達到我們所設定的單字數為止；經此加工後，模型才升級為一個「多對多」模型。

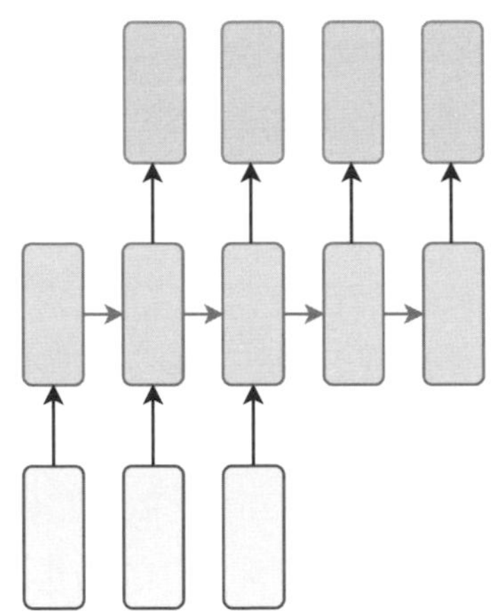

▲ 圖 7-2：經過改造的多對多架構，輸出與輸入序列可以不等長

當然，還有更聰明的方法可以做到這點，本章將介紹的 seq2seq 模型架構就是一招。

7-1-2 用 seq2seq 模型實現多對多序列學習

seq2seq (sequence to sequence) 嚴格來說跟 CNN、RNN 等不太一樣，它不是單指特定的神經層，比較像是從「結果」來看所產生的名稱。也就是**輸入一個序列 (sequence) 資料，得到 (to) 另一個序列 (sequence) 資料**。例如輸入一句法語，得到一句英語；輸入一個問題、得到一句回覆；輸入一篇文章、得到一段摘要，這些都叫做 seq2seq。

> **編註** **seq2seq** 概念在提出來的時候主要是用於機器翻譯任務，後來廣泛應用到聊天機器人對話、生成文章摘要等領域，後面會介紹到 ChatGPT 背後所使用的 Transformer 或 GPT 架構，也是 seq2seq 模型的延伸發展，稍後幾章就會看到。

seq2seq 機器翻譯模型的運作概念

像 Google 翻譯這樣的機器翻譯系統大家應該都不陌生了，同樣的意思改以不同語言表達，要用到的單字量往往不一樣，像法語「Je suis étudiant」翻譯成英語就是「I am a student」，單字多了一個，因此多對多序列預測模型就常被用在機器翻譯工作上。

先撇開模型的架構，我們先介紹機器翻譯模型大概是如何運作及訓練的。首先，我們需要一份有很多「法語轉英語」句子的語料庫讓模型學習。假設其中一筆訓練樣本是法語「Je suis étudiant」，而英語正解是「I am a student」，模型從開始接收**原句**「Je suis étudiant」到輸出預測的**譯句**「I am a student」的一連串動作如下圖所示：

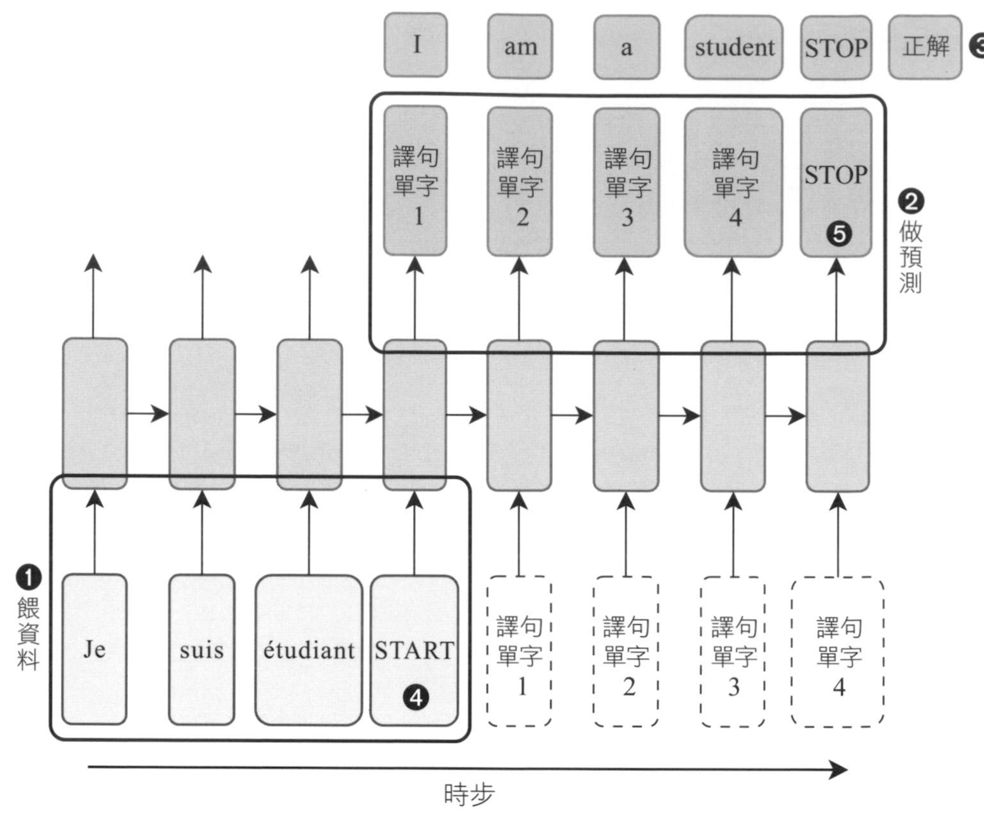

▲ 圖 7-3：機器翻譯模型運作示意圖

再重申一遍，上圖是模型沿「時步」展開的運作情況，下方代表輸入，中間假設是 LSTM 神經網路，上方為輸出。模型的運作大致上就是「**餵入法語原句 ❶ → 做預測產生英語譯句 ❷**」，如果是在訓練階段，就需要跟英語譯句的正解對答案 ❸ 來進行優化。

首先，要讓模型做機器翻譯這種可變長度的多對多序列預測不難，常見作法是在先手動在法語原句跟英語譯句內額外加入 **START ❹**、**STOP ❺** 兩種標記。當模型讀入資料內的 START 標記時就表示開始翻譯，也就是說，模型從接收到 START 開始，**之後各時步所「輸出」的值都會被視為英語譯句的一部分**，而當讀入 STOP 標記時 (或者也可設計成輸出 STOP 標記) 時，就停止輸出 (= 停止產生英語譯句)。

編註 **START、STOP** 的名稱在這裡為了方便理解隨便取的，要取 GO、END 也行。但名稱不重要，因為實際上這兩個標記餵入模型時也會跟其他單字一起被轉換成整數編號，再接著化為詞向量。針對標記只要在做資料預處理 (將單字轉成編號) 時，保留特定編號給 START、STOP 用即可，例如 9998 代表 START，9999 代表 STOP。後面做資料預處理時就會看到。

此外，由於要翻譯的句子長度往往是不一致的，而神經網路模型做批次訓練時，需要讓批次資料的句子長度一致，此時各句子還會用 **PAD** 標記來填補，因此，也會訓練模型學會忽略訓練資料中的 PAD 標記，因為它們不具任何資訊，只是填空用而已。

模型的運作及訓練大致就是如前頁所述來進行，我們繼續看圖上的一些細節：

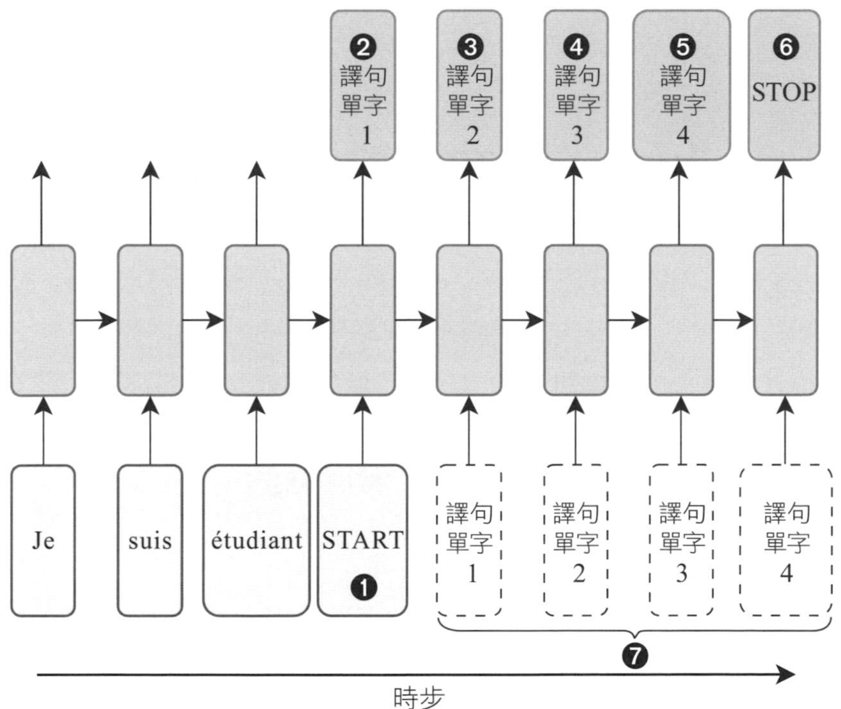

▲ 圖 7-4：機器翻譯模型的運作示意圖

在本例中，模型於前 4 時步依序接收「Je」、「suis」、「étudiant」，以及我們手動附加的 START 標記。當模型在 START 那一時步 ❶ 接收到 START 觸發訊號後，該時步模型所輸出的就代表譯句第一個單字 ❷，接著按時步繼續輸出後續譯句的單字 ❸ ～ ❺，直到輸出 STOP 時 ❻，模型下一時步就不會再接收輸入資料，也就不會有輸出，表示停止翻譯。

讀者可能有疑問，當模型接收到 START 開始輸出譯句後，那**後續時步的輸入資料怎麼來**？很簡單，如上圖 ❼ 所示，就是把**前一時步的輸出回饋到下一時步做為輸入**（這正是循環層的特色），如此一來各時步就不缺輸入資料了。以此例來說，等模型訓練好後，翻譯階段就是用 START 來譯出 I → 用 I 來譯出 am → 用 am 來譯出 a → 用 a 來譯出 student → 用 student 來譯出 STOP → 結束。

> **編註** 到目前為止沒問題吧，簡單說翻譯模型就是分「兩階段」進行，先逐時步接收原句，接著當接收到 START 標記後，就逐時步生成譯句+STOP。

在訓練時導入 Teacher Forcing 機制

在機器翻譯模型的訓練階段，經常會加入稱為 **Teacher Forcing** 的訓練技巧，Teacher Forcing 直譯就是「老師強行介入」，這裡的老師指的就是「譯句的正解」。此技巧是用在**模型開始產生譯句**的階段，照剛剛提的，原本的做法是「前一時步的輸出回饋到下一時步做為輸入」，然而若不希望模型在逐時步的預測（翻譯）過程中越走越偏，譯出完全走樣的譯句，Teacher Forcing 就是在模型產生譯句階段，**改用正解做為輸入**，取代原先「以前一時步的輸出做為輸入」的做法。

讀者可能覺得奇怪，餵入正解？那不就等於給模型看答案了？還有啥好預測的？放心，當然會有特別的設計，我們先暫且拋開模型，單看訓練期間各時步的輸入 / 輸出資料就清楚了。

先看「**沒有**」加入 Teacher Forcing 機制的輸入 / 輸出資料：

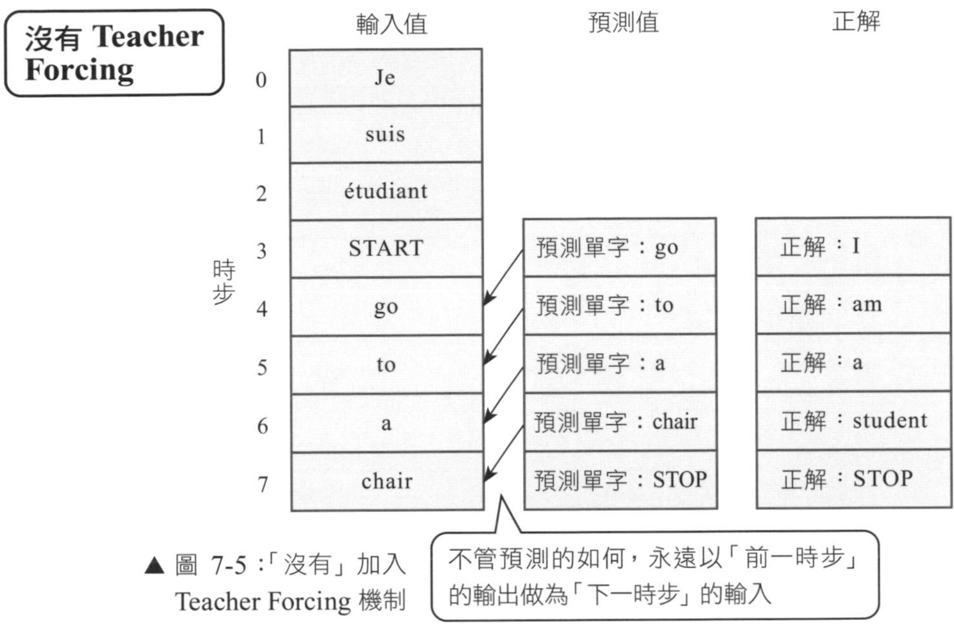

▲ 圖 7-5：「沒有」加入 Teacher Forcing 機制

底下則是「有」加入 Teacher Forcing 機制的輸入 / 輸出資料：

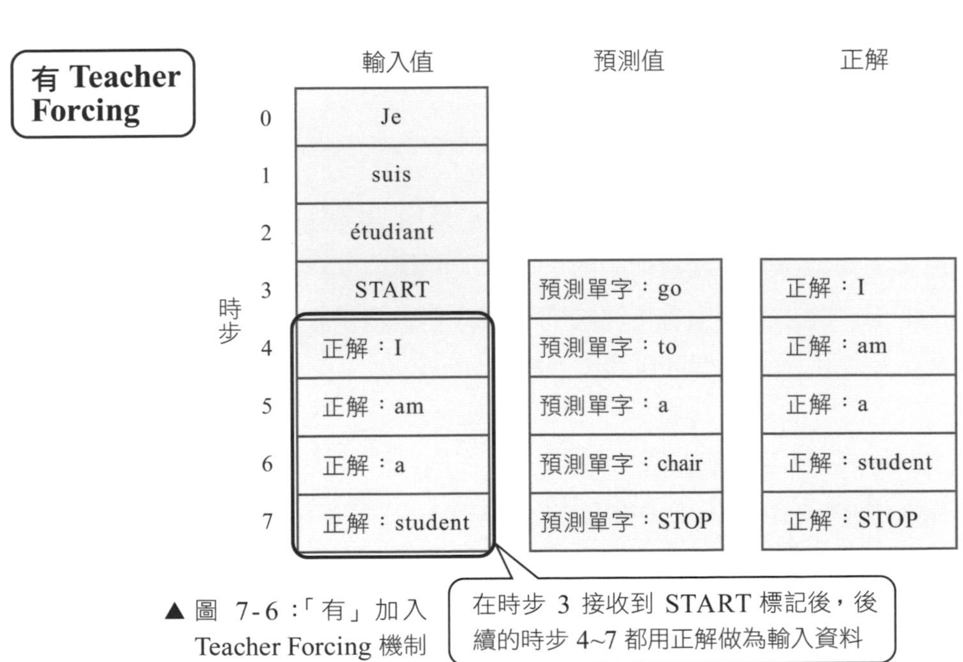

▲ 圖 7-6：「有」加入 Teacher Forcing 機制

圖 7-6 在加入 Teacher Forcing 機制後，神經網路在時步 0~3 是接收法語原句以及 START 標記，時步 4～7 則接收對應的譯句正解 (「I」、「am」、「a」、「student」)。**請注意輸入值跟最後面的正解剛好差一時步**：

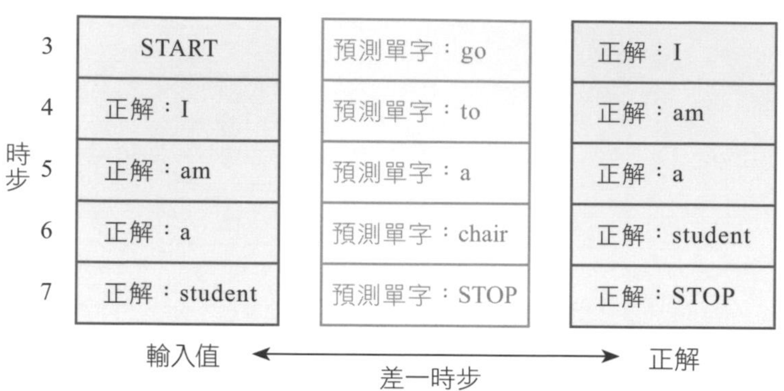

意思就是模型得先自己生成一個單字 (假設時步 4 譯出錯誤的單字：to)，但馬上就能在下一時步看到期望正解為何 (例如在時步 5 知道正解是：am)。

> **編註** Teacher Forcing 的概念就像老師一路在觀察學生做答，如果學生上一題寫錯了，老師就「強行介入」直接公佈答案，讓學生在寫後續題目前能有重新思考的機會，不致於一路錯下去。

當然，以上談論的 Teacher Forcing 是用在模型「訓練」階段，一旦模型正式上線翻譯時，沒有所謂的正解，因此模型就只會在收到 START 訊號後，把前一時步的輸出直接回饋到下一時步做為輸入，直到模型生成 STOP 訊號為止。至此，模型就算譯完一整句。

以編碼器-解碼器架構 (encoder-decoder architecture) 來建構 seq2seq 模型

前面我們不斷以一張張時步的展開圖介紹 seq2seq 機器翻譯模型的運作概念，為了方便讀者閱讀對照我們再列出來一次，如下：

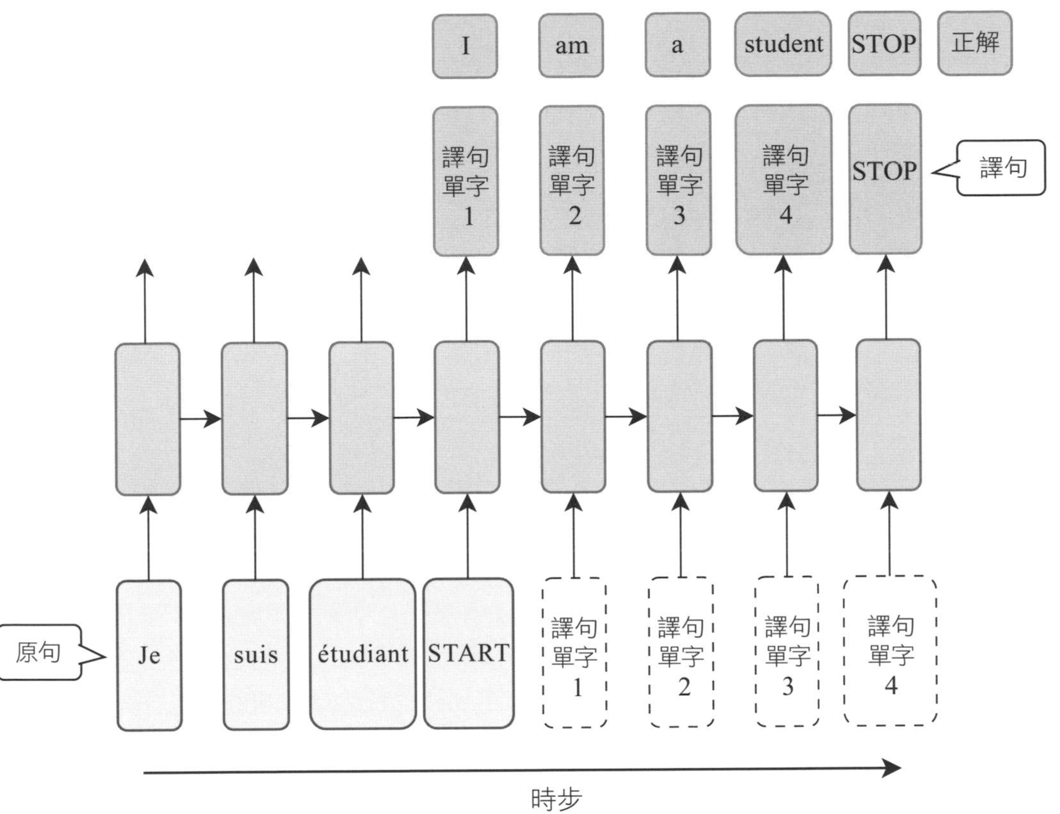

▲ 圖 7-7：seq2seq 模型各時步的運作

那麼實際建構模型時該如何進行呢？一言以蔽之，機器翻譯模型多半會採用**「編碼器 - 解碼器」的架構 (encoder-decoder architecture)**。

我們仔細觀察一下上圖，翻譯過程「前」半段 (START 出現前) 的目標是**消化**原句，並不是在「生成」譯句，要處理的語言 / 詞彙還與後半段不同。至於「後」半段才是在做生成譯句的工作，既然前、後階段目標天差地別，因此分成**兩部分**來做就很合理了，這兩部分就是**編碼器**以及**解碼器**。

如同其名，編碼器 - 解碼器架構是由**編碼器 (encoder)** 和**解碼器 (decoder)** 組成，這兩部分都是神經網路。**編碼器**負責消化輸入序列的內容，濃縮成一個常被稱為 **thought vector** (思維向量) 或 **context vector** 的向量，而**解碼器**則會根據這個向量來生成內容。這樣的運作原理跟人類的思維其實很類似，當我們看到一段話時，會吸收、理解這句話，再根據我們理解的內容說出回覆，編碼器 - 解碼器架構就是在模擬這個過程。

這兩個模型架構只須在解碼器開始翻譯前傳遞一次 thought vector，不用各時步都交接一次。

編註 thought vector 聽起來有點抽象，雖然是個新名詞，但它的概念跟前面介紹 RNN/LSTM 時一再提及的「內部狀態 (state)，包括 **hidden state**、cell state」其實都相近，白話來說就是輸入序列各時步處理後濃縮而成的特徵。以翻譯的例子來說，這個內部狀態算是某種跨語言的語意表示法，編碼器靠分析它就能生成譯句，因此才會被叫做 thought vector 或 context vector。

事實上，當編碼器、解碼器採用 LSTM 來建構時，編碼器算出的 thought vector 其實就是 hidden state、cell state 等內部狀態。而要把 thought vector 丟給解碼器生成譯句時，除了餵入輸入資料外，最重要的工作就是**以編碼器算出的內部狀態來初始化解碼器的狀態**，這樣就把編碼器跟解碼器串起來了，後面實作程式時就會看到。

總之，以後凡看到 thought vector、內部狀態、狀態、hidden state、cell state 等名稱，甚至還有 intermediate representation (過渡表示法) 這樣的說法，請記得它們指的都是類似的東西，不要被一大堆名稱搞花了！

本例翻譯模型的編碼器 - 解碼器細部架構如下圖所示 (請注意，下圖不是沿時步展開，而是模型的架構)：

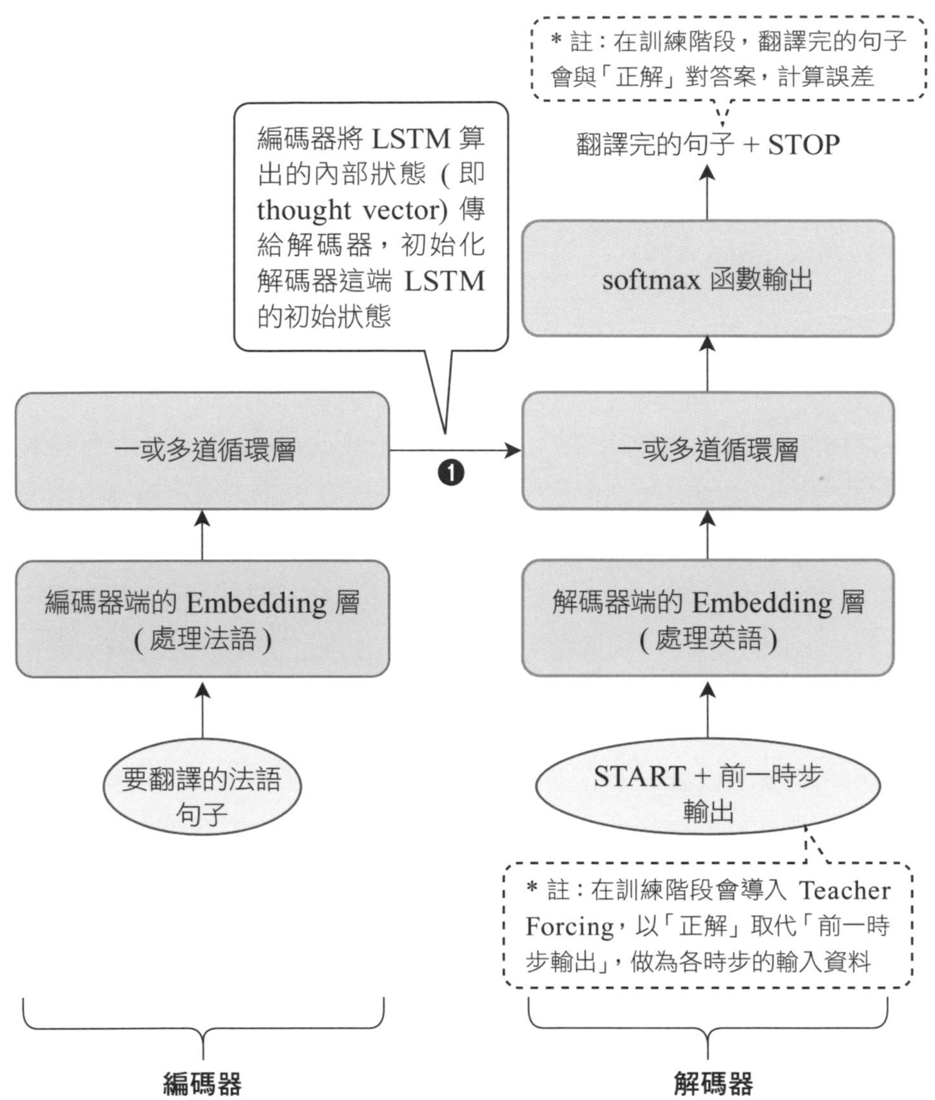

▲ 圖 7-8：用於機器翻譯的編碼器 - 解碼器模型

在上圖中，編碼器循環層算出的內部狀態 (即 thought vector) 經水平箭頭送入解碼器 ❶，解碼器再以此初始化自身循環層的內部狀態。若編碼器 / 解碼器內的 LSTM 採多層結構，就是將編碼器的**最末層**狀態傳遞給解碼器**最前層**，本章範例程式的編碼器、解碼器均採雙循環層架構。概念就介紹到這邊，接著就用範例實作看看 seq2seq 翻譯模型。

7-2 機器翻譯的範例實作

本節將帶您把前一節最後看到的模型實作出來。由於編碼器 - 解碼器的架構比之前看過的模型都複雜，因此我們先介紹專用來建構複雜模型的**函數式 API (functional API)** 概念，然後再用函數式 API 的做法來建置模型。

7-2-1 tf.Keras 函數式 API 簡介

到目前為止，我們在 tf.Keras 中都只用 Sequential() 來設計序列式模型，資料流不管怎麼設計都得依序經過每一道神經層，創造力因而受限。若採用「非序列式」架構，可讓模型擁有無限的可能性，例如在中間層臨時插入輸入或輸出；或者將某神經層輸出的 hidden state 與其它層共享 ... 等等彈性設計。想建構這種非序列式模型，可改用 tf.Keras 的**函數式 API**，取代本書用到現在的 Sequential() 模型。

使用函數式 API 時，就得明確定義各層如何互連，雖然一層層手動定義連接會比序列式模型無腦堆疊更麻煩、更易出錯，但也更靈活，更適合建構複雜的模型架構。

我們先以兩組簡單的模型架構為例，演練一下函數式 API 的用法。首先，右圖是最單純的神經網路架構，用序列式 / 函數式 API 實作都可以：

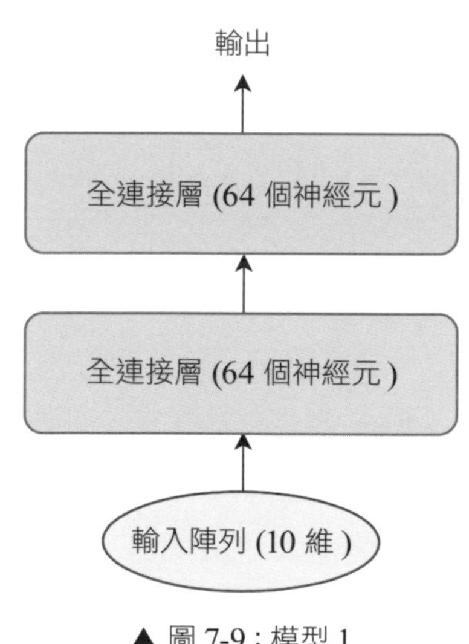

▲ 圖 7-9：模型 1

如果模型有特殊的設計，如下圖模型有個繞過第一層的輸入，就得用函數式 API 才能實現：

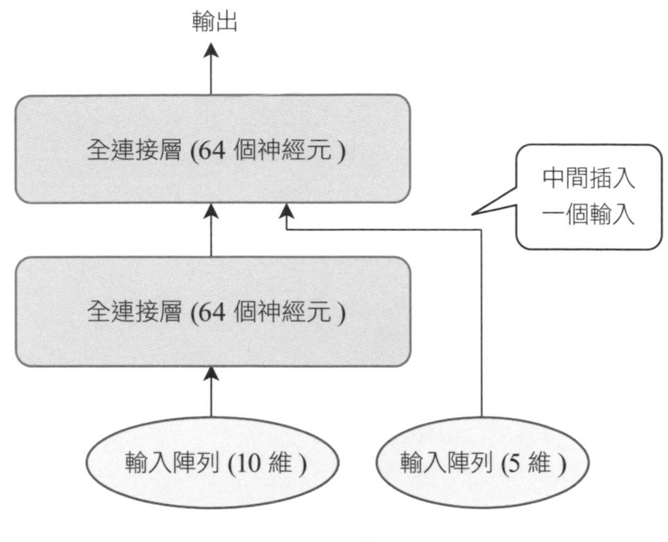

▲ 圖 7-10：模型 2

■ 練習：用函數式 API 建構模型 1

首先，我們看如何用函數式 API 來建構模型 1：

▼ **程式 7-1：以函數式 API 實現簡單序列式模型**

```
from tensorflow.keras.layers import Input, Dense
from tensorflow.keras.models import Model

# 宣告輸入層
inputs = Input(shape=(10,)) ←❶

# 宣告各神經層
layer1 = Dense(64, activation='relu')   } ❷
layer2 = Dense(64, activation='relu')

# 連接輸入層與各神經層
layer1_outputs = layer1(inputs)          } ❸
layer2_outputs = layer2(layer1_outputs)
```

NEXT

```
# 建立模型
model = Model(inputs=inputs, outputs=layer2_outputs) ←❹
model.summary()
```

```
Model: "Model_2"
_________________________________________________________________
Layer (type)                 Output Shape         Param #
=================================================================
input_3 (InputLayer)         [(None, 10)]         0
input_4 (Dense)              (None, 64)           704
input_5 (Dense)              (None, 64)           4160
=================================================================
Total params: 4864 (19.00 KB)
Trainable params: 4864 (19.00 KB)
Non-trainable params: 0 (0.00 Byte)
```

之前用 Sequential() 設計序列式模型時，輸入層是在新增第一層時順便設定，現在則得另外宣告一個 Input 物件 ❶，接著宣告兩個全連接層 ❷，都宣告完成後，就可以把各層視為函數一樣，有需要時呼叫來用即可。

怎麼呼叫呢？很簡單，只要將前層變數名稱作為函式參數傳遞給後層變數，得到一個表示後層輸出的物件，這樣就建立好連接了 ❸。之後只要繼續將此物件當成函式參數傳遞給下層，便能實現層層堆疊的結構。

> **編註** 每個神經層後面接的括號，例如 layer1(input)、layer2(layer1_outputs)，括號裡面的變數名稱就是「它上一層的神經層」，就這麼簡單。

宣告、連接完神經層，接著就是建構模型 ❹。只要呼叫 Model() 類別將所有神經層用 **inputs**、**outputs** 兩參數串成同一模型即可，兩參數分別指定最前面的輸入層 (inputs 變數) 與最後面的輸出層 (layer2_outputs 變數)。

■ 練習：用函數式 API 建構模型 2

圖 7-10 的模型 2 稍微有點變化，得加入一組跳過第 1 層、直通第 2 層的輸入，建構的方式如程式 7-2 所示：

▼ 程式 7-2：建構「中途插入輸入」的模型

```
from tensorflow.keras.layers import Input, Dense
from tensorflow.keras.models import Model
from tensorflow.keras.layers import Concatenate

# 宣告兩組輸入
inputs = Input(shape=(10,))              } ❶
bypass_inputs = Input(shape=(5,))        }

# 宣告各神經層
layer1 = Dense(64, activation='relu')
concat_layer = Concatenate() ←❷
layer2 = Dense(64, activation='relu')

# 連接輸入層與各神經層                       ❸
layer1_outputs = layer1(inputs)
layer2_inputs = concat_layer([layer1_outputs, bypass_inputs])
layer2_outputs = layer2(layer2_inputs)

# 建構模型                                       ❹
model = Model(inputs=[inputs, bypass_inputs],
              outputs=layer2_outputs)
model.summary()                    ❺
```

輸出

```
Model: "Model_1"
-------------------------------------------------------------------
Layer (type)             Output Shape  Param # Connected to
===================================================================
input_2 (InputLayer)     [(None, 10)] 0        []
dense_2 (Dense)          (None, 64)    704     ['input_2[0][0]']
input_3 (InputLayer)     [(None, 5)]  0        []
concatenate (concatenate) (None, 69)   0        ['input_2[0][0]',
                                                 'input_3[0][0]']
```

NEXT

```
dense_3 (Dense)           (None, 64)    4480    ['concatenate[0][0]']
==================================================================================
Total params: 5,184
Trainable params: 5,184
Non-trainable params: 0
```

與程式 7-1 相比，程式 7-2 只有一些小變動。先宣告兩組輸入，一個輸入第 1 層，另一個是直通第 2 層的輸入 ❶。其他地方都差不多，只差在第 1 層建構之後，要接著宣告一個 Concatenate 層 (註：合併的意思) ❷，以此將第 1 層輸出與插進來的輸入串接成另一變數 ❸，作為第 2 層的輸入。最後建構模型時，再將「輸入」設為前述兩輸入結合的串列 ❹ 即可、「輸出」則維持最後一層的 layer2_outputs ❺。

熟悉 tf.Keras 函數式 API 的用法後，接著就開始打造機器翻譯神經網路模型吧！

7-2-2 建構模型前的工作

匯入模組、定義超參數

首先匯入程式所需模組，如下所示：

▼ 程式 7-3：匯入模組

```
import numpy as np
import random
from tensorflow.keras.layers import Input          ┐
from tensorflow.keras.layers import Embedding      │
from tensorflow.keras.layers import LSTM           │
from tensorflow.keras.layers import Dense          ├ 建構模型用
from tensorflow.keras.models import Model          │
from tensorflow.keras.optimizers import RMSprop    ┘
                                                              NEXT
```

```
from tensorflow.keras.preprocessing.text import Tokenizer
from tensorflow.keras.preprocessing.text \
    import text_to_word_sequence
from tensorflow.keras.preprocessing.sequence \
    import pad_sequences
import tensorflow as tf
import logging
tf.get_logger().setLevel(logging.ERROR)
```

資料預處理用

接著定義程式中會用到的各種超參數及常數，我們先簡單瀏覽一下有個印象，後續遇到時會再提出來說明：

▼ **程式 7-4：定義各種初始化超參數**

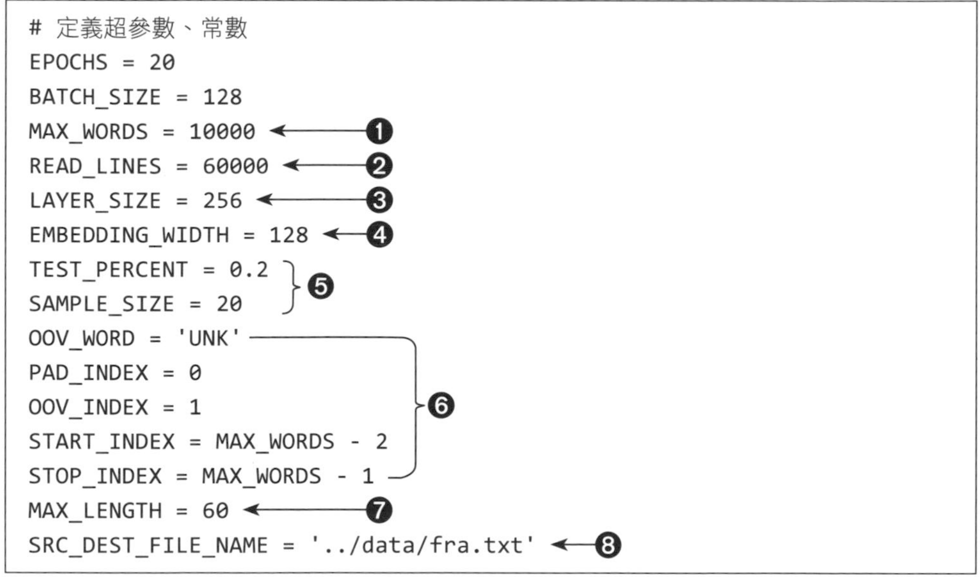

```
# 定義超參數、常數
EPOCHS = 20
BATCH_SIZE = 128
MAX_WORDS = 10000 ←❶
READ_LINES = 60000 ←❷
LAYER_SIZE = 256 ←❸
EMBEDDING_WIDTH = 128 ←❹
TEST_PERCENT = 0.2  ┐
SAMPLE_SIZE = 20    ┘❺
OOV_WORD = 'UNK'                 ┐
PAD_INDEX = 0                    │
OOV_INDEX = 1                    ├❻
START_INDEX = MAX_WORDS - 2      │
STOP_INDEX = MAX_WORDS - 1       ┘
MAX_LENGTH = 60 ←❼
SRC_DEST_FILE_NAME = '../data/fra.txt' ←❽
```

❶ 語料庫的法、英單字量上限 (MAX_WORDS) 各設為 10000，因此各單字會轉成 10000 以內的整數編號。當中有 4 個是保留編號，分別是 0 (PAD)、1(詞彙外單字 UNK)、9998 (START) 和 9999 (STOP) 標記。

❷ 這次要用的語料庫是前人整理好的「英文 vs 法文」對照語料庫，已收錄在書附下載範例的 **Ch07 / fra.txt**。由於語料庫內容很多，本例僅取前 60,000 行 (用 READ_LINES 變數控制) 來製作資料集。

語料庫內是把同一句的兩種語言版本放在同一行，
左邊是英語、右邊是法語，中間以 tab 分隔

fra.txt - 記事本

檔案(F) 編輯(E) 格式(O) 檢視(V) 說明

```
We can't trust anyone now.	Nous ne pouvons désormais plus nous fier à personne.	CC-E
We can't trust the police.	On ne peut pas faire confiance à la police.	CC-BY 2.0 (F
We can't trust the police.	On ne peut pas se fier à la police.	CC-BY 2.0 (France) A
We communicated in French.	Nous avons communiqué en français.	CC-BY 2.0 (France) A
We could keep it a secret.	Nous pourrions le garder secret.	CC-BY 2.0 (France) A
We could keep it a secret.	Nous pûmes le garder secret.	CC-BY 2.0 (France) Attributi
We dated for three months.	On est sortis ensemble pendant trois mois.	CC-BY 2.0 (F
We did what was necessary.	Nous avons fait ce qui était nécessaire.	CC-BY 2.0 (F
We didn't dare to ask Tom.	Nous n'avons pas osé demander à Tom.	CC-BY 2.0 (France) A
We didn't have any choice.	Nous n'avons pas eu le choix.	CC-BY 2.0 (France) Attributi
We didn't help Tom escape.	Nous n'avons pas aidé Tom à s'échapper.	CC-BY 2.0 (France) A
We didn't need to do that.	Nous n'avons pas eu besoin de faire ça.	CC-BY 2.0 (France) A
We didn't notice anything.	Nous n'avons rien remarqué.	CC-BY 2.0 (France) Attributi
We do all sorts of things.	Nous faisons toutes sortes de choses.	CC-BY 2.0 (France) A
We do everything together.	Nous faisons tout ensemble.	CC-BY 2.0 (France) Attributi
We do know what to expect.	Nous savons à quoi nous attendre.	CC-BY 2.0 (France) A
We do know what to expect.	Nous savons à quoi nous en tenir.	CC-BY 2.0 (France) A
We don't control anything.	Nous ne contrôlons rien.	CC-BY 2.0 (France) Attributi
We don't do it very often.	Nous ne le faisons pas très souvent.	CC-BY 2.0 (France) A
We don't have a long time.	Nous n'avons pas beaucoup de temps.	CC-BY 2.0 (France) A
We don't have any secrets.	Nous n'avons pas de secrets.	CC-BY 2.0 (France) Attributi
We don't have any secrets.	Nous n'avons aucun secret.	CC-BY 2.0 (France) Attributi
We don't have enough beer.	Nous n'avons pas assez de bière.	CC-BY 2.0 (France) A
We don't have enough beer.	Nous n'avons pas suffisamment de bière.	CC-BY 2.0 (France) A
We don't have enough time.	Nous n'avons pas assez de temps.	CC-BY 2.0 (France) A
We don't know anyone here.	Nous ne connaissons personne ici.	CC-BY 2.0 (France) A
```

▲ 圖 7-11：書附下載範例的 **Ch07 / fra.txt** 語料庫內容

> **編註** 本章是打算法譯英，不過語料庫的順序是英 → 法，這是小事，待會劃分法語資料集跟英語資料集時小心切割即可。

❸ 循環層由 256 (LAYER_SIZE) 個單元組成。這些單元 (unit) 也可稱為 cell。就像 CNN 模型可用 256 個濾鏡來偵測 256 種不同的特徵，LSTM 也能藉由這些 cell 偵測 256 種文字序列的詞義。

❹ Embedding 層的輸出維數 (EMBEDDING_WIDTH) 則為 128，也就是負責建構一個 128 維的詞向量空間。

❺ 資料集中的 20% 樣本 (TEST_PERCENT) 將做為測試集，並從中隨機選 20 筆樣本 (SAMPLE_SIZE) 出來，這 20 筆是待會訓練完每一週期時，我們希望用來判斷模型成效用的。

❻ 這些是語料庫那 10,000 個單字的相關編號 (包括 PAD、UNK、START、STOP 等標記)，資料預處理時會用到。

❼ 原句和譯句長度上限設為 60 個單字 (MAX_LENGTH)。

❽ 最後一行則是語料庫檔案 (fra.txt) 的存放路徑。

資料預處理 (一)：定義「讀取檔案、單字/編號轉換」的 3 個函式來處理

■ 定義「讀取檔案」的函式 - read_filecombined()

程式 7-5 是定義一個 **read_file_combined()** 函式負責語料庫檔案讀取與資料預處理：

▼ 程式 7-5：讀取語料庫檔案、建立原句 (法語) 與譯句 (英語) 序列的函式

```
# 定義一個讀取檔案的函式

def read_file_combined(file_name, max_len):
    file = open(file_name, 'r', encoding='utf-8')
    src_word_sequences = []
    dest_word_sequences = []
    for i, line in enumerate(file):
        if i == READ_LINES:
            break
        pair = line.split('\t')   ❶
        word_sequence = text_to_word_sequence(pair[1])        ┐
        src_word_sequence = word_sequence[0:max_len]          ├ ❷
        src_word_sequences.append(src_word_sequence)          ┘

        word_sequence = text_to_word_sequence(pair[0])        ┐
        dest_word_sequence = word_sequence[0:max_len]         ├ ❸
        dest_word_sequences.append(dest_word_sequence)        ┘
    file.close()
    return src_word_sequences, dest_word_sequences
```

後續凡 'src' (註：即 source) 開頭的，都是指法語原句的部分

後續凡 'dest' (註：即 destination) 開頭的，都是指英語譯句的部分

由於我們的模型是要法翻英，因此原始句是法語，由 pair[1] 而來

譯句則是英語，由 piar[0] 而來

此函式首先一行行從 tab 所在處拆成兩段，把英語句子、法語句子拆開 ❶，接著以 TensorFlow 提供的 text_to_word_sequence() 函式稍微清理資料 (轉小寫、刪除標點符號)，並將各句拆分為單字串列，先處理法語原句 ❷，再處理英語譯句 ❸，串列 (句子) 長度超過設定上限 (設 MAX_LENGTH =60 個單字) 的部份會被截斷。

編註 待會執行 read_file_combined() 函式後，像是 src_word_sequences[2] 就會是 ['en', 'route']，請見下圖，也就是語料庫第 2 行法語句子所拆解成的單字串列。而 dest_word_sequences[2] 則會是 ['go']，即語料庫第 2 行英語句子所拆解成的單字串列：

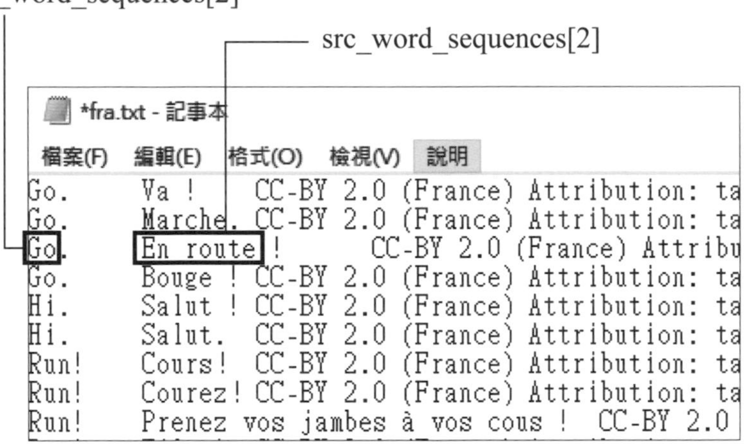

▲ 圖 7-12：從語料庫取出法語、英語單字串列

■ 定義「單字與編號雙向轉換」的兩個函式

程式 7-6 的兩函式 tokenize()、tokens_to_words 則分別用來單字轉編號、編號轉單字：

▼ 程式 7-6：將單字序列轉換為編號、以及將編號序列轉換回單字的函式

```
# 單字與編號序列互換函式

def tokenize(sequences):                                          ❶
    # "MAX_WORDS-2" 是為了保留兩編號給 START、STOP 標記

    tokenizer = Tokenizer(num_words=MAX_WORDS-2,                  ❷
                          oov_token=OOV_WORD)
    tokenizer.fit_on_texts(sequences)
    token_sequences = tokenizer.texts_to_sequences(sequences)
    return tokenizer, token_sequences  ←❸

def tokens_to_words(tokenizer, seq):  ←❹
    word_seq = []
    for index in seq:
        if index == PAD_INDEX:                                    ❺
            word_seq.append('PAD')
        elif index == OOV_INDEX:
            word_seq.append(OOV_WORD)
        elif index == START_INDEX:
            word_seq.append('START')
        elif index == STOP_INDEX:
            word_seq.append('STOP')
        else:
            word_seq.append(tokenizer.sequences_to_texts(         ❻
                [[index]])[0])
    print(word_seq)
```

❶ tokenizer() 函式的 sequences 參數是個雙層串列，也就是一個大串列包著一堆由語句組成的串列，該函式定義好後，等一下會對原文 (法語) 做一次，再對譯句 (英語) 做一次。

❷ 在此函式內，先以 Tokenizer 物件為常見單字一一分配編號，並將輸入的單字序列 sequences 轉成編號序列，至於超過詞彙表上限的罕見單字 (註：UNK)，編號則是前面已保留的 OOV_INDEX (註：UNK 轉成編號 1)。Tokenizer 只能標示 9998 個單字 (MAX_WORDS-2)，換言之，一般單字可用編號為 0 到 9997，9998 和 9999 分別保留給 START 和 STOP 標記 (註：Tokenizer 並未內建 START 和 STOP 標記，但會保留標號 0 作為 PAD 標記，編號 1 則用於 UNK。待會 9998 跟 9999 我們得手動自己加到英語句子內)。

❸ tokenize() 函式最後會傳回與 sequences 對應的編號序列、以及 Tokenizer 物件本身，之後要將編號轉換回單字時會用到。

❹ tokens_to_words() 函式則是反向把編號轉回單字。需要一個 Tokenizer 物件 (tokenizer) 和一個編號串列 (seq) 作為參數，方能根據 tokenizer 的詞彙表將 seq 轉為單字串列。至於那幾個特別保留的編號，都用對應的字串代替 ❺ (註：0 → PAD、1 → UNK、9998 → START、9999 → STOP)。

❻ 由於 Tokenizer 物件的 sequences_to_texts() methiod 期望的參數為雙層串列，故得將 index 加上兩層中括號轉為雙層串列形式 [[index]]；而該 method 輸出亦為字串串列，要轉為單字得取第 0 元素。

有了前面定義的這 3 個函式，就可以用它們來讀取 fra.txt 檔、將裡面的法、英句子做斷字、並將各單字轉成編號了，如下所示：

▼ **程式 7-7：讀取資料檔案並斷字**

```
# 讀取檔案並斷字
src_seq, dest_seq = read_file_combined(SRC_DEST_FILE_NAME,
                                       MAX_LENGTH)
src_tokenizer, src_token_seq = tokenize(src_seq)
dest_tokenizer, dest_token_seq = tokenize(dest_seq)
```

重點在取得這兩個

編註 從前面匯入套件開始，一直到現在，我們所做的事就是**把 fra.txt 語料庫裡面的法語、英語句子一句句拆出來，並轉成整數編號**。程式 7-7 所得到的 src_token_seq 變數，就會是 fra.txt 語料庫裡面，各「法語」單字轉成編號的樣子。例如 src_token_seq[0] 就是第 0 句各法語單字轉成編號後的序列。而 dest_token_seq 則是 fra.txt 語料庫裡面，各「英語」句子轉成編號的樣子。

資料預處理 (二)：準備訓練集及測試集

將原始 fra.txt 語料庫檔的法語、英語句子拆解出來，並把單字轉成編號數值後，接著就要來準備訓練集和測試集。重點工作就是如前一節提到的，要讓法語句子及英語句子的長度固定，才能整批餵入神經網路。句子中單字數不足的字將要用 PAD 填補，還有就是要替餵入**解碼器**的英語正解加上 START (開始輸出翻譯的內容)、STOP (停止翻譯) 的標記。

■ 先了解 PAD、START、STOP 各標記要怎麼加

為了讓讀者清楚後續資料預處理程式所做的事，我們先隨便舉 1 筆原句與譯句為例，看看我們待會打算把「**編碼器的輸入樣本 (法語原句)**」、「**解碼器的輸入樣本 (英語譯句正解)**」、「**解碼器的輸出標籤** (也就是**英語譯句正解**)」整理成什麼樣子。

編註 如果有點忘了為什麼要準備這三樣東西，記得複習一下圖 7-7 的模型運作概念喔！

- **編碼器的輸入樣本 src_input (要翻譯的法語原句)：**

```
src_input = [PAD, PAD, PAD, id("je"), id("suis"), id("étudiant")]
```

上面這一行是隨便假設各法語原句的長度會統一成 6 個單字，「je suis étudiant」這句只有 3 個單字，因此不足的都用 PAD 做「**前**」**填補 (pre-padding, 後述)**。至於 id (單字) 是指各法語單字都會轉換成整數編號。

- **解碼器的輸入樣本 dest_input：**

```
dest_input = [START, id("i"), id("am"), id("a"), id("student"),
              STOP, PAD, PAD]
```

如同前述，訓練時會導入 Teacher Forcing，以英語正解餵入解碼器來協助訓練。這一行是假設英語譯句的長度為 8 個單字，不足的話就用 PAD 做「**後**」**填補 (post-epadding)**。如同前面提過的，餵入解碼器的樣本會包含 START 和 STOP 標記。

編註 至於正式上線做翻譯時，由於不會有正解，解碼器就會以解碼器自身前一時步的輸出做為下一時步的輸入。

- **解碼器的輸出標籤 (正解) dest_target：**

```
dest_target = [id("i"), id("am"), id("a"), id("student"), id(STOP),
               id(PAD), id(PAD), id(PAD)]
```

正解同樣要控制跟 dest_input 等長 (8 個單字)，不足就用 PAD 填補。

註 此外，以上舉的樣本/標籤例子是以 Python 的串列呈現，但待會實作時是把各樣本一列列串成 NumPy 陣列。

註 前填補 vs 後填補

補充一下，在前頁的例子中，針對填補有兩種方式，原句 (法語) 的 PAD 標記是堆在前頭，這是**前填補 (prepadding)**；而譯句 (英語) 則是將 PAD 標記放結尾，是**後填補 (postpadding)**。雖說 tf.Keras 提供一種機制來屏蔽 PAD 字元，前填補跟後填補似乎沒差，但要讓模型學會「完全」忽略填充字元不太可能，為幫助神經網路學會忽略填充值，本例還是針對填補方式做了設計，這裡的做法如下圖所示：

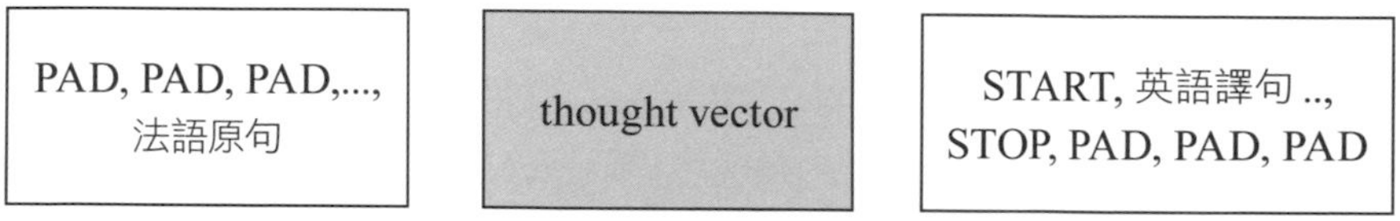

PAD, PAD, PAD,..., 法語原句	thought vector	START, 英語譯句 .., STOP, PAD, PAD, PAD

大原則就是**靠近 thought vector 兩端都擺實質的句子**：

- **原句 (法語) 採前填補**：將不重要的 PAD 擺最前面早點處理完，後面的時步都處理實質的法語原句。
- **譯句 (英語) 採後填補**：這是考慮若在餵給解碼器的輸入序列 START 訊號之後塞一堆 PAD，編碼器算出的 thought vector 狀態多少會被稀釋，所以 START 後面就緊接著放譯句正解，把 PAD 都加在後頭。

附帶提一點，在 tf.Keras 中可以在 Embedding 層內用 mask_zero=True 參數強迫 Embedding 層無視 PAD 標記 (遮掉 0 值)，理論上採用前填補或後填補應該沒差，但經作者測試，mask_zero 在本章編碼器-解碼器神經網路中的作用，與期望似乎不太一樣，若將原句設為後填補，會發現神經網路學習效果大幅降低，其確切原因尚不得而知，因此經過研究才採用前述的做法。

■ 動手加入 PAD、START、STOP 各種標記

程式 7-8 是以相當省力的方式填補上述提到的 src_input、dest_input、dest_target 3 種資料：

▼ **程式 7-8：將已經編號化的序列轉換為 NumPy 陣列**

```
# 準備訓練集

dest_target_token_seq = [x + [STOP_INDEX] for x in dest_token_seq] ←❶
dest_input_token_seq = [[START_INDEX] + x for x in
                        dest_target_token_seq]  } ❷

src_input_data = pad_sequences(src_token_seq) ←❸
dest_input_data = pad_sequences(dest_input_token_seq,
                                padding='post')  } ❹
dest_target_data = pad_sequences(
    dest_target_token_seq, padding='post', maxlen
    = len(dest_input_data[0]))  } ❺
```

前兩行將 dest_token_seq 譯句串列複製、打包成兩個新串列。第 1 個 dest_target_token_seq ❶ 會在譯句後加上 STOP_INDEX (9999)，第 2 個 dest_input_token_seq ❷ 則會在譯句前後各添加 START_INDEX (9998) 和 STOP_INDEX (9999)。仔細看程式第 2 行的 dest_input_token_seq 是從第 1 行 dest_target_token_seq 擴充而來，既然第 1 行的串列已經加了 STOP_INDEX，第 2 行的串列當然也就會有。

★編註 例如 dest_token_seq 英語正解序列中，若某一句英語是 [35, 5, 3807]：

- dest_target_token_seq (註：跟解碼器的輸出對答案用的) 內這一句會變成 [35, 5, 3807, 9999]，也就是在最後加上代表 STOP 的 9999。
- dest_input_token_seq (註：訓練時餵入解碼器的輸入資料) 內這一句會變成 [9998, 35, 5, 3807, 9999]，即最前面加 START (9998)，最後面加 STOP (9999)。

接著呼叫 TensorFlow 提供的 pad_sequences() 函式，對原句 src_input_data ❸ 與另兩個加了 START_INDEX、STOP_INDEX 的 (雙層) 串列譯句做填補 ❹ ～ ❺。

pad_sequences() 會以 PAD (編號 0) 將各序列填補至等長，再將串列改以 NumPy 陣列形式傳回。pad_sequences 預設採**前填補**，原句序列採用預設值即可 (不用設 padding 參數) ❸，但譯句得設定**後填補** (padding='post') ❹ ～ ❺。

另外提一下，在轉換 ❺ dest_target_data 時 (正解) 資料格式時，原本照理要將正解編碼成 one-hot 的格式，好跟解碼器最後的輸出對答案。但經過考量，作者沒有使用 to_categorical() 將資料轉換成 one-hot 編碼，這是為了避免浪費太多記憶體。因為詞彙字典的 10,000 個單字加上 60,000 個訓練樣本，每個樣本都是一個短句，真要採用 one-hot 編碼會耗去太多運算資源。

編註 整理一下目前完成的工作。上一頁 ❸ ～ ❺ 含有 _data 的變數，就是已經加入 PAD、START、STOP 各種標記數字，且全部都已經等長的資料。**別忘了開頭是 src_ 的表示法語原句、開頭 dest_ 的表示英語譯句**。

例如我們印 fra.txt 內第 9999 句法語/英語來瞧瞧，

```
print(src_seq[9999])
print(dest_seq[9999])
```

輸出

```
['quel', 'fiasco']
['what', 'a', 'fiasco']
```

法語原句

英語譯句

NEXT

底下是原句、譯句經過前面那一大堆程式處理後的樣子：

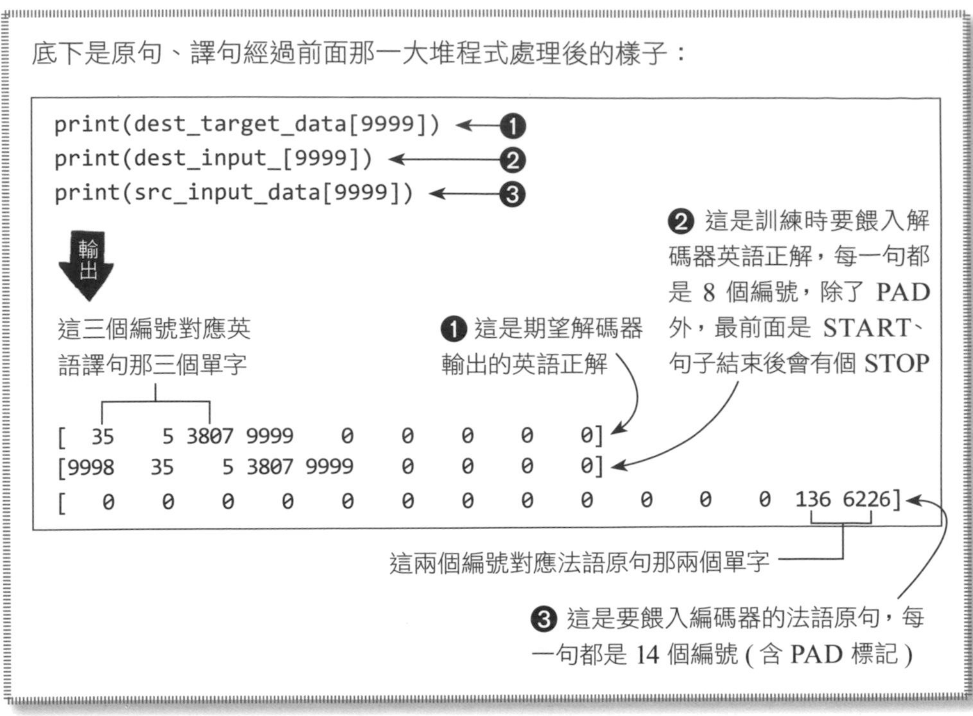

■ 動手切割訓練集、測試集

著手建構模型前，最後依 80%、20% 的比例把資料集分拆成訓練集與測試集。之前各章範例的資料集不是已經分好，就是在呼叫 fit() 函式時以 tf.Keras 內建功能拆分訓練集與測試集，由於本範例我們打算實際拿測試集的樣本出來測試模型能力，因此才得費點力氣手動建置出測試集。步驟如程式 7-9 所示：

▼ 程式 7-9：手動將資料集拆分為訓練集和測試集

```
# 將資料集拆成訓練集與測試集兩塊
rows = len(src_input_data[:,0])                                          ⎫
all_indices = list(range(rows))                                          ⎪
test_rows = int(rows * TEST_PERCENT)                                     ⎬❻
test_indices = random.sample(all_indices, test_rows)                     ⎪
train_indices = [x for x in all_indices if x not in test_indices]        ⎭
                                                                      NEXT
```

```
train_src_input_data = src_input_data[train_indices]
train_dest_input_data = dest_input_data[train_indices]      ❼
train_dest_target_data = dest_target_data[train_indices]

test_src_input_data = src_input_data[test_indices]
test_dest_input_data = dest_input_data[test_indices]        ❽
test_dest_target_data = dest_target_data[test_indices]

# 從測試集隨機抽出 20 筆 (SAMPLE_SIZE) 樣本 / 正解
test_indices = list(range(test_rows))
sample_indices = random.sample(test_indices, SAMPLE_SIZE)
sample_input_data = test_src_input_data[sample_indices]     ❾
sample_target_data = test_dest_target_data[sample_indices]
```

❻ 先從資料集 N 個樣本 (編號介於 0 到 N-1) 中「隨機」取 20% (TEST_PERCENT)，將其編號組成 **test_indices** 串列。剩下的 80%，其編號則組成 **train_indices** 串列。

❼、❽ 根據 test_indices、train_indices 兩個編號串列，分別將程式 7-8 整理好的 3 個資料集 (src_input_data、dest_input_data、dest_target_data) 的對應列數抽出來，拼成兩個新的陣列。80% 那個作為訓練集 ❼，剩下的 20% 作為測試集 ❽。

❾ 最後那幾行程式是從測試集隨機抽出 20 筆 (SAMPLE_SIZE) 樣本 / 正解；每次訓練週期結束時，會檢查這些樣本的譯句；由於得一個個看，20 筆就夠看了別設太多。

7-2-3 建構模型

呼～光資料預處理就用上不少程式碼 (從 7-21 頁～7-31 頁都是)，現在終於要開始建構模型了，我們將以前面介紹的函數式 API 來建構。

重溫編碼器-解碼器的模型架構

在看程式碼之前，先重溫等一下要打造的模型架構。該架構分成編碼器和解碼器兩部份，我們會先將它們定義成兩個獨立模型，之後再設法結合。兩模型如下所示：

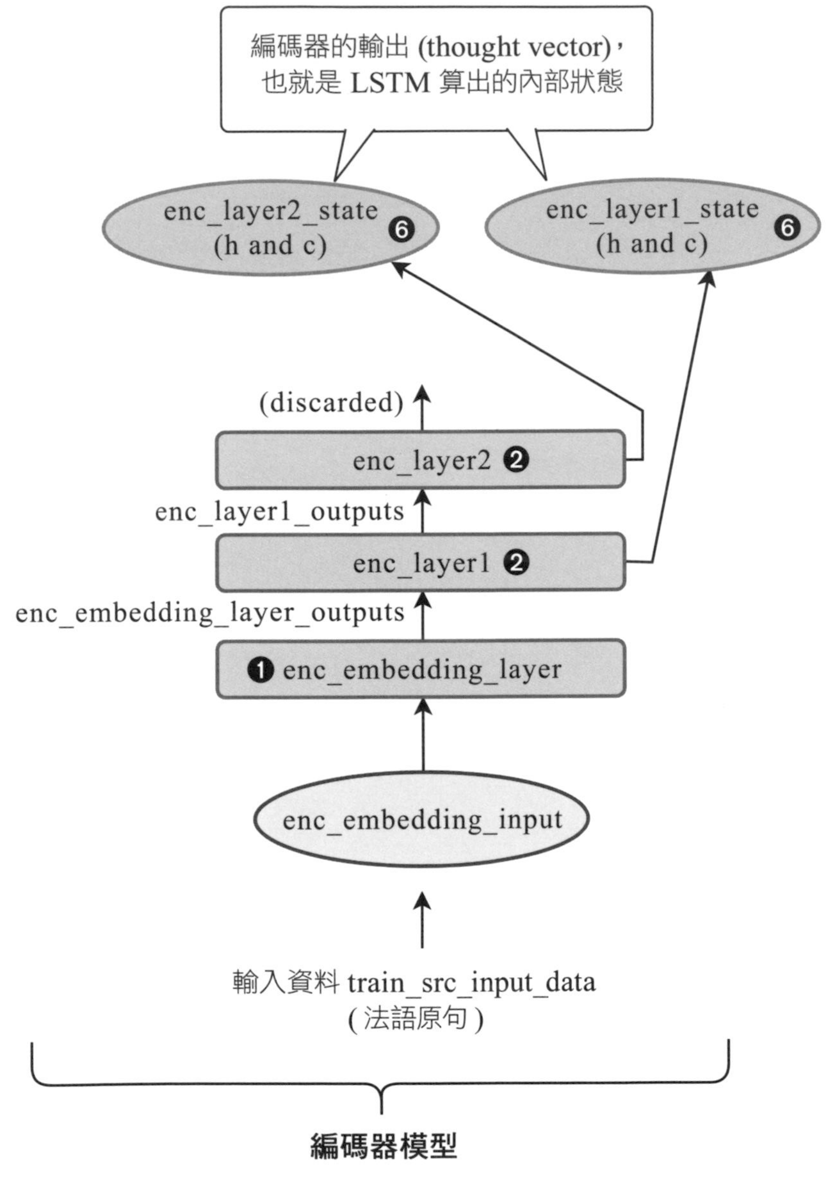

▲ 圖 7-13：編碼器架構

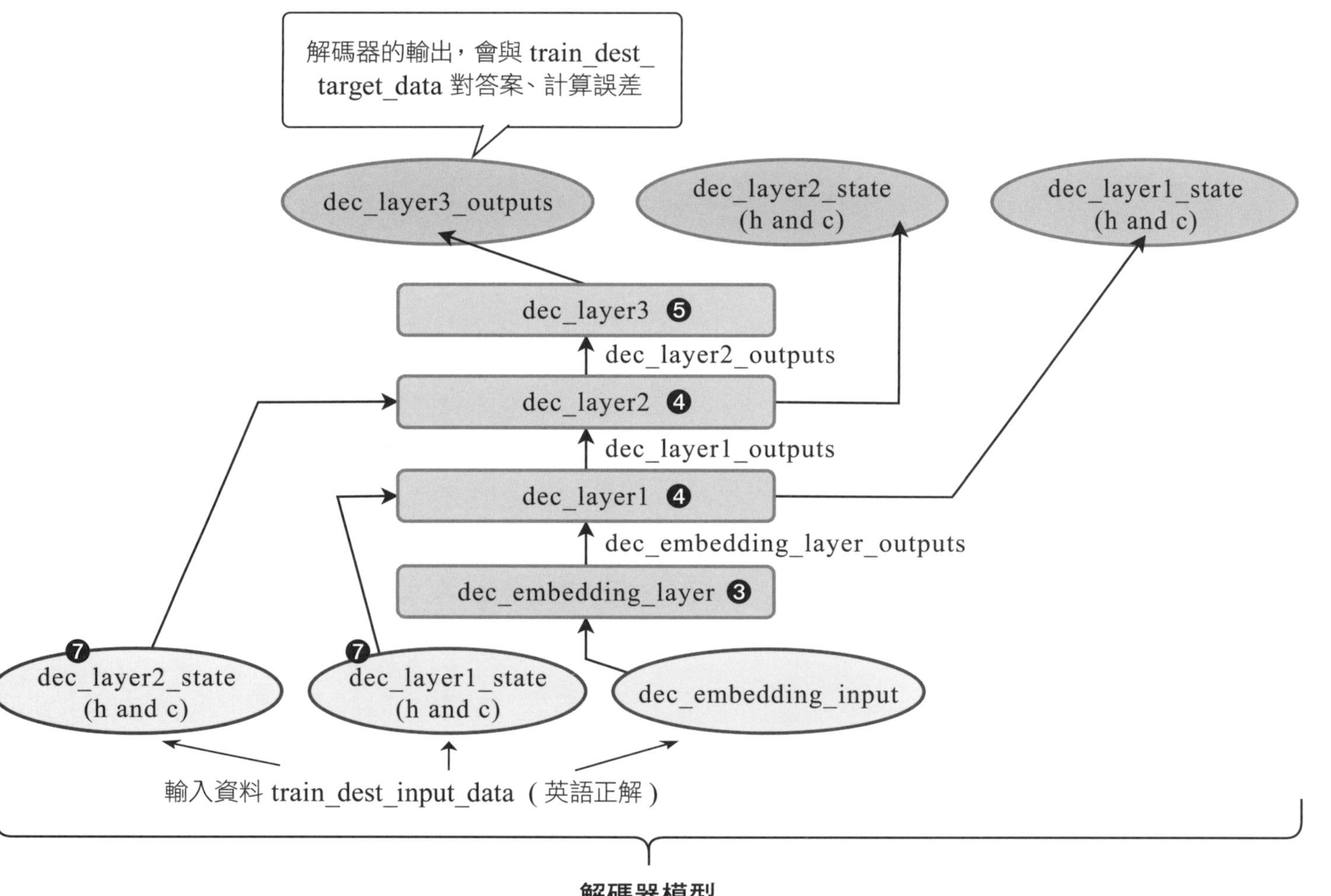

▲ 圖 7-14：解碼器模型架構

第一張圖 7-13 是**編碼器**，由一道嵌入層 ❶ 和兩道 LSTM 層 ❷ 組成。第二張圖 7-14 是**解碼器**，由一道嵌入層 ❸、兩道 LSTM 層 ❹、一道全連接 softmax 層 ❺ 組成。**各組件的名稱會對應後續程式使用的變數名稱**，之後寫程式時可以隨時翻回這裡對照。

除了各層變數名稱外，圖中還標明各層輸出的變數名稱，以程式碼連接各層時會用到。注意編碼器會將兩 LSTM 層的最終內部狀態 (共有 4 種，分成兩組 ❻，也就是 thought vector) 傳遞給解碼器，以初始化解碼器的 LSTM 層 ❼。

建構編碼器模型

建構**編碼器**如程式 7-10 所示，跟前面圖 7-13 對照會更容易易懂，底下提一些關鍵的地方：

▼ **程式 7-10：建構編碼器模型**

```
# 建構編碼器模型
# 輸入資料是原句 (法語)序列
enc_embedding_input = Input(shape=(None, ))

# 建立編碼器各層
enc_embedding_layer = Embedding(
    output_dim=EMBEDDING_WIDTH, input_dim
    = MAX_WORDS, mask_zero=True) ←❶              ❷
enc_layer1 = LSTM(LAYER_SIZE, return_state=True,
                  return_sequences=True)
                              ↑
                              ❸

enc_layer2 = LSTM(LAYER_SIZE, return_state=True)

# 連接編碼器各層
# 最末層輸出會被捨棄，僅保留最終內部狀態 c 與 h 給解碼器
enc_embedding_layer_outputs = \
    enc_embedding_layer(enc_embedding_input) ← 這就是函數式 API 的寫法
```

NEXT

```
enc_layer1_outputs, enc_layer1_state_h, enc_layer1_state_c = \
    enc_layer1(enc_embedding_layer_outputs)
_, enc_layer2_state_h, enc_layer2_state_c = \      } ❹
    enc_layer2(enc_layer1_outputs)

# 建構模型                              ❺
enc_model = Model(enc_embedding_input,
                  [enc_layer1_state_h, enc_layer1_state_c,   } ❻
                   enc_layer2_state_h, enc_layer2_state_c])
enc_model.summary()
```

首先是**宣告**編碼器各層。首先，Embedding 層裡面，一般都會加上 mask_zero=True 參數 ❶ 強迫 Embedding 層無視 PAD 標記 (遮掉 0 值)。但如同前述，我們在資料預處理時還是有針對 PAD 該怎麼填補下了一些工夫，沒關係這裡先照大多數人設的看看。之後您也可以嘗試看看 mask_zero=False 的效果。

由於編碼器兩 LSTM 層均得將最終內部狀態 c、h 傳遞給解碼器，故得在宣告時加上參數 return_state=True ❷，讓 c、h 連同該層輸出一起傳回。此外，第 1 循環層 (enc_layer1) 得將**各**時步輸出 h 傳遞給第 2 循環層 (enc_layer2)，故宣告時亦得額外加上參數 return_sequences=True ❸，至於 enc_layer2 就不用設這個。

編註 return_state、return_sequences 這兩個參數乍看很像，撇開用途差很多不論，小編覺得比較好記的方式是 return_state 是在控制「單一」 LSTM 層的輸出 (是否要額外輸出 state)，而會用到 return_sequences 通常是「跨」神經層的時候 (決定是否要把前一層「所有」時步的輸出都傳遞到下一層) 。

接著是**連接**編碼器各層。特別留意最末層輸出 (enc_layer2_outputs) 會被捨棄，僅保留最終內部狀態 c 與 h ❹ 給解碼器。

連接好各層後，呼叫模型建構函式 Model()，並以參數指定模型外部輸入和輸出。該模型以原句作為輸入 ❺，輸出 ❻ 則是兩道 LSTM 層的內部狀態 (hidden state 和 cell state)，加起來共 4 組狀態變數，每組均為多個數值組成的陣列。

建構解碼器模型

解碼器的部份則如程式 7-11 所示：

▼ **程式 7-11：建構解碼器模型**

```
# 建構解碼器模型
# 輸入資料為譯句序列
# 與編碼器傳來的 thought vector
dec_layer1_state_input_h = Input(shape=(LAYER_SIZE,))  ┐
dec_layer1_state_input_c = Input(shape=(LAYER_SIZE,))  │
dec_layer2_state_input_h = Input(shape=(LAYER_SIZE,))  ├❶
dec_layer2_state_input_c = Input(shape=(LAYER_SIZE,))  │
dec_embedding_input = Input(shape=(None, ))            ┘

# 建立解碼器各層
dec_embedding_layer = Embedding(output_dim=EMBEDDING_WIDTH,  ┐
                                input_dim=MAX_WORDS,         │
                                mask_zero=True)              │
dec_layer1 = LSTM(LAYER_SIZE, return_state = True,           │
                  return_sequences=True)                     ├❷
dec_layer2 = LSTM(LAYER_SIZE, return_state = True,           │
                  return_sequences=True)                     │
dec_layer3 = Dense(MAX_WORDS, activation='softmax')          ┘

# 連接解碼器各層
dec_embedding_layer_outputs = dec_embedding_layer(                        ┐
    dec_embedding_input)                                                  │
dec_layer1_outputs, dec_layer1_state_h, dec_layer1_state_c = \            │
    dec_layer1(dec_embedding_layer_outputs,                               │
    initial_state=[dec_layer1_state_input_h,   ┐                          ├❸
                   dec_layer1_state_input_c])  ┘❹                         │
dec_layer2_outputs, dec_layer2_state_h, dec_layer2_state_c = \            │
    dec_layer2(dec_layer1_outputs,                                        │
```

NEXT

```
    initial_state=[dec_layer2_state_input_h,        ❹ ❸
                   dec_layer2_state_input_c])
dec_layer3_outputs = dec_layer3(dec_layer2_outputs)

# 建構模型
dec_model = Model([dec_embedding_input,
                   dec_layer1_state_input_h,
                   dec_layer1_state_input_c,        ❺
                   dec_layer2_state_input_h,
                   dec_layer2_state_input_c],
                  [dec_layer3_outputs, dec_layer1_state_h,
                   dec_layer1_state_c, dec_layer2_state_h,   ❻
                   dec_layer2_state_c])
dec_model.summary()
```

首先定義解碼器的輸入資料 ❶，除了英語譯句的正解外，還有編碼器傳遞過來的雙 LSTM 層最終內部狀態 (即 thought vector)。

接著**宣告**解碼器各層 ❷。按照前面設計，解碼器的兩道 LSTM 層均得設置 return_sequences=True，使各層輸出均能在當下時步往後傳、並以殿後的 softmax 層轉換成出現機率最大的單字，再將這些單字組成完整譯句；若不加此設置，兩 LSTM 層僅會將最終輸出傳遞給後層。

接著是**連接**各層 ❸。這裡使用 initial_state 參數 ❹，在頭一時步初始化解碼器的雙 LSTM 層。

最後一樣呼叫 Model() 建構模型。**輸入** ❺ 設為對應譯句 (時步落後一步) 和 LSTM 層的初始狀態 (從編碼器傳遞過來的 though vector)。**輸出** ❻ 除了原有的 softmax 輸出以外，這裡還納入兩 LSTM 層的最終內部狀態，以便在模型進行預測時指引其方向。

將編碼器、解碼器串接起來，並編譯模型

將兩模型照下圖的設計連接起來，就成了完整的編碼器 - 解碼器架構：

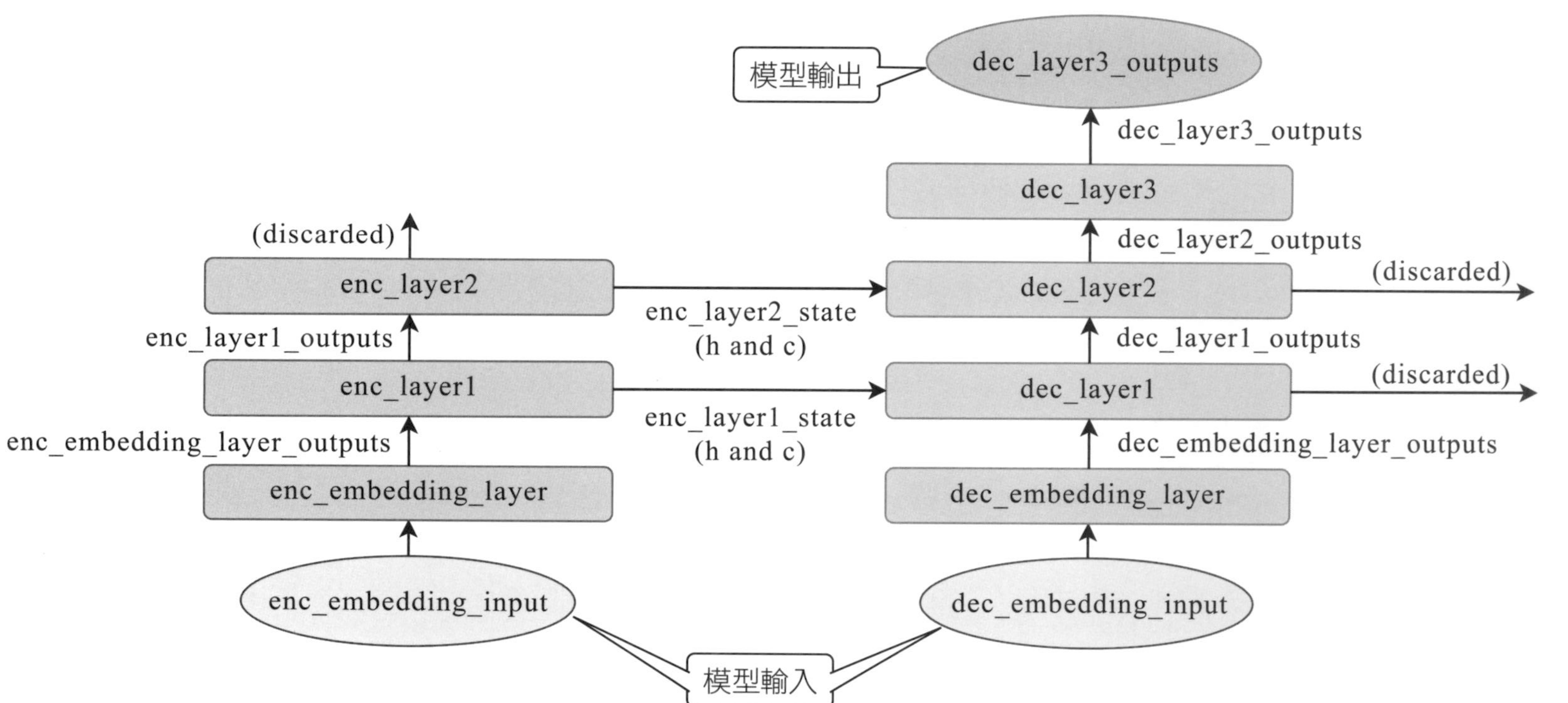

▲ 圖 7-15：編碼器 - 解碼器模型的完整架構

實作上圖架構的程式如下所示：

▼ **程式 7-12：定義、建構和編譯模型以供訓練**

```
# 建構並編譯整個訓練模型
train_enc_embedding_input = Input(shape=(None, ))
train_dec_embedding_input = Input(shape=(None, ))
intermediate_state = enc_model(train_enc_embedding_input) ←❷
train_dec_output, _, _, _, _ = dec_model(
    [train_dec_embedding_input] +
    intermediate_state)                                    ❸
training_model = Model([train_enc_embedding_input,
                        train_dec_embedding_input],        ❹
                        train_dec_output)
optimizer = RMSprop(lr=0.01) ←❺                           ❻
training_model.compile(loss='sparse_categorical_crossentropy',
                       optimizer=optimizer, metrics =['accuracy'])
training_model.summary()
```

❶ 利用編碼器和解碼器的物件 (enc_model、dec_model) 連接成一聯合模型 training_model。

❷ 首先定義編碼器的輸出內容 intermediate_state。只要餵入 embedding 層處理好的資料給編碼器 (enc_model) 就可以算出來，這也就是前面提到的 thought vector。

❸ 接著定義解碼器的輸出內容 train_dec_output 。只要餵入 embedding 層處理好的資料及 thought vector 給解碼器 (enc_model)，就可以得到 train_dec_output。

❹ 最後，定義編碼器 - 解碼器串接起來。輸入 (前兩行) 是兩嵌入層處理後的資料，輸出 (第三行) 則是剛才定義好的 train_dec_output。

❺ 根據某些實驗結果，RMSProp 在此類模型的表現優於 Adam，故在此以 RMSProp 作為優化器。

❻ 前面有提到為了降低程式的記憶體用量，並未對期望輸出進行 One-hot 編碼，故改用 tf.Keras 為此狀況設計的損失函數 sparse_categorical_crossentropy 取代一般的 categorical_crossentropy。

7-2-4 訓練及測試模型

終於要開始訓練模型並觀察成效了。本例與前面範例的作法會稍微不一樣，之前都是呼叫 fit() 並設定訓練週期，接著觀察 tf.Keras 跑出來的結果就了事。本例將會自訂訓練迴圈，**呼叫 fit() 訓練一個週期，然後用模型預測一小批樣本觀察其效果，再接著往下訓練**。這樣每回訓練週期結束時，就能以該批樣本評估模型水準。

實際寫程式前先提一點，前面雖然用程式將編碼器和解碼器的物件 (enc_model、dec_model) 連接成一聯合模型 (training_model) 進行訓練，資料的走向看起來有點複雜，不過實際進行預測時其實模型的運作相對單純許多，就只是**將樣本送進編碼器，再將編碼器生成的 thought vector + START 標記送入解碼器生成譯句**，就這麼簡單。

模型時的預測工作是這樣進行的：我們會先將法語原句輸入雙 LSTM 層組成的編碼器，將原句從頭到尾消化成內部狀態 (thought vector) 後，將一 START 標記與該內部狀態一併傳遞給解碼器。START 標記進入嵌入層，轉換成詞向量；內部狀態則送入雙 LSTM 層，作為其初始的狀態。

在解碼器中，已初始化的雙 LSTM 層消化完詞向量後，更新其內部狀態，再經 softmax 層輸出譯句單字後，與內部狀態一併回饋至下一時步。後續則繼續以前一時步生成單字與新的內部狀態分別取代 START 標記、初始化雙 LSTM 層 (這便是為何得保留內部狀態)，以自迴歸方式繼續補完譯句，直到生成 STOP 標記或字數超過上限為止。

模型的訓練和測試步驟如程式 7-13 所示，主要是用一個**雙層 for 迴圈**，交替進行訓練與測試工作：

▼ **程式 7-13：訓練並測試模型**

```
# 用雙層 for 迴圈交替進行訓練與測試工作

for i in range(EPOCHS):
    print('step: ' , i)
    # 模型訓練一個週期
    history = training_model.fit(
        [train_src_input_data, train_dest_input_data],
        train_dest_target_data, validation_data=(
            [test_src_input_data, test_dest_input_data],
            test_dest_target_data), batch_size=BATCH_SIZE,
        epochs=1)

    # 將事先挑出的測試樣本送入模型，生成其譯句 ←❶
    for (test_input, test_target) in zip(sample_input_data,
                                         sample_target_data):
        # 將一原句輸入編碼器
        x = np.reshape(test_input, (1, -1))
        last_states = enc_model.predict(   ┐
            x, verbose=0)                  ┘❷
        # 將最終內部狀態 (即 thought vector)
        # 與 START_INDEX 一併輸入解碼器
        prev_word_index = START_INDEX ←❸
        produced_string = ''
        pred_seq = []
        for j in range(MAX_LENGTH):
            x = np.reshape(np.array(prev_word_index), (1, 1))
            # 生成單字、記錄此時內部狀態
            preds, dec_layer1_state_h, dec_layer1_state_c, \  ┐
                dec_layer2_state_h, dec_layer2_state_c = \    │
                    dec_model.predict(                        │❹
                        [x] + last_states, verbose=0)         ┘
            last_states = [dec_layer1_state_h,  ┐
                           dec_layer1_state_c,  │❺
                           dec_layer2_state_h,  │
                           dec_layer2_state_c]  ┘
```
NEXT

```
        # 挑出可能性最高的單字
        prev_word_index = np.asarray(preds[0][0]).argmax() ←❻
        pred_seq.append(prev_word_index)
        if prev_word_index == STOP_INDEX:  ┐
            break                          ┘❼
    tokens_to_words(src_tokenizer, test_input)       ┐
    tokens_to_words(dest_tokenizer, test_target)     │
    tokens_to_words(dest_tokenizer, pred_seq)        ├❽
    print('\n\n')                                    ┘
```

後半段的內層 for 迴圈 ❶ 就是將之前從測試集隨機抽樣的樣本 sample_input_data 一筆筆輸入模型、生成譯句並顯示。

一開始將編碼器根據原句生成的內部狀態儲存到 last_states 變數 ❷，並將 prev_word_index 變數初始化為 START 標記 ❸，然後用迴圈重複以下過程：

把 last_states、prev_word_index 一併輸入解碼器生成單字、更新內部狀態 ❹，以生成單字與更新後的內部狀態分別取代 prev_word_index ❻ 與 last_states ❺，直到模型生成 STOP 標記或生成單字數超過設定上限為止 ❼。最後則是將生成的序列從編號轉換為單字、把「法語原句、英語正解、模型譯句」三者印出來看 ❽。

7-2-5 實驗結果

經過 20 個週期的訓練，作者跑出的結果是神經網路在訓練集和測試集的準確率都不差，但準確率並非機器翻譯最具代表性的指標，我們還是實際觀察樣本翻譯結果看看。

例如某一筆樣本如下：

```
['PAD', 'PAD', 'PAD', 'PAD', 'PAD', 'PAD', 'PAD', 'PAD', 'PAD',
'PAD', "j'ai", 'travaillé', 'ce', 'matin'] ← 法語原句

['i', 'worked', 'this', 'morning', 'STOP', 'PAD', 'PAD', 'PAD',
'PAD', 'PAD'] ← 期望英語譯句

['i', 'worked', 'this', 'morning', 'STOP'] ← 模型預測的英語譯句
```

這 3 個陣列分別是法語原句、期望英語譯句 (正解)、模型於該訓練週期結束所生成的英語譯句。就這個例子來看翻譯是成功的。

下表整理了其他幾筆樣本，已經把 PAD、STOP 標記、及串列內跟單字無關的符號通通去掉了：

▼ **表 7-1：模型生成的譯句**

	原句	期望譯句 (正解)	模型生成譯句
1	je déteste manger seule	i hate eating alone	i hate to eat alone
2	je n'ai pas le choix	i don't have a choice	i have no choice
3	je pense que tu devrais le faire	i think you should do it	i think you should do it
4	tu habites où	where do you live	where do you live
5	nous partons maintenant	we're leaving now	we're leaving now
6	j'ai pensé que nous pouvions le faire	i thought we could do it	i thought we could do it
7	je ne fais pas beaucoup tout ça	i don't do all that much	i'm not busy at all
8	il a été élu roi du bal de fin d'année	he was voted prom king	he used to negotiate and look like golfer

觀察第 1~2 句，應該能理解為何前面說準確率並非多具代表性的指標。只要生成結果與正解不完全一樣的時候，準確率就會低，但仔細看會發現，模型表達的語意其實與正解差不多，故很難說翻譯有誤。

> **註** 目前機器翻譯領域多採用**雙語替換評測 (BiLingual Evaluation Understudy，BLEU)** (Papineni et al., 2002) 指標，本書對此不會多加著墨，若想更深入鑽研機器翻譯，最好了解其計算細節。大概的意思就是一個句子可有多種翻譯方式，沒有什麼唯一答案。

至於第 3-6 列，生成譯句完全符合期望，好像又表示模型很強。但真有那麼強嗎？回頭挖出 fra.txt 裡面的訓練樣本，應能看出一些端倪：

```
*fra.txt - 記事本
檔案(F)  編輯(E)  格式(O)  檢視(V)  說明
Ask me again in October.        Repose-moi la question en octobre.      CC-BY 2.0
Ask me something easier.        Demandez-moi quelque chose de plus simple.      CC
Ask me something easier.        Demande-moi quelque chose de plus simple.       CC
At least I'll die happy.        Au moins, je mourrai heureux.   CC-BY 2.0 (France)
Atoms are in everything.        Les atomes sont dans tout.      CC-BY 2.0 (France)
Attendance is mandatory.        La présence est obligatoire.    CC-BY 2.0 (France)
Austria borders Germany.        L'Autriche a une frontière commune avec l'Allemagr
Bacteria are everywhere.        Les bactéries sont partout.     CC-BY 2.0 (France)
Barking dogs never bite.        Chien qui aboie ne mord pas.    CC-BY 2.0 (France)
Be as quick as possible.        Sois aussi rapide que possible. CC-BY 2.0 (France)
Be as quick as possible.        Soyez aussi rapide que possible.        CC-BY 2.0
Be kind to the children.        Soyez gentils avec les enfants. CC-BY 2.0 (France)
Be nice to the children.        Sois gentil avec les enfants.   CC-BY 2.0 (France)
Be nicer to your sister.        Sois plus gentil avec ta sœur.  CC-BY 2.0 (France)
Be nicer to your sister.        Sois plus gentille avec ta sœur.        CC-BY 2.0
Be nicer to your sister.        Soyez plus gentils avec votre sœur.     CC-BY 2.0
Be nicer to your sister.        Soyez plus gentil avec votre sœur.      CC-BY 2.0
Be nicer to your sister.        Soyez plus gentille avec votre sœur.    CC-BY 2.0
Be nicer to your sister.        Soyez plus gentilles avec votre sœur.   CC-BY 2.0
Beautiful day, isn't it?        Belle journée, n'est-ce pas?    CC-BY 2.0 (France)
Beautiful day, isn't it?        Il fait un temps magnifique, n'est-ce pas?      CC
Beautiful day, isn't it?        Magnifique journée, n'est-ce pas ?      CC-BY 2.0
Beauty is but skin deep.        La beauté n'est que superficielle.      CC-BY 2.0
```

▲ 圖 7-16：fra.txt 內容

從上圖框起來的其中一筆樣本可以知道，fra.txt 資料集內會收錄譯句相同、但法語原句稍有變化的樣本。雖然這些原句不完全一樣，但都很像，意思是有些答案模型早就看過，代表這可能是一個偶爾會偷看到近似答案的模型，對其信任度要稍微打個折扣。

註 那麼是否訓練時該把一些法語原句很像的句子去掉？這值得考量，如果我們希望模型能從樣本學習辨識出兩語言單字間的相似性，做到普適化，那硬把這些譯句相同的原句去掉，好像也不太對，因為讓模型多看一些變化也不錯。

從此分析來看，就要下定論此模型靠「考題外洩」佔了便宜而有好表現嗎？別急著下定論說它有好表現，看看第 7 筆測試樣本：譯句正解為「I don't do all that much」，除了否定的語意有出來外，模型翻成意思差很大的「I'm not busy at all」。而且仔細搜尋 fra.txt 語料庫會發現，裡面根本沒有「busy at all」這種單字組合，這一小段明顯是模型憑空生成的。

也看看最後一列樣本，期望譯句為「he was voted prom king」，結果模型生成「he used to negotiate and look like golfer」，也是差很多，看來其表現真的稱不上完美。到這裡，本章的機器翻譯範例就結束了。

小編補充 **「短句」向量空間**

之前提過，神經網路語言模型能將從某語言語料庫挖掘出的語義結構建構成詞向量空間。Sutskever、Vinyals 和 Le (2014) 在分析序列到序列翻譯模型也觀察到同樣現象，只不過單位**從單字變成句子**了，這裡暫且將各句子所嵌入的向量空間稱為「短句」向量空間。

NEXT

他們使用主成分分析 (principal component analysis，PCA) 將短句向量空間中的每個句子從多維表示法降到 2 維，降至 2 維後，可突顯向量間的相似性。PCA 可用於降低向量維數，是相當常用的多維向量處理技術。

下圖是將 6 個短句在 2 維座標呈現的樣子：

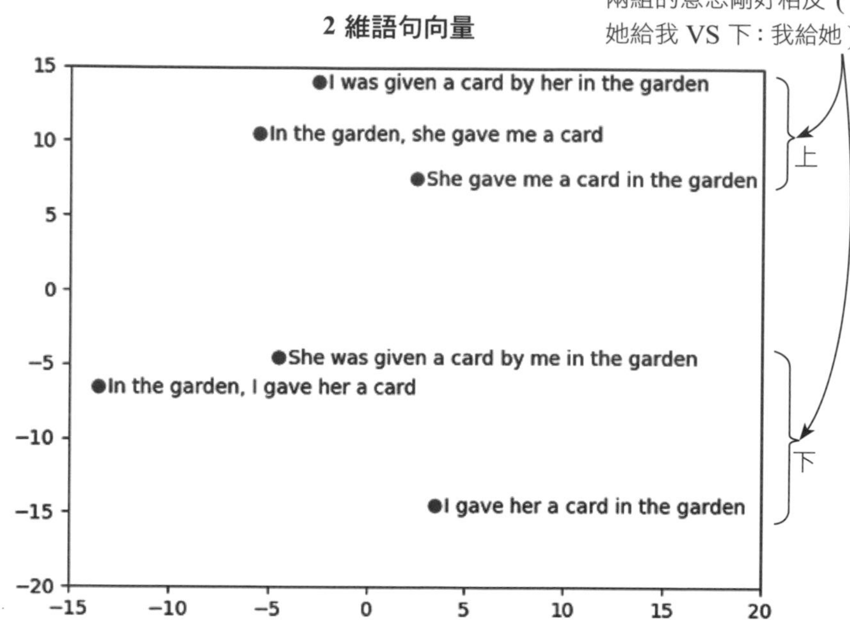

▲ 圖 7-17：6 個句子向量降至 2 維後的分佈。(來源：Adapted from Sutskever, I., Vinyals, O., and Le, Q. (2014), "Sequence to Sequence Learning with Neural Networks," in Proceedings of the 27th International Conference on Neural Information Processing [NIPS'14], MIT Press, 3104–3112.)

如上圖所示，這些句子依照語意相似性大致可分成上下兩組，每組各 3 句。同組句子多少有些語法差異 (比方說主被動語態或詞序)，不同組的短句則語意恰好相反。從結果來看，模型居然能將語意相似的 3 短句編碼成相近的 3 向量，「抱團取暖」的傾向在視覺化後更是明顯，跟詞向量空間有著異曲同工之妙。

本章小結

本章範例程式比前幾章的更長、更複雜，但從軟體開發的角度來看已經算簡單了，我們實作了一個基本的**編碼器 - 解碼器**架構，沒有其他花哨的功能，程式碼還不到 300 行。

若有興趣改善該模型的翻譯水準，可試著增加層數或各層單元數。該模型在處理長句子上不太行，不過有個思路可試試，那就是**把句子倒過來輸入即可**，有人認為這樣之所以有效，是因為能大幅縮短「模型看到原句頭一個單字」和「看到譯句頭一單字」之間的時差 (編註：因為這樣原句頭一個單字變成最晚餵入模型)，進而讓模型更易理解兩者之間的關聯。將資料集讀取函式稍改一下，即可倒輸入原句。

本章的一大重點是帶讀者一窺編碼器 - 解碼器的架構，近年來，機器翻譯模型已經從基本的 RNN / LSTM 模型升級到採用**自注意 (self-attention)** 機制的 **Transformer** 架構。雖然擺脫了 LSTM，但依然是編碼器 - 解碼器架構，因此請務必好好熟悉本章內容打好基礎喔！

MEMO

Chapter

8

認識 attention 與 self-attention 機制

前一章我們介紹了 seq2seq 模型，其採用的編碼器 - 解碼器架構可以把輸入序列濃縮成一個 thought vector (編註：即編碼器循環層算出的內部狀態，也稱 context vector 或 intermediate state，稱呼很多但涵義都相同)。不過，經後人研究發現，此作法對長句子的效果不佳，原因應是出在 thought vector 上頭，萬一處理的是蘊含眾多資訊的超長句子，區區一個固定長度的 thought vector 真有辦法容載這些資訊？因此就有改採 **attention (注意力)** 機制的 seq2seq 模型被開發出來。

經實驗，以 attention 機制取代原先的 RNN/LSTM 層的模型，可以大幅提昇在機器翻譯等 NLP 應用的表現。例如因 ChatGPT 而聲名大噪的 GPT 模型、Transformer 模型 ... 等，模型架構中都採用了 attention 機制 (註：它們都是用 **self-atttention** 的做法，本章會提到)。

> **編註** 這邊名詞很多我們做個整理。Transformer 架構跟前一章的模型相比，就是用 **self-attention** 機制取代了 LSTM 層，因此它仍是一個編碼器-解碼器架構。也就是說，我們只要了解 self-attention 機制做了哪些事，跟上一章學到的串起來，就能掌握 Transformer 架構的精要了。至於 GPT 模型則是從 Transformer 修改來的，學會 Transformer，GPT 也差不多懂了。

由於 self-attention 是由 attention 來的，本章我們會依序介紹 **attention** (8-1 節)、**self-attention** (8-2 節) 這兩個機制。下一章則帶您認識導入此機制的 **Transformer** 模型架構 (9-1 節)，以及 GPT 等相關衍生模型 (9-2 節)。近幾年自然語言處理 (NLP) 的大幅躍升都得歸功於 Transformer 架構的出現，Transformer 不僅在語言翻譯方面表現極佳，一般 NLP 任務的表現亦不俗，不懂就落伍了。

8-1 熟悉 attention 機制

本節將延續之前的機器翻譯例子來介紹 **attention** 的概念。先撇開模型，假如現在某譯者打算處理以下英文原句：

In my opinion, this second hypothesis would imply the failure of Parliament in its duty as a Parliament, as well as introducing an original thesis, an unknown method which consists of making political groups aware, in writing, of a speech concerning the Commission' s programme a week earlier -- and not a day earlier, as had been agreed -- bearing in mind that the legislative programme will be discussed in February, so we could forego the debate, since on the next day our citizens will hear about it in the press and on the Internet and Parliament will no longer have to worry about it.

翻譯這種長句前，得先從頭到尾看一遍，大致理解其內容。而且為了確保能用正確時態、詞彙描述語意，免不了得「一再檢視」原句各處。而譯句語言可能會有不同慣用詞序，像德語的過去式通常會將動詞放在句末，故在生成譯句時，還得時不時查看原句對應部份，方能確定譯句該如何往下接 ....。凡此種種，若神經網路也能這麼「靈活」，翻譯的表現應能更好才是。而 attention 機制就是基於這種概念發展出來的。

8-1-1 attention 機制的基本知識

attention 機制的構想，是讓模型在輸出的當下能決定該「注意」資料的哪部份，然後再輸出內容。以翻譯模型為例，在翻譯 Je suis étudiant 時，準備翻出「student」時，其實最該注意的是原句中的「étudiant 」，而不是整串「Je suis étudiant」濃縮後的 thought vector。

在 attention 機制被引進模型之前，為了讓模型實現長句翻譯需要的靈活能力，Cho 等人 (2014a) 曾試著改良前一章的 seq2seq 模型，大致如底下兩張圖所示，就是將編碼器 - 解碼器架構稍加修改、換個方式連接 (下圖是沿時步展開的運作示意圖，右頁則是模型的架構圖)：

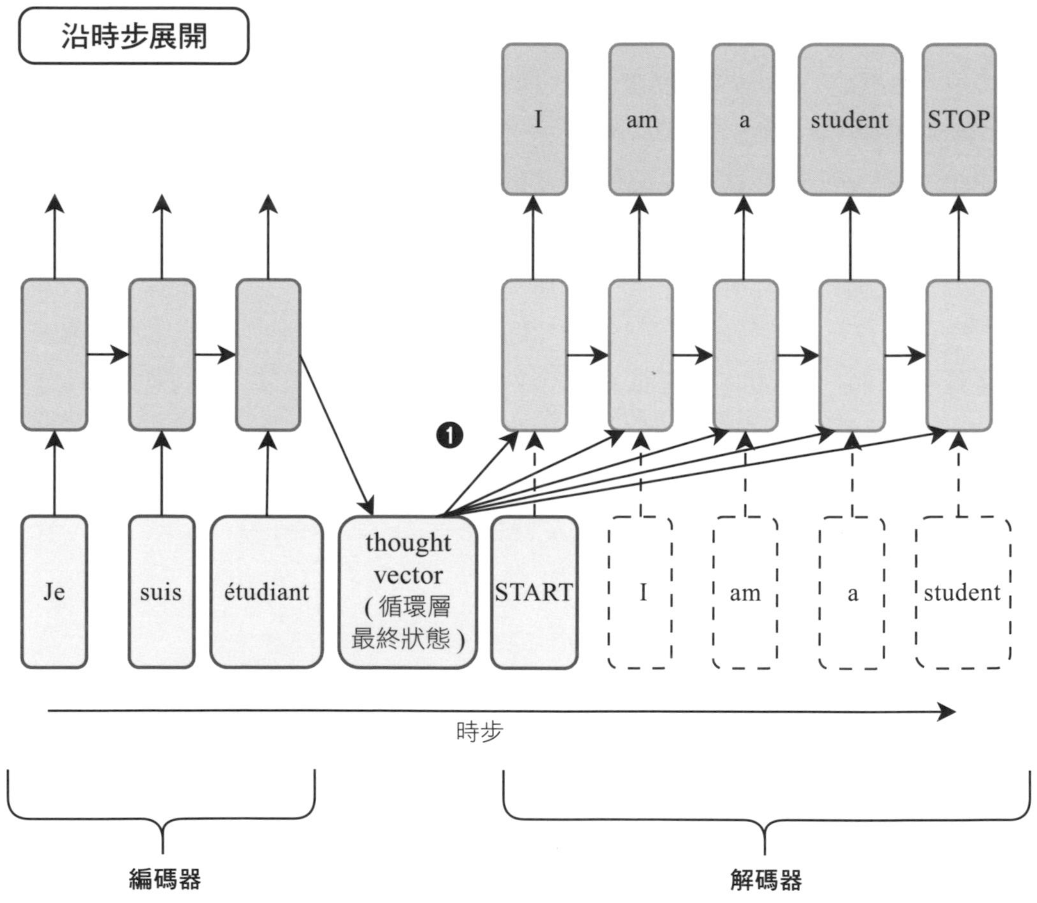

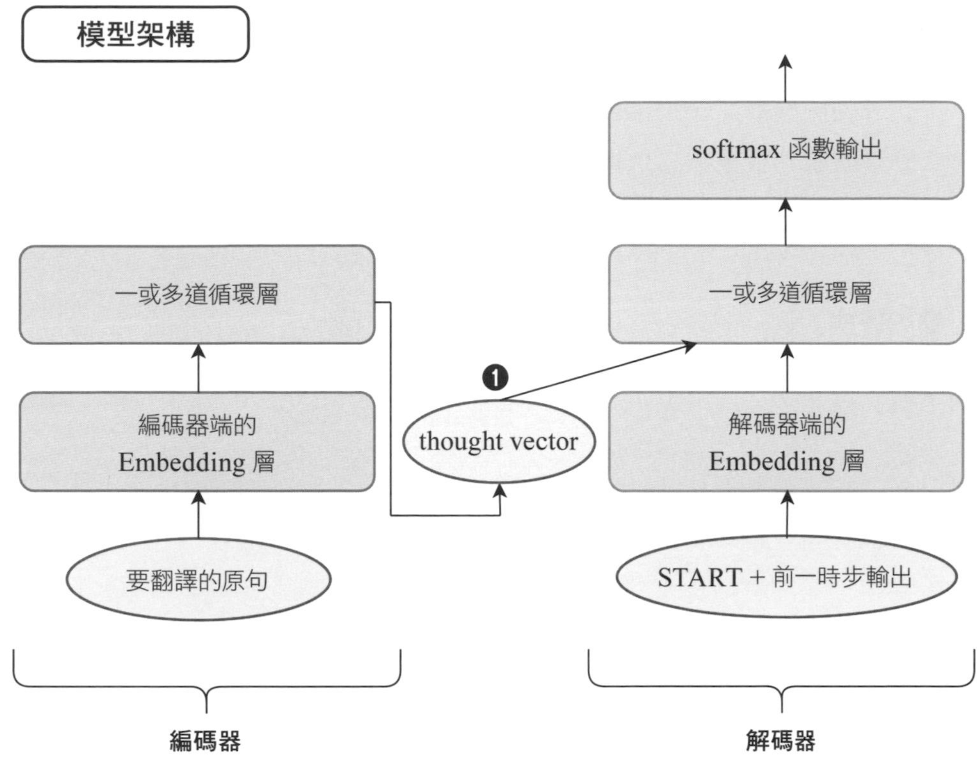

▲ 圖 8-1：沿時步展開的編碼器 - 解碼器架構 (左頁圖)。與實際模型架構 (上圖)

左頁的圖乍看之下跟前一章的模型很像，都是接收編碼器最末時步算出的 thought vector，最大的差別是前一章的「解碼器」端是直接以其初始化循環層，左頁的修改則是**設法讓循環層在各時步都能讀取該狀態** (註：可看到 ❶ 的右邊，thought vector 會指向每一個時步)，這樣就讓模型可以隨時參照先前濃縮後的訊息，再輸出結果。

只不過，此法後來被認為還是對長句子效果不佳，原因前面提過，不管如何「靈活存取」thought vector，無論句子是長是短，都被編碼成一個固定長度的 thought vector，這就表示無法容納長句蘊含的資訊。有鑑於此，Bahdanau、Bengio 等人就著手修改編碼器 - 解碼器架構，相同的是仍用循環層負責處理資料，不同的是導入了 attention 機制，針對「解碼器這端如何存取編碼器這端循環層的輸出來協助預測」做了新的設計。

8-1-2 attention 機制在「編碼器」這一端的調整

先看到編碼器這一端，Bahdanau 等人著重的地方是將編碼過程的循環層狀態**逐時步**存下來，讓之後解碼器可隨時參照編碼器編碼過程中的狀態變化，而非只存取最終的 thought vector。修改前後差異如下兩圖所示：

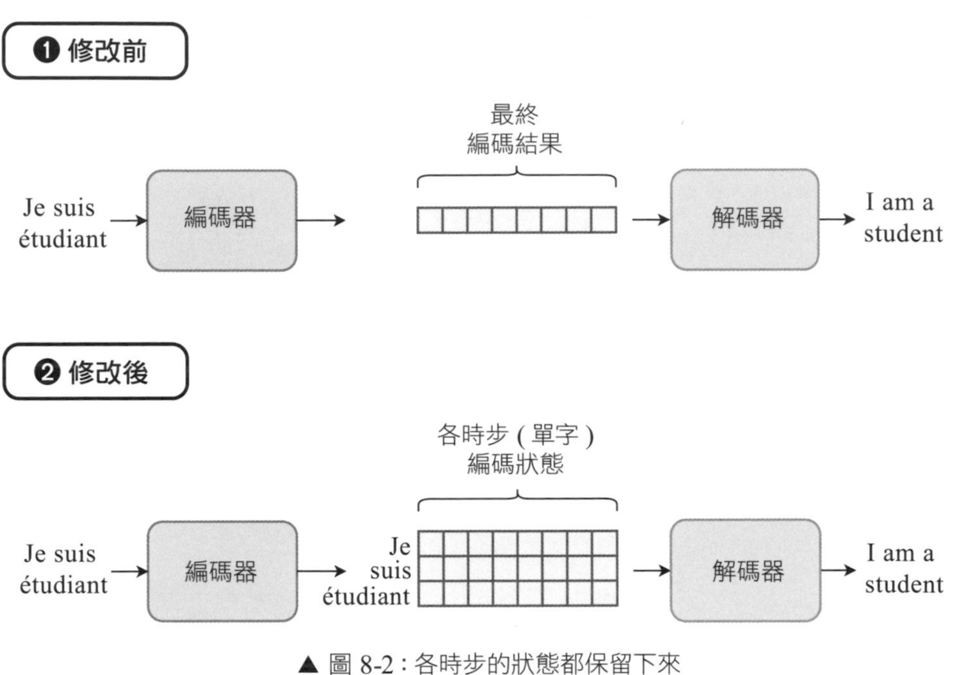

▲ 圖 8-2：各時步的狀態都保留下來

❶ **修改前：**不論句子是長是短，編碼器僅將原句一律濃縮成長度固定的 thought vector。

❷ **修改後：**編碼器每消化完一單字，就將「當下」已消化的內容濃縮成「當下」的 hidden state 向量，消化多少單字就會生成多少組 hidden state 向量 (圖中是 3 組)。要提醒的是，上圖處理後的 3 組向量看起來各自獨立，但其內涵會隨新消化的單字而變。意思其狀態綜合了當前單字與前一時步編碼的資訊，例如處理到 suis 時，所產生的編碼是綜合了 Je suis 的結果。

編註 attention 機制對編碼器的改動僅止於此。但其實這也談不上嶄新的設計，因為循環層各時步的輸出 (hidden state) 本來就蘊含先前時步的資訊。這裡作者之所以特別強調，是對比於之前僅保留「最末時步」的循環層狀態 (即 thought vector)，現在則是「逐時步」的狀態都保留下來。

編註 當談論編碼器這些「各時步算出的 hidden state」時，很多文章還會看到 source hidden state、annotations (詮釋)、或者 memory 等名稱，都是指同一樣東西。**請注意本書後面會採用 source hidden state 這個名稱**，好處是可以一眼就知道是在指「編碼器」這一端 (即 source 端) 所算出的 hidden state。而待會「解碼器」這一端 (即 destination 端) 循環層所算出來的 hidden state，我們會以 **dest hidden state** 稱之。

source hidden state 跟 dest hidden state 這兩個名稱在底下用 attention 機制做運算時會經常出現，很簡單，一個是編碼器 (左半邊) 的，一個是解碼器 (右半邊) 的，一定要區分清楚喔！

8-1-3 attention 機制在「解碼器」這一端的調整

至於解碼器的改動，所做的運算就有點複雜，解碼過程得**逐時步**執行以下操作：

步驟 1 解碼器在當下時步做翻譯預測前，會以當下時步循環層所算好的那個 dest hidden state (記得，dest 就是解碼器 (右) 那端的) 對編碼器端各個 source hidden state 做「**關聯性**」計算，算完後各會得到一個關聯性分數 (score)，藉此評估編碼器各時步的 source hidden state (即原句各單字算出的資訊) 對解碼器當前時步輸出的重要程度，進而引導解碼器生成譯句時能聚焦在正確的原句單字上。

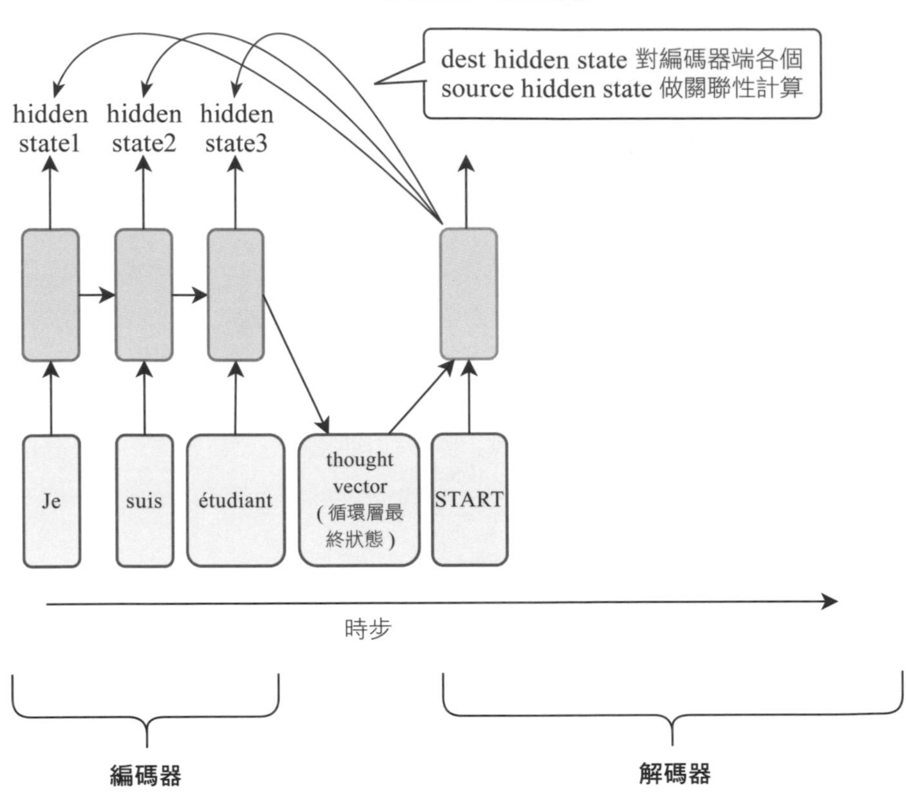

▲ 圖 8-3：計算關聯性分數(一)

至於關聯性分數的算法有很多種，簡單一點的就是 dest hidden state 跟各 source hidden state 做「點積」運算，或者用神經網路來算也可以(後述)。針對怎麼算我們待會再談，目前先假設 dest hidden state 跟各 source hidden state 已經算好一組關聯性分數向量了：

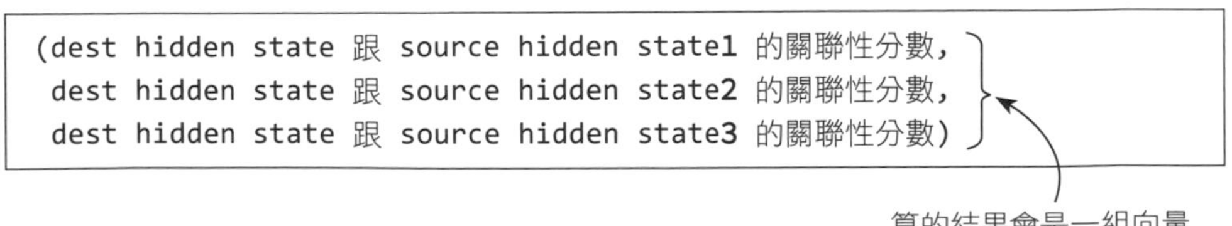

```
(dest hidden state 跟 source hidden state1 的關聯性分數,
 dest hidden state 跟 source hidden state2 的關聯性分數,
 dest hidden state 跟 source hidden state3 的關聯性分數)
```

編註 這個「關聯性計算」的動作也常被叫作「算注意力分數」、「算 attention」或「算 similarity」，名稱很多種，設計的起心動念就是「模型我準備要預測了，該注意原句哪個地方」。

步驟 2 為了更好判讀這些關聯性分數，接著，將上述點積算出的關聯性分數向量以 softmax 函數進行處理，得到一個**總和為 1** 的關聯性分數向量。假設要翻譯的原句是「Je suis étudiant」，編碼器端的 dest hidden state 對原句 3 個單字各會得到一個關聯性分數，如下圖所示：

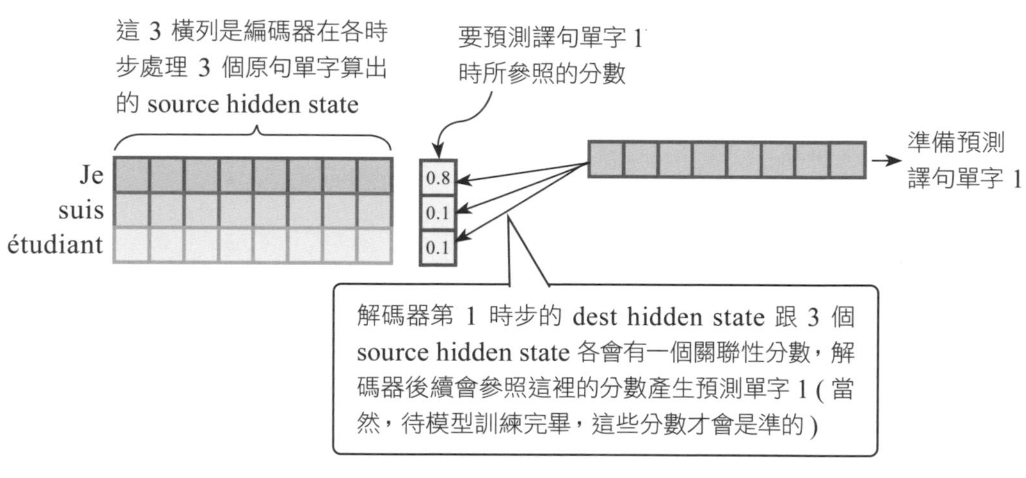

▲ 圖 8-4：計算關聯性分數 (二)

步驟 3 有了關聯性分數向量後，對編碼器的第 1 個預測值來說，原句的各單字便有了「輕重」之分，接著要做的是用這個「關聯性分數向量」乘上「source hidden state 向量」後，通通加總起來，用最終算出的這個「加權和向量」取代原先的 dest hidden state，做為「新」的 dest hidden state，並據此預測譯句的第一個單字。

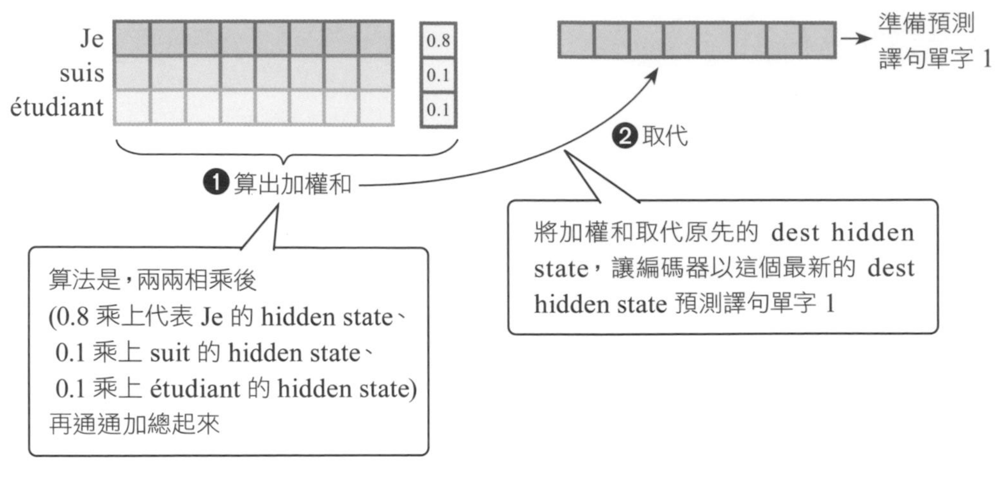

▲ 圖 8-5：預測譯句單字 1

編註 這裡「兩兩相乘後做加總 (其實就是算加權和)」的概念很有意思：

- 「**兩兩相乘**」的意義是，既然翻譯的當下時步已經算出關聯性分數的高低 [0.8, 0.1, 0.1]，此關聯性分數可視為一種「權重」，接著就此權重分出 3 個 source hidden state 的輕重，這樣就可以把關聯性的因素納入。
- 至於「**加總**」的意義是，由於最後已經通通加在一起，因此對預測的譯句第 1 個字來說，原句就沒有遠近之分，都可以參照到了 (等於不分原句各單字遠近，解碼器在翻譯每一個字前都可以好好看一遍原句)。

步驟 4 之後，這個新的 dest hidden state，就會跟第 1 時步輸出的內容串接，做為下一個時步的輸入，準備生成譯句第 2 個單字。

此時，編碼器會重覆前面的 **步驟 1** ～ **步驟 3**，也就用當下的 dest hidden state 對編碼器端各個 source hidden state 做關聯性計算，經 softmax 函數處理後，得到一組「第 2 個譯句預測值」對「原句各單字」的關聯性分數向量：

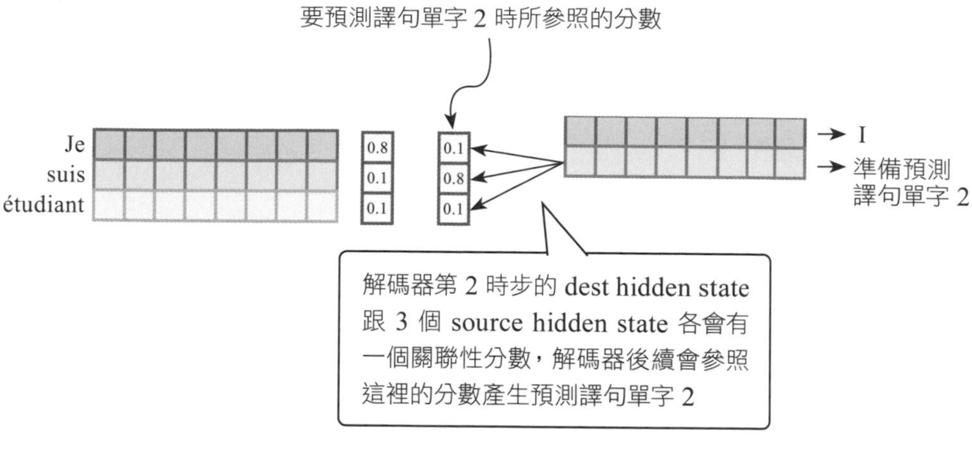

▲ 圖 8-6：預測譯句單字 2 (一)

同樣是以新產生的 dest hidden state 做出預測：

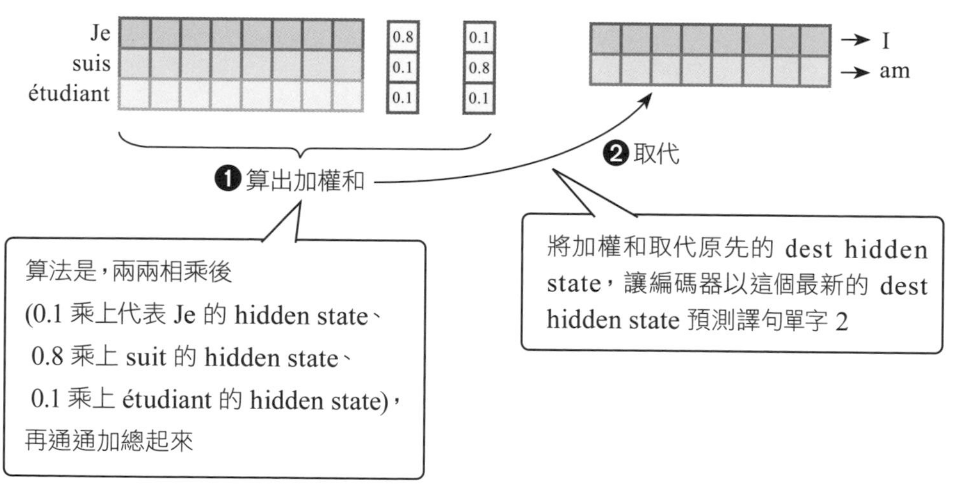

▲ 圖 8-7：預測譯句單字 2 (二)

後續如法炮製，就可生成譯句接續的單字了。

編註 針對上述 步驟 1 ~ 步驟 4 做個簡單整理：

1. 解碼器在各時步都以「當下的 dest hidden state」跟「編碼器那端的各 source hidden state」算出關聯性分數向量。
2. 關聯性分數向量再與各 source hidden state 計算出加權和，以此更新 dest hidden state，解碼器各時步以這個新 dest hidden state 生成譯句各個單字。

下圖是逐時步完成關聯性分數及 4 個譯句單字預測工作的示意圖：

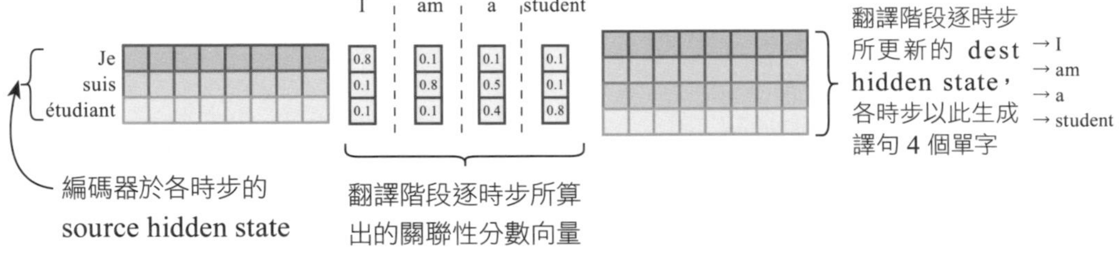

▲ 圖 8-8：預測工作示意圖

最後，我們再根據上圖整理一下 attention 機制引導解碼器翻譯的概念：

❶ 時步 1 的關聯性分數向量 [0.8, 0.1, 0.1] 中，「je」對應分量比其他的大很多 (0.8)，對 dest hidden state 有絕對性影響，故 dest hidden state 以此優先輸出「je」的同語義單字「I」。

❷ 同理，時步 2 的關聯性分數向量 [0.1, 0.8, 0.1] 則是「suis」佔的比例明顯偏高 (0.8)，故最終輸出同語義的「am」。

❸ 時步 3 的「suis」和「étudiant」均在更新後的 dest hidden state 佔主導地位 $\begin{bmatrix}0.1\\0.5\\0.4\end{bmatrix}$ (一個 0.5、一個 0.4)，attention 機制在此時步作用不大。

❹ 最後，解碼器將 attention 放在關聯性分數最高的「étudiant」$\begin{bmatrix}0.1\\0.1\\0.8\end{bmatrix}$，故輸出為「student」。

★ 註 Bahdanau、Cho、Bengio 在 attention 論文中 (2014) 分析了另一個例子：

- 法語：L'accord sur la **zone économique européenne** a été signé en août 1992.
- 英語：The agreement on the **European Economic Area** was signed in August 1992.

比較上下句粗體的部份會發現法語與英語在詞序上不太一樣 (「zone」對應「Area」,「européenne」則對應「European」)。作者指出，在解碼器依序輸出 European → Economic → Area 之際，européenne → économique → zone 在當下對應時步的關聯性分數明顯最高，從結果來看很顯然單字的順序在此影響不大，attention 機制仍發揮作用，用對單字生成譯句。

從模型架構看 attention 機制

為加強印象，也以下圖說明解碼器的 attention 機制，並說明如何計算關聯性分數。下圖是沿時步展開的樣子，我們是聚焦在解碼器的第 2 時步：

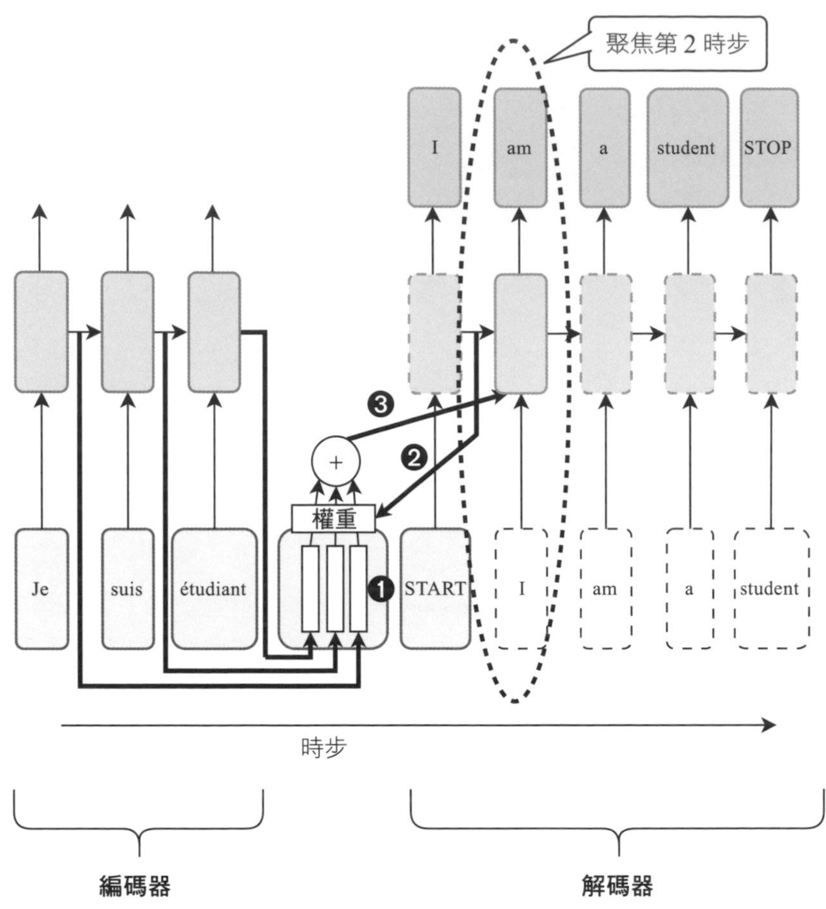

▲ 圖 8-9：配置 attention 機制的編碼器 - 解碼器架構

在上圖中，實現 attention 機制的關鍵在中間的 [+ 權重] 區塊，3 個白色矩形分別對應編碼器 3 個時步的算出的 source hidden state 向量 ❶。解碼器在譯句生成期間，會先以當前循環層的 dest hidden state 跟編碼器的各 source hidden state 計算關聯性分數向量，此關聯性分數向量可視為一種「權重」(即圖中的權重 ❷)。並照前述 步驟 3 與 步驟 4，更新 dest hidden state ❸，並據此預測譯句的單字。

下圖則是從模型實際架構來看：

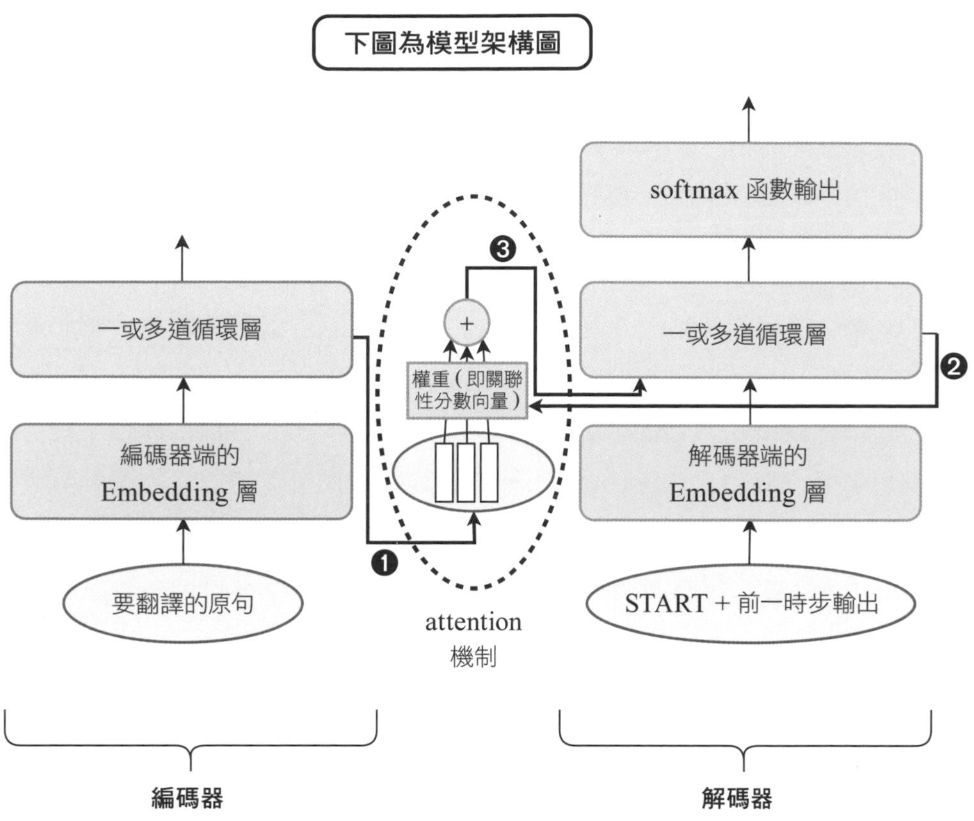

▲ 圖 8-10：配置 attention 機制的編碼器 - 解碼器架構

上圖同樣對照前張圖 ❶ ～ ❸ 的文字來理解即可。

8-1-4 細談關聯性分數向量的計算

熟悉 attention 機制的運作後，這一小節我們回頭來看前面 步驟 1 的工作，也就是解碼器是如何逐時步計算出關聯性分數向量。

從 q-k-v 的角度看關聯性分數向量的計算

關聯性分數向量的算法有很多種，大抵都是先考慮該納入哪些資訊，再決定用何種方式將這些資訊結合成關聯性分數。

最該考慮的自然是解碼器當前的 dest hidden state，它是產生預測值的關鍵，而另一個應該納入的資訊則是 source hidden state，因為我們的目標是讓解碼器能知道該關注哪部份的 source hidden state。

乍聽之下可能有點怪，用了 source hidden state 計算關聯性分數向量，算出來之後，再用關聯性分數向量決定該注意哪部份 source hidden state？哈，這不是繞口令，若以行話來詮釋，前述計算關聯性分數的流程可視為 **q (query)**、**k (key)**、**v (value)** 三種值的計算。此行話是源自於搜尋引擎的概念，在搜尋欄位輸入的關鍵字是 query，然後搜尋引擎根據 query 可能會匹配到多個 key，接著系統根據關聯性排序這些 key，並傳回最關聯的內容 (即 value)。

以上 q-k-v 的描述豈不是跟剛才一直在介紹的關聯性分數計算有點像，以本例來說：

- **query (查詢)：**即想問的問題，以時步 1 來說，模型想產生第一個字，此時最適合拿來做 query 值的就是翻譯當下時步的 dest hidden state。
- **key (鍵)：**即 query 值要去匹配的內容，本例最適合用來計算的就是原句每個字輸入模型後的產生的 source hidden state。
- **value (值)：**根據 query-key 匹配後應該傳回的值，本例最適合的亦是 source hidden state (註：不過 key 跟 value 不一定會是同一個，下一節介紹 self-attention 再來介紹)。

編註 這裡的 q-k-v 概念很重要喔！待會介紹 self-attention 機制時還會用到。請至少掌握一個重點：**q-k 會先算，然後算出來這個值再跟 v 算**，前面我們講的其實就是這件事。

至於該以何種「關聯性函數」來匹配 query 與 key，進而計算出關聯性分數向量？前面提到簡單一點的方法是兩者算點積，不過 Bahdanau 等人當年是用神經網路來處理。底下展示兩種可行的思路。

首先，右圖是以一或多道密集層組成的密集神經網路來處理：

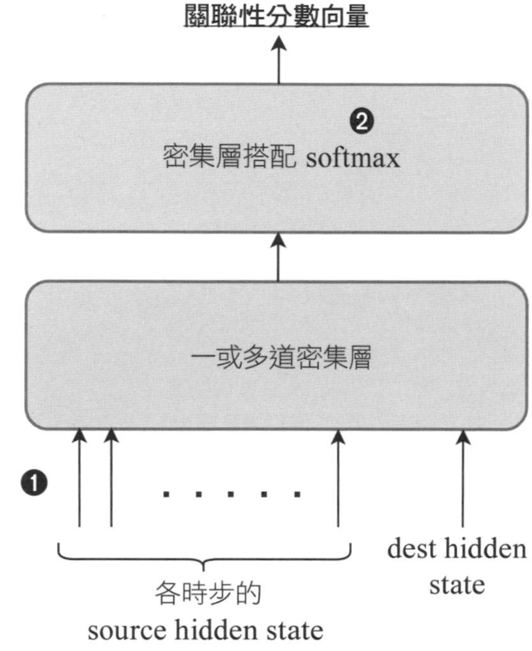

▲ 圖 8-11：計算「關聯性分數向量」的神經網路架構 1

上圖的做法是將多個 source hidden state 跟翻譯當下的那一個 dest hidden state 通通餵入神經網路 ❶。殿後的 softmax 層 ❷ 可確保輸出的關聯性分數向量各元素總和為 1.0。

不過上圖的架構有兩個缺點，首先，可處理的原句單字數會受 source hidden state 的維度所限，若單字數有變就必須從頭訓練模型，無法隨單字數機動調整。其次，若語句敘述稍微顛倒或拖沓，讓單字次序大風吹、使對應 source hidden state 配到不匹配的權重，出來的關聯性分數向量亦無意義。但也不能因為以上這兩點就強制固定原句長度、或是硬要求某單字只能出現在哪個位置，如此反而有礙模型普適化。

下圖則是改良後的樣子：

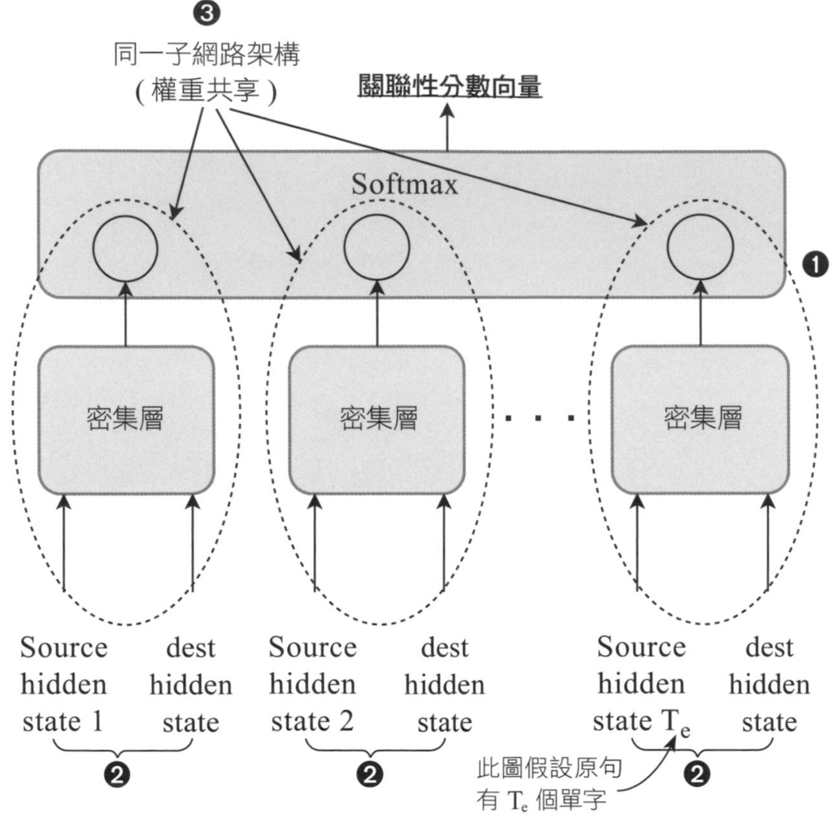

▲ 圖 8-12：計算「關聯性分數向量」的神經網路架構 2

改良後的架構將 softmax 層以外的部份改以共享權重的多個**子模型架構**實現 (如上圖多個虛線處 ❶)，確保神經網路在任何時步均能辨識出特定的 pattern。在子模型中，每個 dest hidden state 都搭一個時步的 source hidden state ❷。此架構的精妙之處在於子架構的權重都用同一組 ❸，因此無論輸入序列是長是短，只要權重訓練好後，當下的 dest hidden state 都能對各時步的 source hidden state 計算關聯性分數。

Bahdanau 等人當年 (2014) 實現的 attention 機制就是如此設計，密集層是搭配 tanh 激活函數，輸出層一樣以 softmax 激活函數來確保關聯性分數向量各元素總和為 1。

8-1-5 attention 機制其他補充知識

更深層神經網路的 attention 機制

在 Bahdanau 等人 (2014) 提出 attention 機制的模型架構後，陸續也有其他衍生改良，例如下圖是 Luong、Pham、Manning (2015) 等人提出的「深層」改良作法：

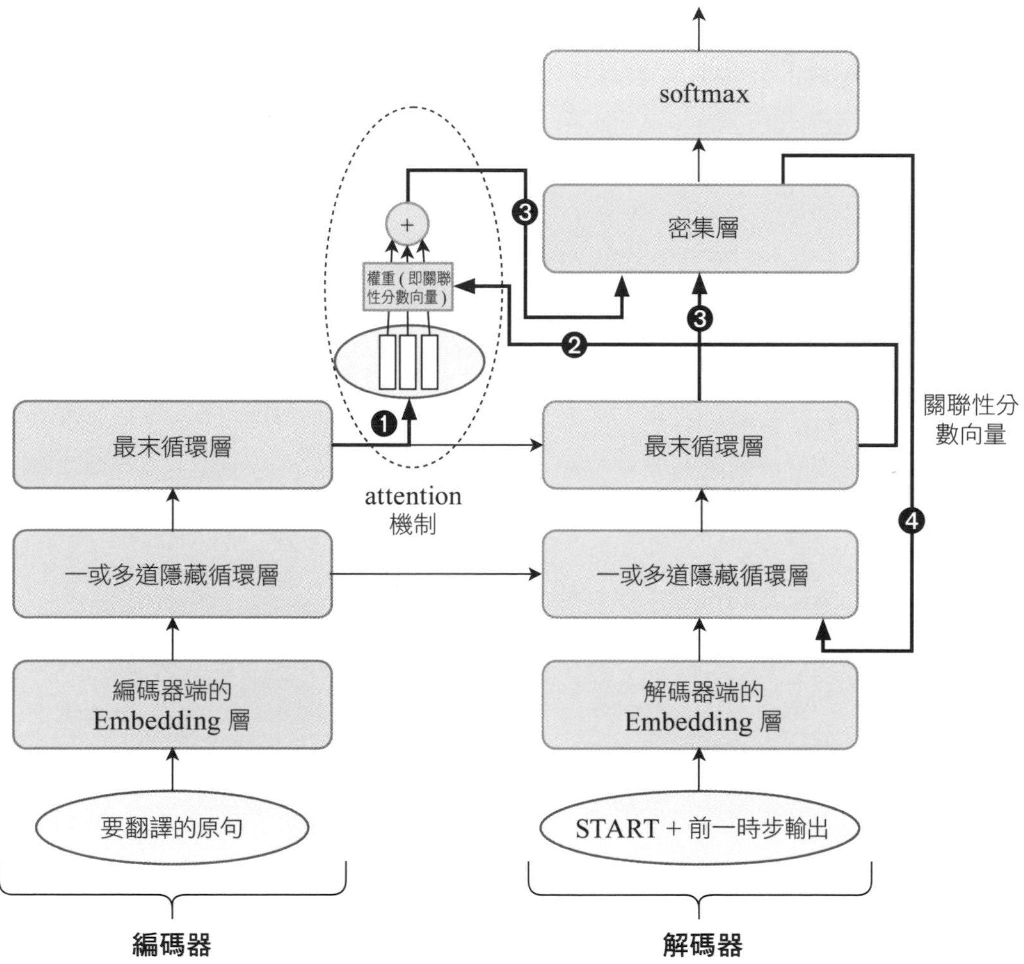

▲ 圖 8-13：Luong 版的 attention 機制

跟圖 8-10 Bahadanau 版相比，上圖 Luong 版的 ❶ ～ ❹ 運算更為複雜。首先，Luong 版是將 attention 機制配置在最末循環層，因此上圖有看到特地把最末循環層跟其他循環層分開 。

而在計算 dest source hidden state 對 source hidden state 的關聯性分數向量上，比較明顯的差異是 Luong 版是將得出的加權和向量與循環層輸出串接後，一併送入後面的密集層 ❸ 做運算，特別是它將得到的關聯性分數向量回饋到第一循環層 ❹，供下個時步輸入。此步驟是整個 attention 機制能良好運作的關鍵，模型得先根據密集層回饋過來的關聯性分數向量、回想前一時步已經注意過何處，然後才思考當下該把注意力改放在哪邊，考量更為縝密。

註 attention 機制在實作可以有多種變化。上圖也看到了，資料流要怎麼設計成怎麼跑超級彈性，為此新手可能覺得惶恐，到底哪種作法才是對的？天底下並沒有絕對正確的方法，模型行為會因實現方法不同而稍微變化，應對特定任務所需的計算成本、訓練效率也會因此不同，開發者只能視情況權衡。

以其他結構取代模型中的循環層

回想當初在機器翻譯模型中放循環層，是因為輸入和輸出均為可變長度的序列，編碼器 - 解碼器架構搭配循環層，方便將單字序列轉為固定維度的 source hidden state，稱得上是簡潔的解決方案。

不過，循環層的本質：**序列性**是個滿大的缺陷。以純 seq2seq 機器翻譯模型的編碼器來說，就是非得一個時步一個時步算 ... 一直算到最後一個時步，才能得到濃縮全文資訊的那個 thought vector。即便是導入 attention 機制後，編碼器也還是得一個時步一個時步算出各個 source hidden state，後續也才能用來計算關聯性分數。

註 以譯句 how are you doing 來說，當處理完 doing 時步後，雖然就等於看過 how → are → you → doing 這些字，但就是得逐個時步處理一個個單字。

簡言之，循環層無法做「平行」的一次性處理，這也使得訓練時數壓不下來。為尋求更好的替代方案，Kalchbrenner 等人 (2016) 和 Gehring 等人 (2017) 分頭尋求比循環層更適合的 attention 機制模型架構。在眾人的努力下，最重要的技術突破當屬大名鼎鼎的 **Transformer 架構** (Ashish Vaswani et al., 2017)。

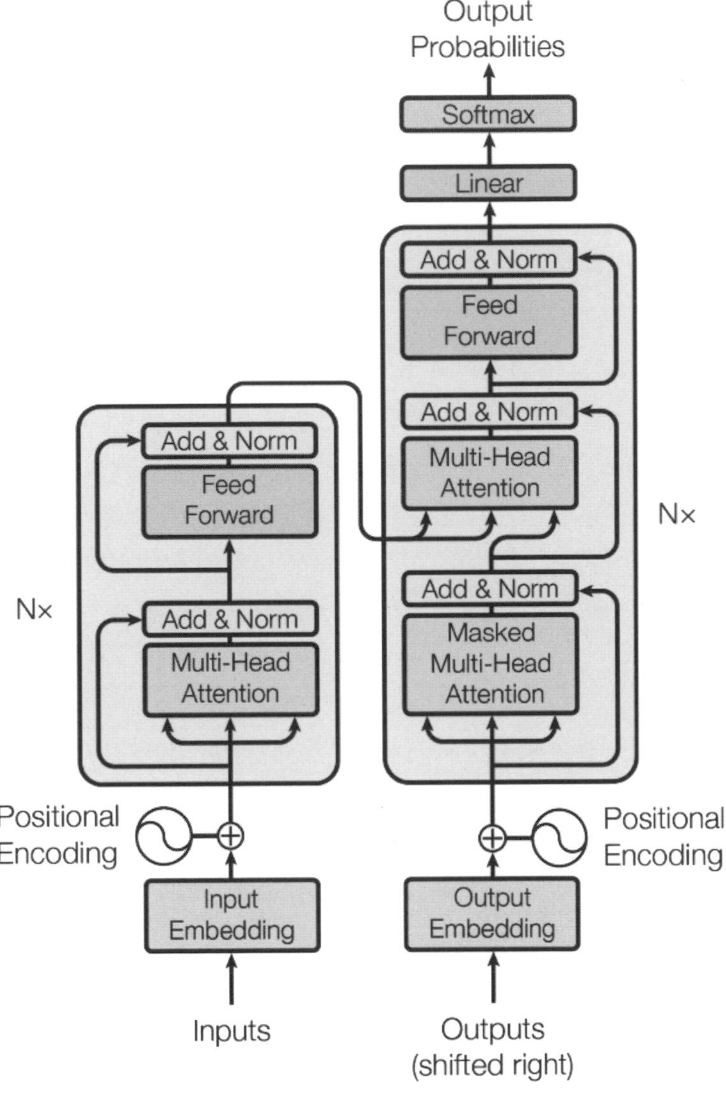

▲ 圖 8-14：Transformer 開山論文 **Attention Is All You Need** 當中的架構圖，看起來超級複雜，其實只是把先前介紹過的很多技術串起來而已。當中要特別關注是 Multi-Head Attention 機制

Transformer 架構中既無循環層也無卷積層，而是**密集層**搭配從 attention 機制衍生而來的 **self-attention 機制**。Transformer 的一大優勢就是可做平行運算，下一章正式介紹 Transformer 的架構時您會更清楚意思。

接下來 8-2 節會先解說什麼是 self-attention 機制，有了前面舖墊的 attention 知識，應該不難理解其內涵。了解了重要的 self-attention 概念後，下一章則會介紹 Transformer 的整體架構知識。

8-2 認識 self-attention 機制

8-2-1 self-attention 的基本概念

從字面上來看，self-attention 就是「**自己 (self) 跟自己計算 attention**」。這裡的「**自己**」以翻譯模型來說指的是「編碼器」這端所處理的原始句子。而「**計算 attention**」其實就是前一節提過的計算關聯性分數這件事。因此，以翻譯模型的例子來說，self-attention 就是**原始句子各單字間彼此計算關聯性分數** (常見的術語：算 attention)，目的是讓模型知道「單字 1」和「單字 2、單字 3、單字 4...」的關聯程度、「單字 2」和「單字 1、單字 3、單字 4...」的關聯程度。

以前一節用的術語來說，self-attention 不是 dest 和 source 之間的 attention 機制，而是 **source 內部元素之間，或者 dest 內部元素之間的 attention 機制**。回憶一下前一節的內容，計算關聯性分數是解碼器這端的 dest hidden state 所發起的，目的是希望解碼器能根據當下情況，了解該把注意力擺在編碼器端哪個 source hidden state。

若再以前一節曾提及的 q-k-v 概念來看，那時的「query」與「key」為不同端的向量，query 是在 dest (解碼器) 端、key 則在 source (編碼器) 端：

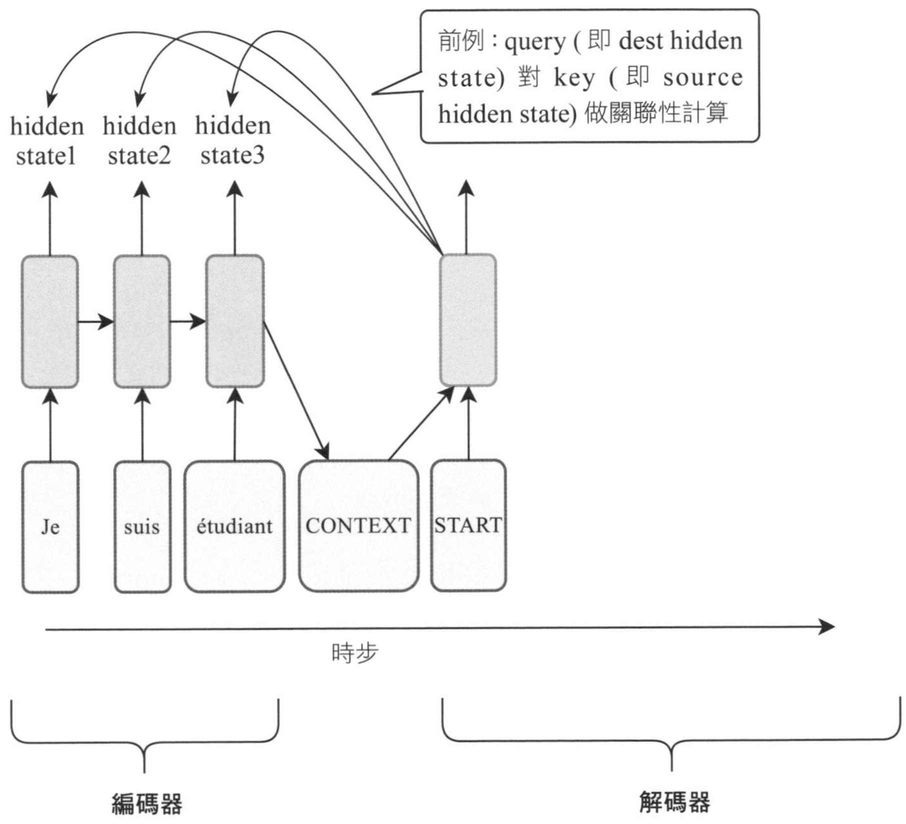

▲ 圖 8-15：先前介紹的 attention 機制示意圖

而 self-attention 如同其名，「query」和「key」是都是**源自同一端**，若運用在編碼器這端，就是希望「原句」中的各單字藉由 self-attention 機制來觀察彼此之間的關聯性，好對之後解碼器端的翻譯工作有幫助。

小編補充 之所以讓原句各單字間彼此觀察關聯程度，舉個經典的「The animal didn't cross the street because it was too □」例子應該就能快速理解：

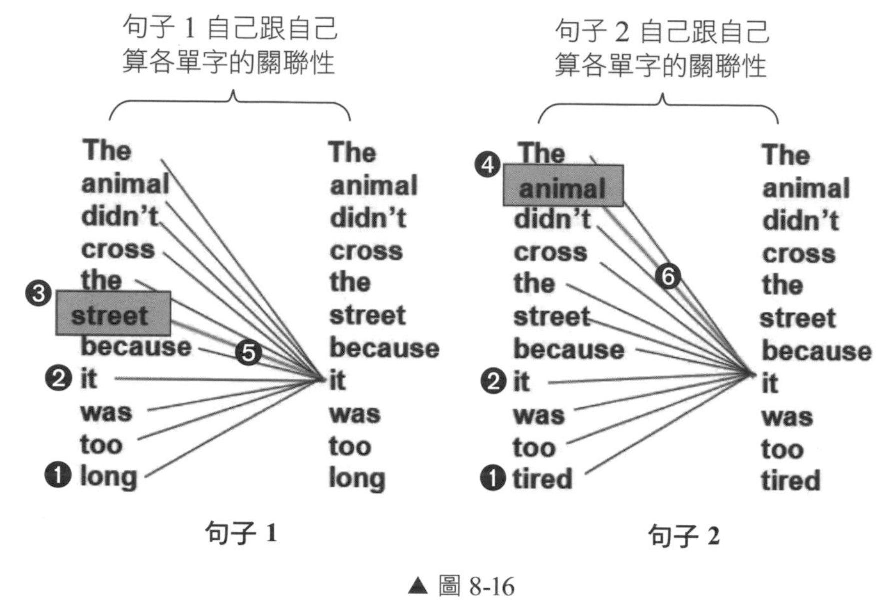

▲ 圖 8-16

上圖有兩個句子，左、右呈現的是這兩個句子各自做 self-attention 的結論。這兩句只差在最後一個字不一樣，一個是 long、一個是 tired ❶，因此這兩句中的「it」❷ 意思並不相同，一個指的是「street」❸、一個指的是「animal」❹。若事先這兩句都已經各自藉由 self-attention 探詢單字之間的關聯性，以句子 1 來說，應該會得出 it 跟 street 的關聯性最強 ❺，以句子 2 來說，也會得出 it 跟 animal 的關聯性最強 ❻。這兩句事先得到這個結論後，解碼器便能據此翻譯出正確的內容。

8-2-2 self-attention 機制的算法

self-attention 機制要怎麼算呢？很簡單，只要搞清楚 q、k、v 三者怎麼來，彼此間的算法就跟前一節的 attention 機制類似。

前置工作

首先，輸入的原句各單字先經 Embedding 層轉換成詞向量後，得先轉換成 q-k-v 的表示法。各詞向量（單字）會利用三個可訓練的權重矩陣 (W_Q、W_K、W_V) 做轉換，轉為 q-k-v 的表示法，其用意是希望賦予 self-attention 機制更多學習特徵的能力：

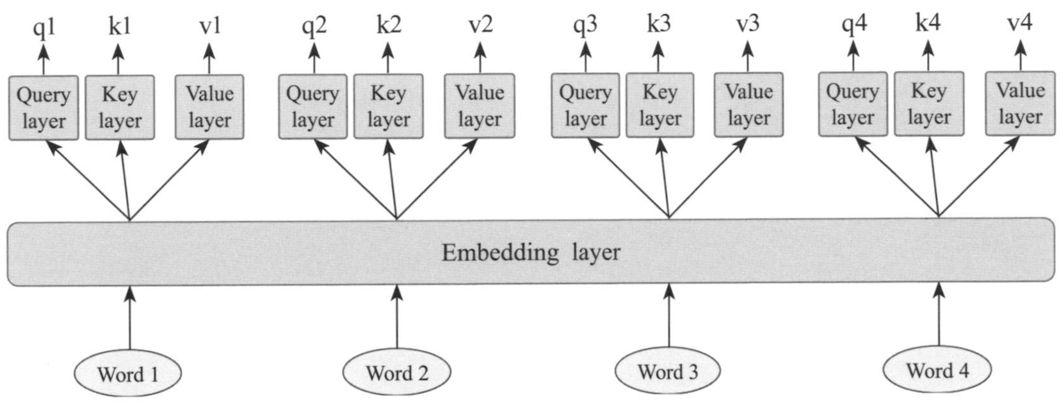

▲ 圖 8-17：各單字經 Embedding 層所轉成的詞向量，均再經過 3 個權重矩陣轉換成 3 組向量

編註 提醒一下，各單字所用的是同一組 W_Q、W_K、W_V 權重矩陣做線性轉換，有些文章也會稱 W_Q、W_K、W_V 三組權重矩陣稱為 query、key、value 三個密集層，如上圖的 Query Layer、Key Layer、Value layer。

self-attention 的算法

self-attention 具體上怎麼算呢？先回憶一下 8-7～8-11 頁 attention 機制的 步驟 1 ～ 步驟 4，計算關聯性函數牽涉到兩輸入：query 跟 key，利用兩者算出關聯性分數向量後，關聯性分數向量再與各 value 計算加權和。最終算出的這個「加權和」就是生成譯句的重要關鍵。

光看文字有點花，我們實際來看 self-attention 機制是怎麼取 q、k、v 來算。我們先看「**單字 1 (Word1)**」如何計算它跟單字 2、單字 3、單字 4... 的關聯性分數向量，進而計算出最終的加權和。

步驟 1 首先，單字 1 所轉換出來的 q1 以「點積」等做法對各單字轉換出來的 k1、k2、k3、k4... 做關聯性計算，各會得到一個關聯性分數 (score)，組起來就是一組關聯性分數向量：

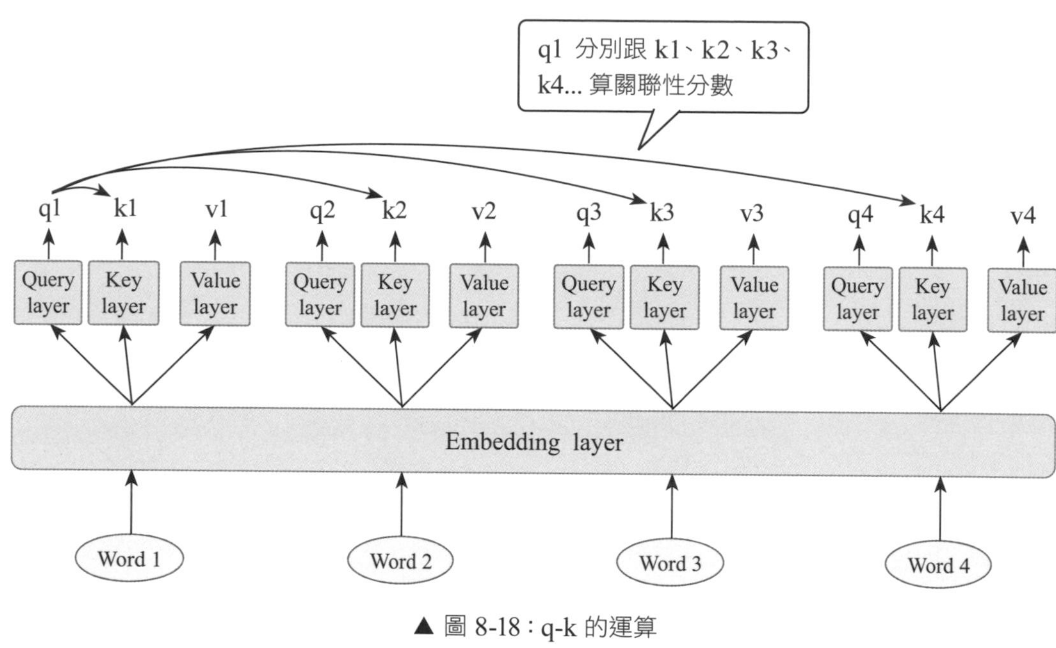

▲ 圖 8-18：q-k 的運算

> **編註** 雖然架構的設計是 q1 也會跟 k1 算 (自己跟自己算)，但此處要探究的重點是 q1 跟 k2、k3、k4 計算的結果。

步驟 2 為了更好判讀這組關聯性分數向量，接著以 softmax 函數進行處理，得到一個總和為 1 的關聯性分數向量 (**編註**：若這一步不太清楚，前一節有不少示意圖可以複習一下)。

步驟 3 有了關聯性分數向量後，對單字 1 來說，自己本身、單字 2、單字 3、單字 4... 便有了輕重之分，接著要用這個「關聯性分數向量」內的各元素跟 (v1, v2, v3, v4) 相乘後算加總，所得的**加權和**就是單字 1 利用 self-attention 所算出的新表示法了，在此以 st1 稱之 (註：也是一個向量)。

編註 步驟 3 的計算聽起來有點繞口，細節及圖解如下：

在 步驟 1 ～ 步驟 2 所得到的關聯性分數向量中，q1 跟 k1 間有個關聯性分數 (score)，就是以此分數與 v1 相乘：

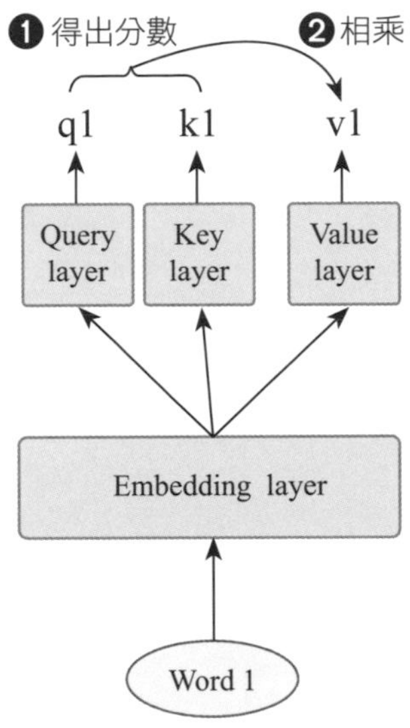

▲ 圖 8-19：例：q1 跟 k1 會得出一個關聯性分數，以此分數與 v1 相乘

同理，

步驟 2 中，q1 跟 k2 會得出一個關聯性分數，以此分數與 v2 相乘。

步驟 2 中，q1 跟 k3 會得出一個關聯性分數，以此分數與 v3 相乘。

步驟 2 中，q1 跟 k4 會得出一個關聯性分數，以此分數與 v4 相乘。

步驟 3 講的就是以上 4 組兩兩相乘，最後加起來，取得加權和 st1。

步驟 4 重覆 步驟 1 ～ 步驟 3，算出「**單字 2**」跟單字 1、自己本身、單字 3、單字 4... 的關聯性分數向量，進而計算加權和，即為單字 2 利用 self-attention 所算出的新表示法，在此以 **st2** 稱之。

步驟 5 重覆 步驟 1 ～ 步驟 3，算出「**單字 3**」跟單字 1、單字 2、自己本身、單字 4... 的關聯性分數向量，進而計算加權和，即為單字 3 利用 self-attention 所算出的新表示法，在此以 **st3** 稱之。

步驟 6 重覆 步驟 1 ～ 步驟 3，算出「**單字 4**」跟單字 1、單字 2、單字 3、自己本身 ... 的關聯性分數向量，進而計算加權和，即為單字 4 利用 self-attention 所算出的新表示法，在此以 **st4** 稱之。

self-attention 機制所得的結果

上述通通做完後，就相當於原句各單字已經利用 self-attention 機制算出彼此間的關聯程度，結果如下：

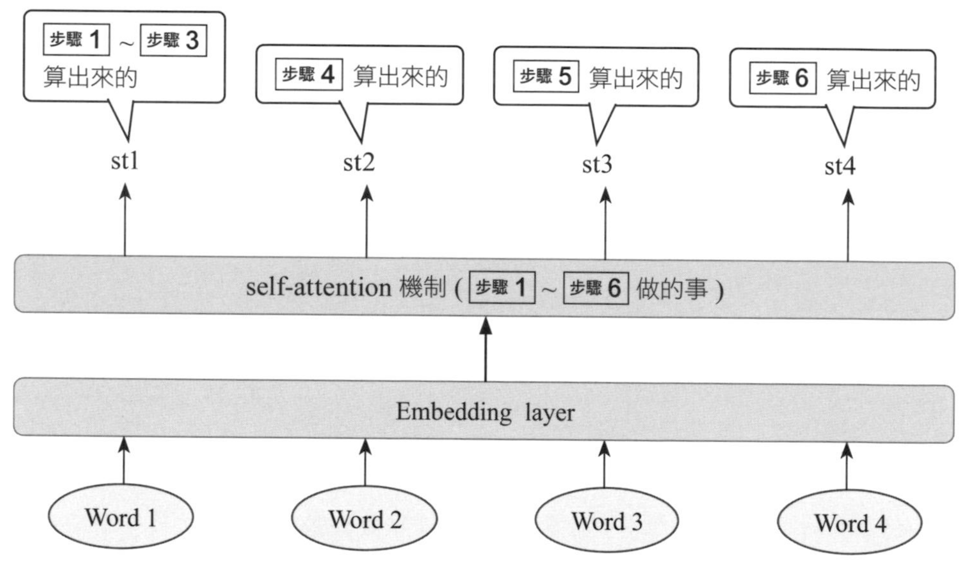

▲ 圖 8-20：經 self-attention 的運算結果

編註 整理一下，前面介紹的 步驟1 ～ 步驟6，都是上圖 self-attention 框框裡面所做的事，經 self-attention 計算後，各單字各會得到一個 st 向量，概念上就是希望加入關聯性 (Similarity) 因素來重新表述所有單字。

雖然計算過程有點繁複，但從結果來看其實挺單純，就類似經循環層處理後，各時步都會得到一個 hidden state 那樣。因此也有不少人將 self-attention 框框的處理以「**self-attention 層**」稱之。所以先前我們才會反覆強調，self-attention 層做的事，其實就是取代原本 seq2seq 模型中 LSTM 層所做的事。

self-attention 的優點：平行運算

從以上的計算過程還可以看出 self-attention 另一個明顯的優點，那就是可以做**平行運算**。如下圖所示，當單字 1 的 q1 分別跟 k1、k2、k3、k4... 算關聯性分數時，單字 2 的 q2 也可以「同時」分別跟 k1、k2、k3、k4... 算關聯性分數，單字 3、單字 4 也是一樣。單字 2～單字 4 互做 q-k-v 運算**不需要等到單字 1 的 q-k-v 算完才可以算**。也就是說，原句所有單字可以一次通通攤開來一起算，這就是 self-attention 機制很大的優點，可以大幅提升模型運作效率。

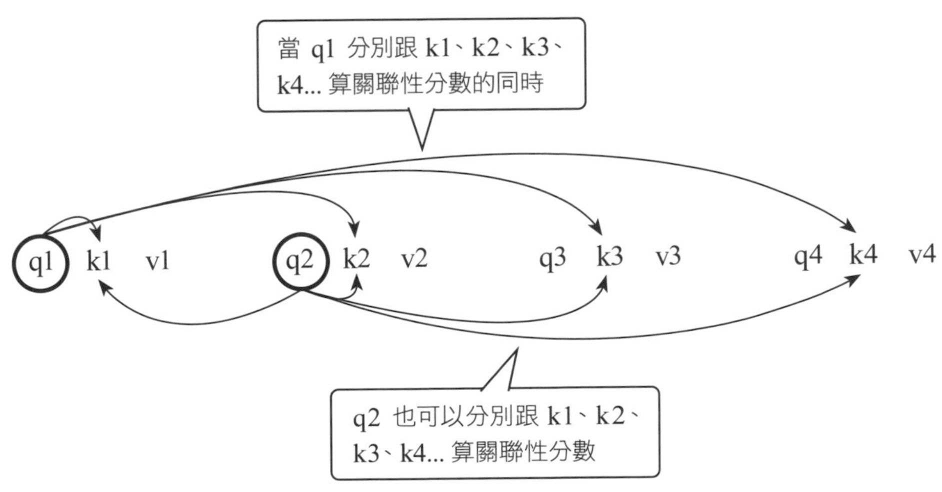

▲ 圖 8-21：平行運算的優點

8-2-3 multi-head (多頭) 的 self-attention 機制

我們已經知道 self-attention 機制就是各單字根據彼此之間的關聯性重新表述單字，但如果只單用一種標準衡量關聯性有點「彈性不足」，可能會出現注意力過度集中在最關聯的單字，忽略了自己與其他單字可能存在的關聯，因此現在普遍採用的是 **multi-head (多頭)** 的 self-attention 機制。

multi-head (多頭) 簡單說就是用多個 self-attention 組合 (即多頭) 算出多組關聯性分數，希望各個 head 側重的點不一樣，當各 head 都算完後，再串接 (concatenate) 起來並以另一個權重矩陣融合，就能以更客觀的方式表述單字。下圖舉一個 2-head 的 self-attention 機制訓練後的示意圖，很顯然不同的 head 學會關聯不同的重點：

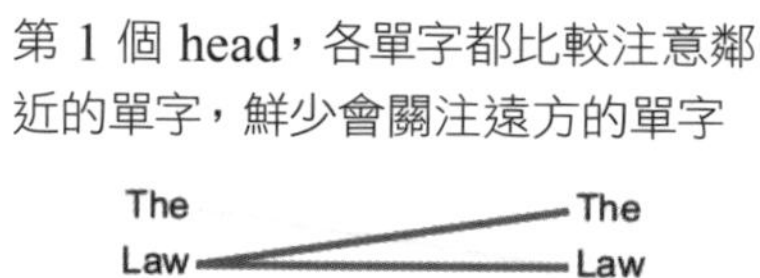

第 2 個 head，就出現比較多關注到遠方的資訊

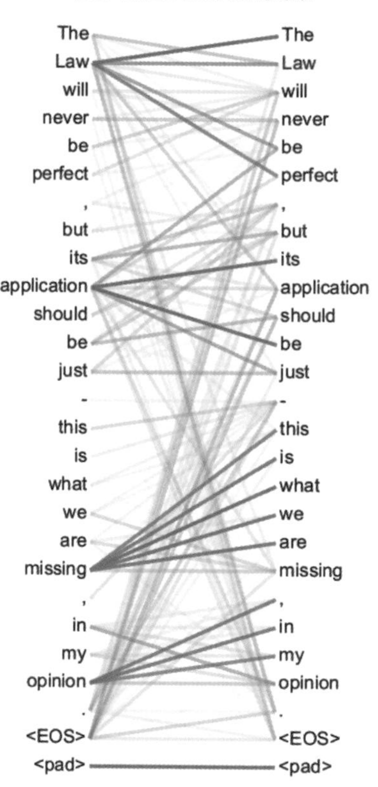

▲ 圖 8-22：2-head 的 self-attention

multi-head self-attention 的實作很簡單，下圖是以 2-head 的 self-attention 機制為例。首先將該批詞向量以兩種 self-attention 機制分 2 頭分開表述 ❶，最後將同單字的不同表述串接 ❷，再以另一權重矩陣將這些表述法做線性轉換，合成新的詞向量 ❸：

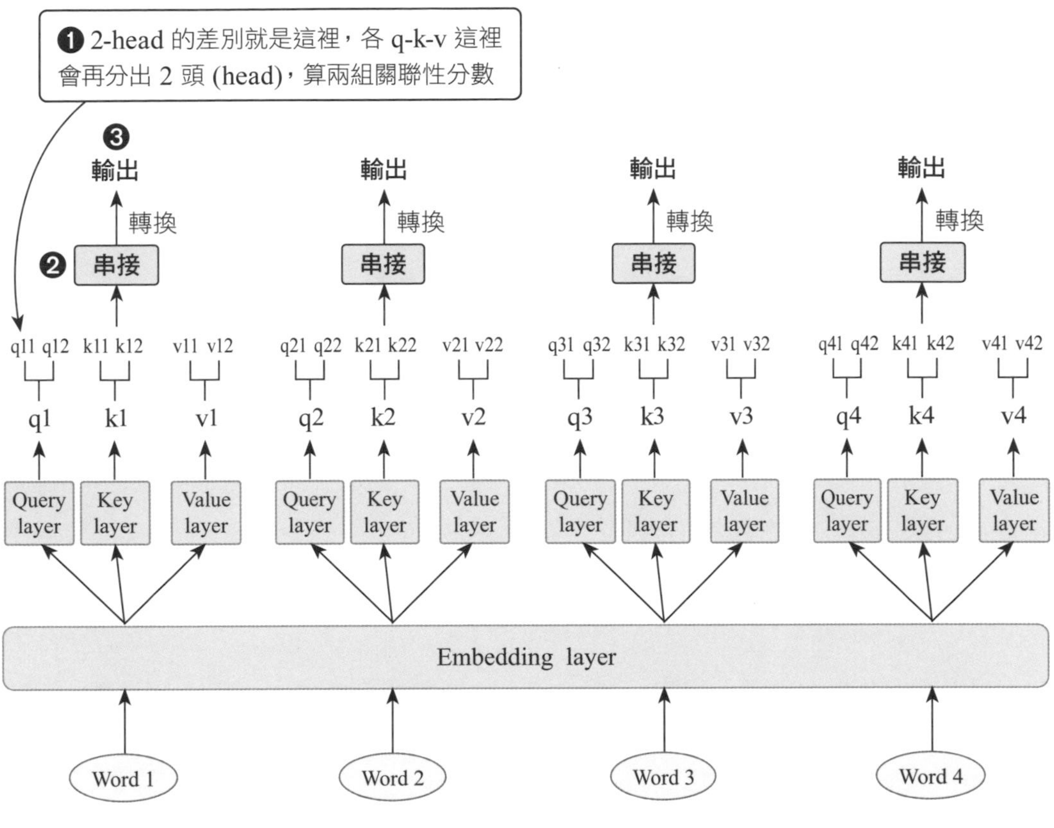

▲ 圖 8-23：2-head 的 self-attention 機制示意圖

編註 讀者可能有疑問，分成 2 頭後 q-k 之間怎麼算關聯性分數呢？如下所示，就是兩個 head「各算各的」：

NEXT

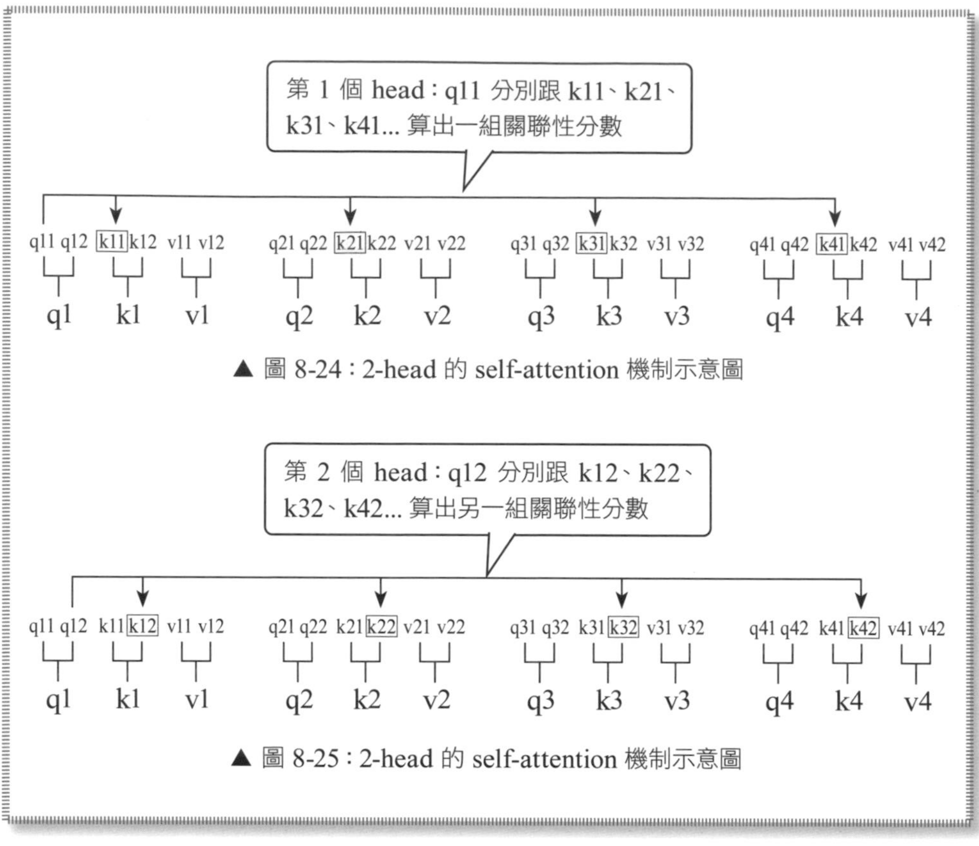

▲ 圖 8-24：2-head 的 self-attention 機制示意圖

▲ 圖 8-25：2-head 的 self-attention 機制示意圖

以上就是 multi-head 的 self-attention 機制運作概念，回顧一下 8-21 頁圖 8-14 Transformer 開山論文 **Attention Is All You Need** 當中的架構圖，當中就是使用 multi-head 的 self-attention 機制。

現在我們已經掌握 Transformer 架構中最關鍵的 self-attention 機制，剩下的就難不倒我們了，都是前面講過的內容串起來而已，一起前進最後一章吧！

Chapter

9

Transformer、GPT 及其他衍生模型架構

9-1 Transformer 架構

前一章已經帶你熟悉 Transformer 架構中最關鍵的 multi-head 的 self-attention 機制，最複雜的我們已經學完了。本節就帶您看 Transformer 編碼器 - 解碼器架構中其他設計，當中會看到**密集層**、**正規化 (normalization)** 層、CNN 用過的**跳接 (skip connection)** 機制 ... 等設計，我們只需一窺眾多設計是怎麼串起來就可以搞懂 Transformer 架構了。底下同樣以機器翻譯模型為例來說明。

9-1-1 編碼器端的架構

編碼器端一樣以 Embedding 層打頭陣，將單字全轉為詞向量，之後傳入密集層、正規化層 ... 等堆疊成的架構，如下頁圖所示。

各模組中每一行的結構都是一樣的，我們由下往上依序看 ⊕、Norm、Feed forward、Norm 各自在做什麼事：

❶ 首先是用 multi-head 的 self-attention 層解析原句單字間的種種關聯，以此重新表述所有單字，就是上一章做的那些事情。

❷ 由於模型做的事開始變多了，因此加上 CNN 常用的**跳接 (skip connection)** 機制，確保 self-attention 這層處理過程中不會破壞任何有價值的資訊。

❸ 進行**層正規化 (layer normalization)**，針對同一單字的所有特徵做標準化。請注意這裡用的是層正規化 (Ba, Kiros, and Hinton, 2016)，而非 3-2 節所用的批次正規化 (batch normalization)；實務上兩者均能輔助訓練。

> **編註** BatchNormalization 層會收集很多樣本的資訊，以獲取準確的特徵平均值和變異數統計結果。LayerNormalization 層則是分別針對每個序列中的資料進行處理，這是更適合序列資料的做法。

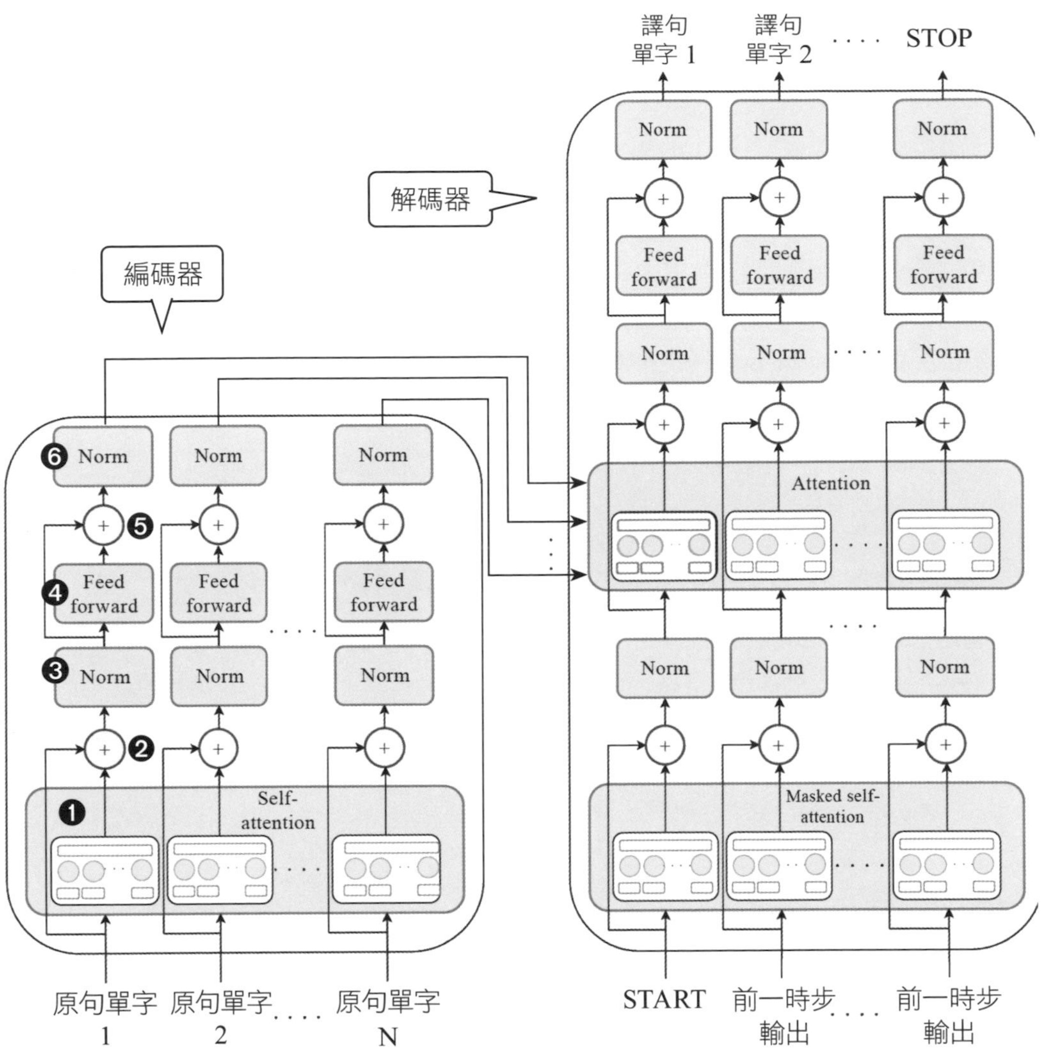

▲ 圖 9-1：Transformer 的編碼器模組 (左) 與解碼器模組 (右)

❹ 再來以前饋式 (Feed forward) 結構重組資訊，說穿了就是密集層 (註：圖上只畫出一個長方形會以為只有一道，實際是採用兩道)。

❺ 之後一樣用跳接機制將密集層處理前、後的結果相加。

❻ 再做一次層正規化。

9-1-2 解碼器端的架構

Transformer 解碼器這端大部份的元件都跟編碼器這端差不多，雖然沒有循環層的設計，不過由於輸出的單字會做為下一時步的輸入，因此是採自迴歸模式運作，各時步不斷預測，直到生成 STOP 標記為止。

解碼器的結構比編碼器模組疊的更多層，如下頁圖右半邊所示：

❶ 首先仍是 multi-head 的 self-attention 層，不過多加了「**屏蔽 (Masked)**」機制。Masked 的意思是用遮罩來防止某輸入值拿自己與它「後面」的單字算關聯性。希望解碼器某輸入值只能關注在它「前面」的其它單字。

> **編註** 之所以要「遮」，概念其實就像第 7 章介紹過的「Teacher Forcing (即以正解餵入解碼器來訓練)」機制，如果在訓練時使用了「Teacher Forcing (即以正解餵入解碼器) 機制，就要對還沒預測出來的正解做屏蔽，如果連未來還沒預測到的單字都一塊做 self-attention，那豈不是提前洩題，讓模型偷看答案了。

❷ 搭配跳接、層正規化重新表述輸出單字。

❸ 將層正規化後的結果再傳入一個 multi-head 的 attention 層。**請特別注意這裡不是 self-attention 層，而是 attention 層**！因為這裡是以**右半部**層正規化後的結果做為「query」，**左半部**編碼器各單字的最終輸出 ❹ 做為「key」與「value」，是編碼器、解碼器這兩端來做 attention，以便根據解碼器當下狀態，判斷該注意編碼器輸出的哪個部份。

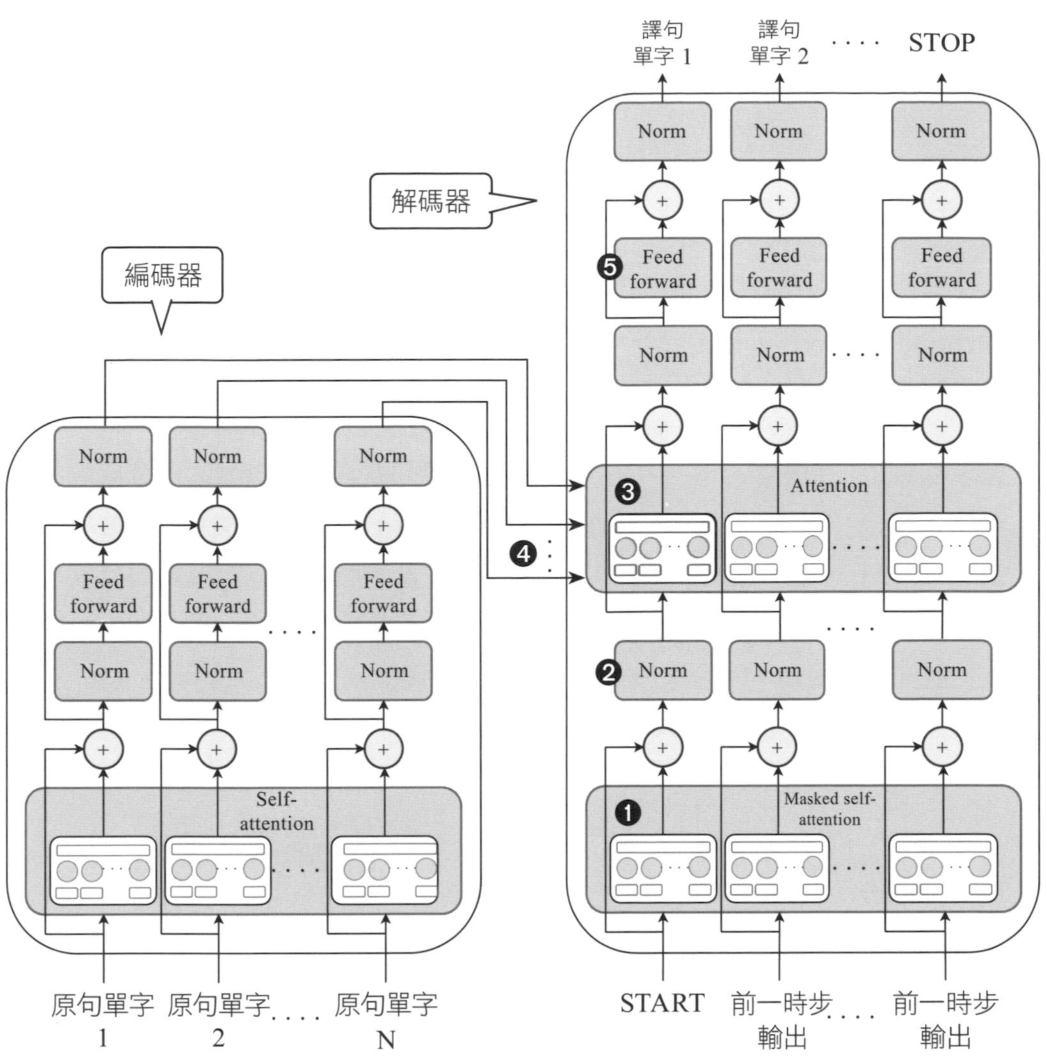

▲ 圖 9-2：Transformer 的編碼器模組 (左) 與解碼器模組 (右)

❺ 再往上面看的跳接、Norm、Feed forward、⊕ 跳接、Norm... 等，剛才介紹編碼器時都看過就不再贅述。

9-1-3 Transformer 內的其他設計

前面是聚焦在編碼器和解碼器的架構，最後看一下編碼器、解碼器以外的設計細節。

位置編碼 (positional encoding)

先前提到 Transformer 架構一大優點就是可以做平行運算，即做 self-attention 時是將原句所有單字「一次」通通攤開來一起算彼此間的關聯，這也表示 Transformer 架構並沒有把「單字的順序」納入考量？

但以翻譯這件事來說，單字的順序還是滿重要的資訊，應該納入考量。為此 Transformer 架構設計了**位置編碼 (positional encoding)** 的機制。當各單字從 Embedding 層轉成詞向量之後，會先**逐元素「加上」位置編碼的資訊**，讓神經網路利用此資訊推斷各單字在輸入序列中的空間關係。當各詞向量加上位置編碼向量後，才會往後面的編碼器 / 解碼器送，進行 self-attention 層的運算等等，如下圖所示：

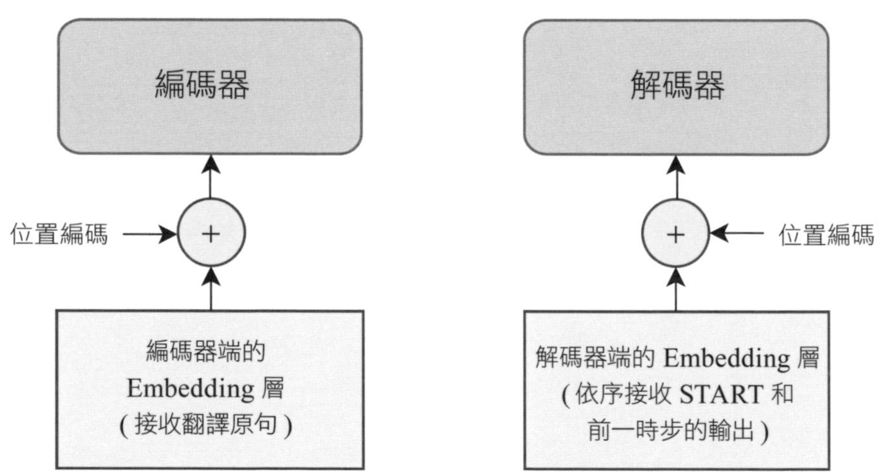

▲ 圖 9-3：positional encoding 機制

位置編碼的細節如下圖所示。設輸入原句有 n 個單字，各單字均以 4 維的詞向量表示：

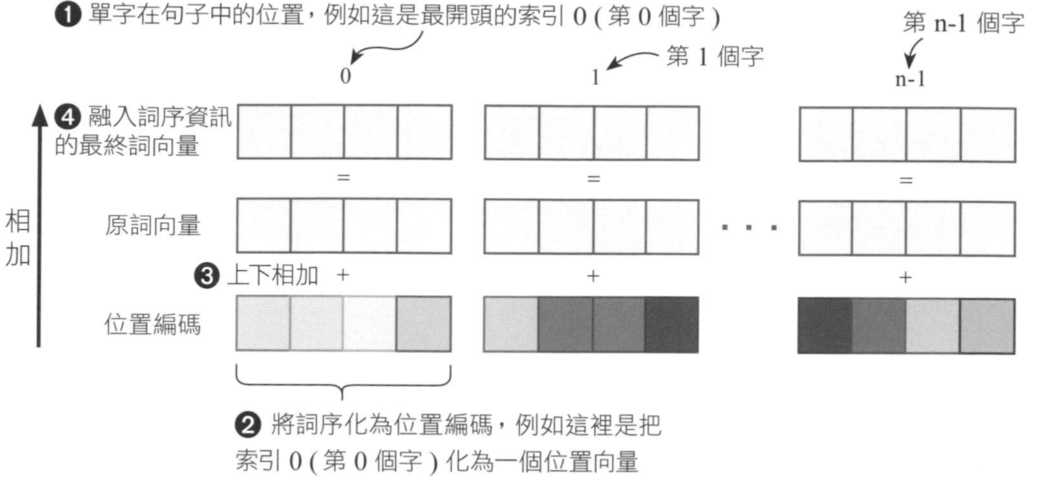

▲ 圖 9-4：將詞序資訊化為位置編碼，併入詞向量內，再輸入神經網路，模型就能從中辨認各單字於整個序列的空間關係

如上圖所示，位置編碼是根據單字在句子中的位置 (索引) 計算出來的，Transformer 原始論文提出的做法是透過 sin()、cos() 函數來進行編碼，最終將詞序資訊以「位置向量的各元素值都是 0~1 之間的值」來表示。

小編補充 位置編碼涉及複雜的數學概念，有興趣可以參考 https://reurl.cc/V4O82y 這篇文章。我們舉個簡單的例子讓您大概知道編碼是如何進行，以及編碼後的結果是什麼樣子就好。

首先要了解，各單字經過「位置編碼」後的向量維度需與「詞向量空間」的維度相同，這樣兩者才能相加。位置編碼的算法公式如下：

- 若位置編碼向量的元素是在**偶數**位，該元素的值則用 sin() 算，算法為：

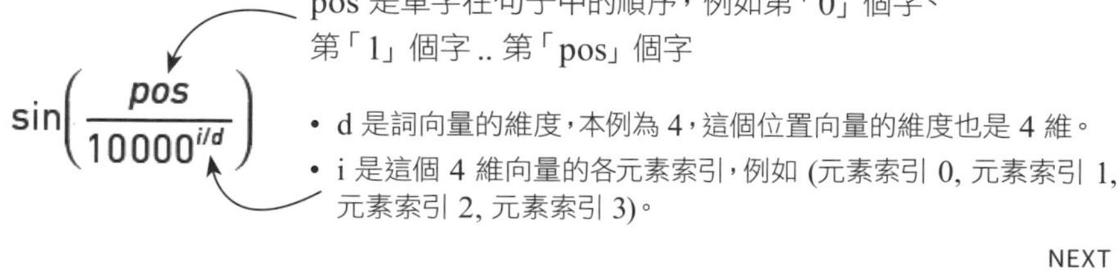

NEXT

- 若位置編碼向量的元素是在**奇數**位，該元素的值則用 cos() 算，算法為：

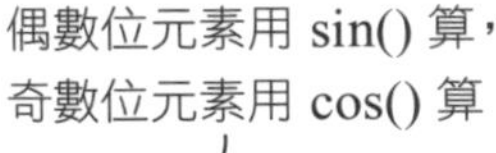

$$\cos\left(\frac{pos}{10000^{(i-1)/d}}\right)$$

公式為什麼要這樣設計非本書的重點，有興趣可參考前述的 https://reurl.cc/V4O82y 文章。我們直接看個例子比較有概念。

假設詞向量空間的維度是 4，某單字是在句子的位置「1」(例如 how are you 當中的「are」)，那麼 are (位置 1) 的位置編碼將會是 (0.8414, 0.54, 0.01, 0.9999) 這樣。計算如下：

偶數位元素用 sin() 算，
奇數位元素用 cos() 算

位置 1 編碼向量的第 0 個元素：sin (1 / 10000^(0)) = sin (1) = 0.8414
位置 1 編碼向量的第 1 個元素：cos(1 / 10000^(0)) = cos(1) = 0.54
位置 1 編碼向量的第 2 個元素：sin (1 / 10000^(2/4)) = sin(0.01) = 0.01
位置 1 編碼向量的第 3 個元素：cos(1 / 10000^(2/4)) = cos(0.01) = 0.9999

單字在句子中的位置 (pos)　根據 i 所算來的　詞向量的維度 (本例為 4)

Transformer 架構小結

這一節我們介紹了 Transformer 模型架構，Transformer 在推出後就一舉提昇了英翻德、英翻法翻譯模型的表現。雖然一樣是用編碼器 - 解碼器架構，但與序列化的 LSTM 相比，Transformer 可做平行運算的優點有助於大幅壓低訓練時數。

而經由前面的介紹，Transformer 開山論文 **Attention Is All You Need** 當中那張架構圖應該就不難看懂了，我們再看一下順便做個複習：

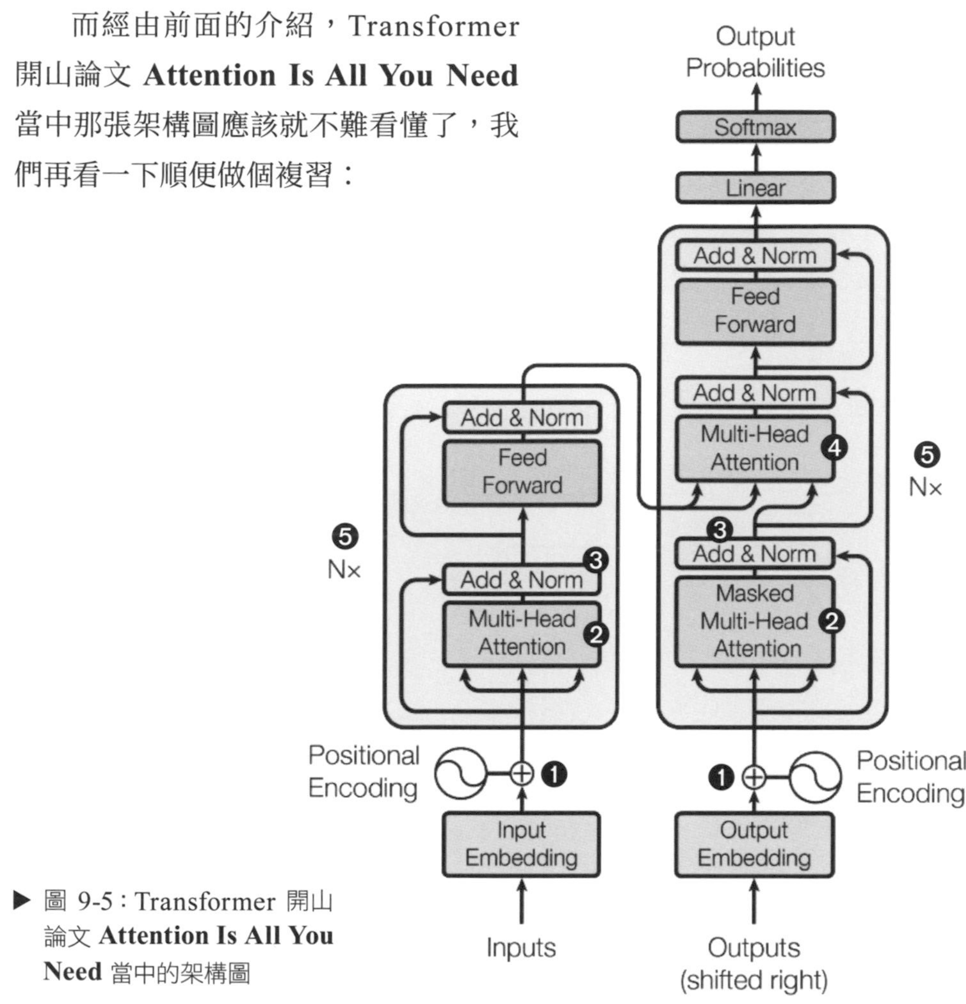

▶ 圖 9-5：Transformer 開山論文 **Attention Is All You Need** 當中的架構圖

❶ 這裡是位置編碼跟 Embedding 層輸出的結果相加，再送入編碼器 / 解碼器。

❷ 圖上是標 **Multi-Head Attention**，其實做的是 Multi-head 的 **self-attention**，因為是原始譯句各單字自己跟自己算關聯性。

❸ 圖中有多處 **Add & Norm** (不一一細標)，當中的 Add 表示跳接的設計；Norm 表示做層正規化。

❹ 要特別注意這一塊不是做 self-attention，而是 attention 而已。因為是編碼器、解碼器這兩端來做 attention，以便根據解碼器當下狀態，判斷該注意編碼器輸出的哪個部份。從箭頭的流向可以清楚看出這點。

❺ **Nx** 是編碼器或解碼器「疊 N 層」的意思，表示編碼器的輸出可以再傳到下一組編碼器；同理，解碼器的輸出也可以再傳到下一組解碼器，端看想重覆算幾次。重覆的示意圖如下：

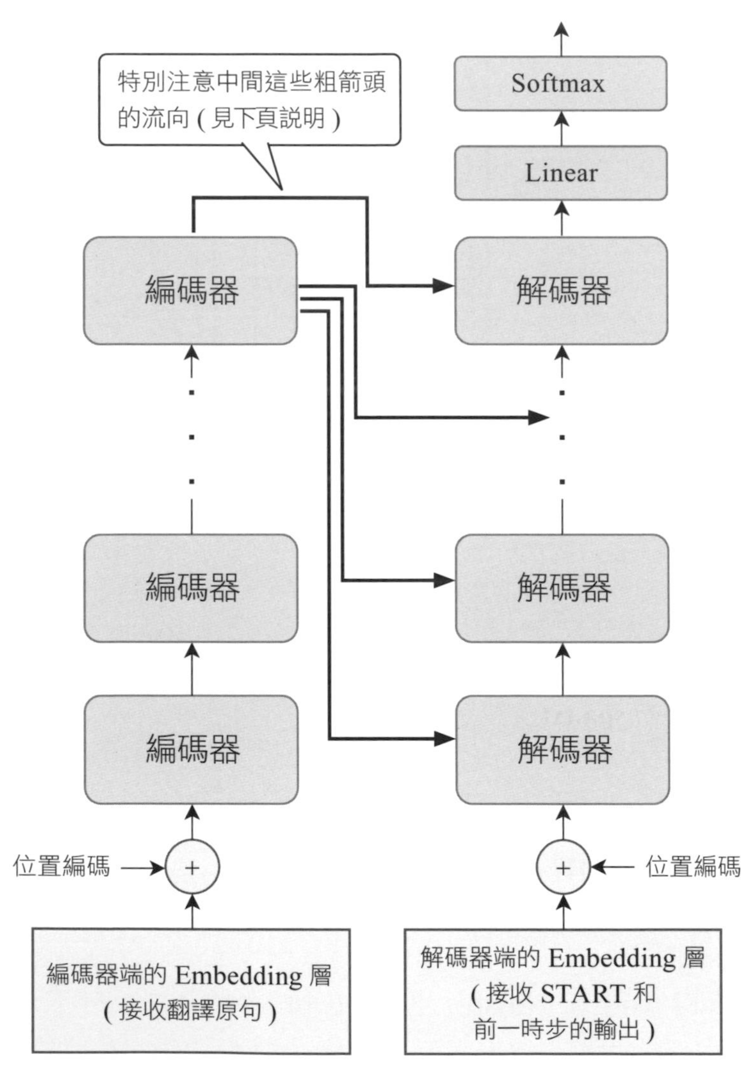

▲ 圖 9-6

上圖唯一要留意的就是**無論右邊解碼器這端重覆算幾次，每一個解碼器都會接收「編碼器最後一層」的最終輸出來計算** (計算什麼呢？就是如圖 9-5 的 ❹ 所說的，編碼器、解碼器這兩端的內容算關聯性)。

最後，在編碼器 - 解碼器架構中，編碼器、解碼器即使單獨拿出來看，亦稱得上是設計精良的語言模型，目前超熱門的語言模型 **GPT** 就是以 Transformer 的「解碼器 (右邊那一塊)」架構修改而成。另一個也很著名的 **BERT** 語言模型則是基於其「編碼器 (左邊那一塊)」修改來的，9-2 節我們會簡單介紹這些從 Transformer 衍生出來的熱門模型。

9-1-4 小編補充：觀摩 keras 官網上的 Transformer 範例

熟悉 Transformer 後，這一節最後我們帶您到 Keras 官網上觀摩一個由 Keras 創始者 François Chollet 所撰寫的 Transformer 範例 (https://keras.io/examples/nlp/neural_machine_translation_with_transformer/)。該範例是實作一個**英語** → **西班牙語**的翻譯模型。有了前面的架構知識為基礎，應該不難理解程式各片段所做的事，底下我們摘錄一些重點來看。

> 編註 小編已經將此範例連同資料集下載回來測試，讀者也可以參考書附下載範例的 **Ch09 / 9-1-neural_machine_translation_with_transformer.ipynb** 及 **Ch09 / spa.txt** 資料集。

載入套件、下載資料集

首先照例先載入套件：

▼ **程式 9-1：匯入套件**

```
import pathlib
import random
import string
import re
import numpy as np
import tensorflow as tf
from tensorflow import keras
from tensorflow.keras import layers
from tensorflow.keras.layers import TextVectorization
```

接著是下載英語 – 西班牙語的語料庫，範例作者是透過下載方式取得，此語料庫 spa.txt 原檔收錄在 **https://www.manythings.org/anki/** 網站上：

▼ **程式 9-2**

```
text_file = keras.utils.get_file(
    fname="spa-eng.zip",
    origin="http://storage.googleapis.com/download.tensorflow.org/
data/spa-eng.zip",
    extract=True,
)
text_file = pathlib.Path(text_file).parent / "spa-eng" / "spa.txt"
```

```
Tom kicked Mary.	Tom pateó a Mary.	CC-BY 2.0 (France) Attribut
Tom kicked Mary.	Tom le dio una patada a Mary.	CC-BY 2.0 (France)
Tom killed Mary.	Tom mató a Mary.	CC-BY 2.0 (France) Attribut
Tom kissed Mary.	Tom besó a Mary.	CC-BY 2.0 (France) Attribut
Tom knew no one.	Tom no conocía a nadie.	CC-BY 2.0 (France) Attribut
Tom left Boston.	Tomás se fue de Boston.	CC-BY 2.0 (France) Attribut
Tom let Mary go.	Tom dejó ir a Mary.	CC-BY 2.0 (France) Attribut
Tom let Mary in.	Tom dejó entrar a Mary.	CC-BY 2.0 (France) Attribut
Tom let me down.	Tom me defraudó.	CC-BY 2.0 (France) Attribut
Tom lied to you.	Tom te ha mentido.	CC-BY 2.0 (France) Attribut
Tom lied to you.	Tom te mintió.	CC-BY 2.0 (France) Attribution: tat
Tom likes beans.	A Tom le gustan los frijoles.	CC-BY 2.0 (France)
Tom likes chess.	A Tom le gusta el ajedrez.	CC-BY 2.0 (France)
Tom likes fruit.	A Tom le gusta la fruta.	CC-BY 2.0 (France)
Tom likes games.	A Tom le gustan los juegos.	CC-BY 2.0 (France)
Tom likes money.	A Tom le gusta el dinero.	CC-BY 2.0 (France)
Tom likes music.	A Tom le gusta la música.	CC-BY 2.0 (France)
Tom lived there.	Tom vivía ahí.	CC-BY 2.0 (France) Attribution: tat
Tom lives there.	Tom vive allí.	CC-BY 2.0 (France) Attribution: tat
```

▲ 圖 9-7：書附下載範例的 **Ch09 / spa.txt** 語料庫內容

做資料預處理

底下是讀檔、做一些預處理工作，將 spa.txt 裡面的英語句子、西班牙語句子拆開：

▼ **程式 9-3：開檔、拆分句子**

```
with open(text_file) as f:
    lines = f.read().split("\n")[:-1]
text_pairs = []
for line in lines:
    eng, spa = line.split("\t")
    spa = "[start] " + spa + " [end]"
    text_pairs.append((eng, spa))
```

替西班牙的句子加上 start、end 標記，為待會解碼器的資料做準備

▼ **程式 9-4：檢視結果**

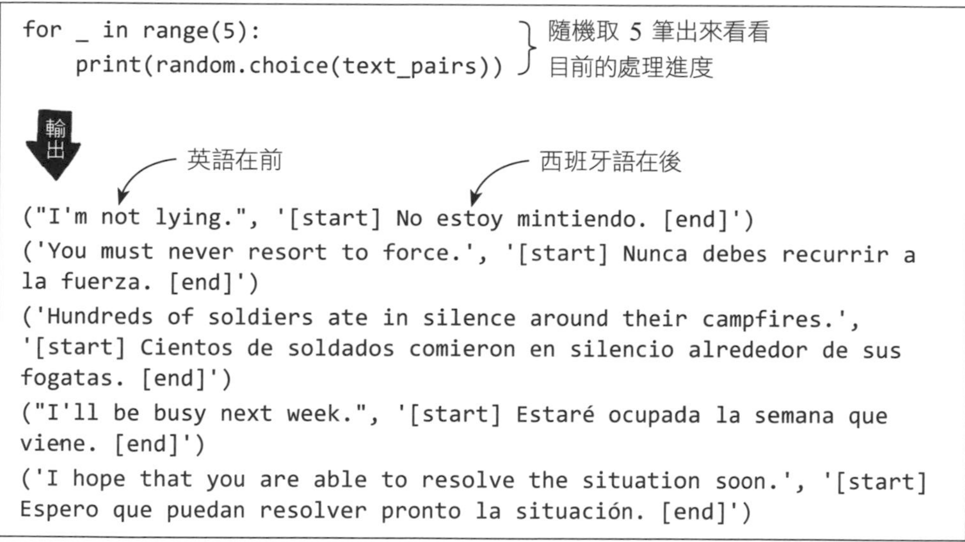


```
for _ in range(5):
    print(random.choice(text_pairs))
```

```
("I'm not lying.", '[start] No estoy mintiendo. [end]')
('You must never resort to force.', '[start] Nunca debes recurrir a
la fuerza. [end]')
('Hundreds of soldiers ate in silence around their campfires.',
'[start] Cientos de soldados comieron en silencio alrededor de sus
fogatas. [end]')
("I'll be busy next week.", '[start] Estaré ocupada la semana que
viene. [end]')
('I hope that you are able to resolve the situation soon.', '[start]
Espero que puedan resolver pronto la situación. [end]')
```

後面還有很多資料預處理的工作要做，非這裡的重點就不細看了，有興趣的讀者可以自行參閱 **Ch09 / 9-1-neural_machine_translation_with_transformer.ipynb** 範例內容。這些預處理工作都跟第 7 章法語翻英語的模型類似，有了該章的底子應該不難看懂相關程式的內容。

定義 Transformer「編碼器」的程式

直接來看編碼器、解碼器這兩個重頭戲。範例作者是各自定義成一個類別來處理。我們先從 Transformer **編碼器**部分看起，會著重在跟前面提到的各種概念做對照，讓您可以大致看懂程式邏輯：

▼ 程式 9-5：編碼器的相關程式

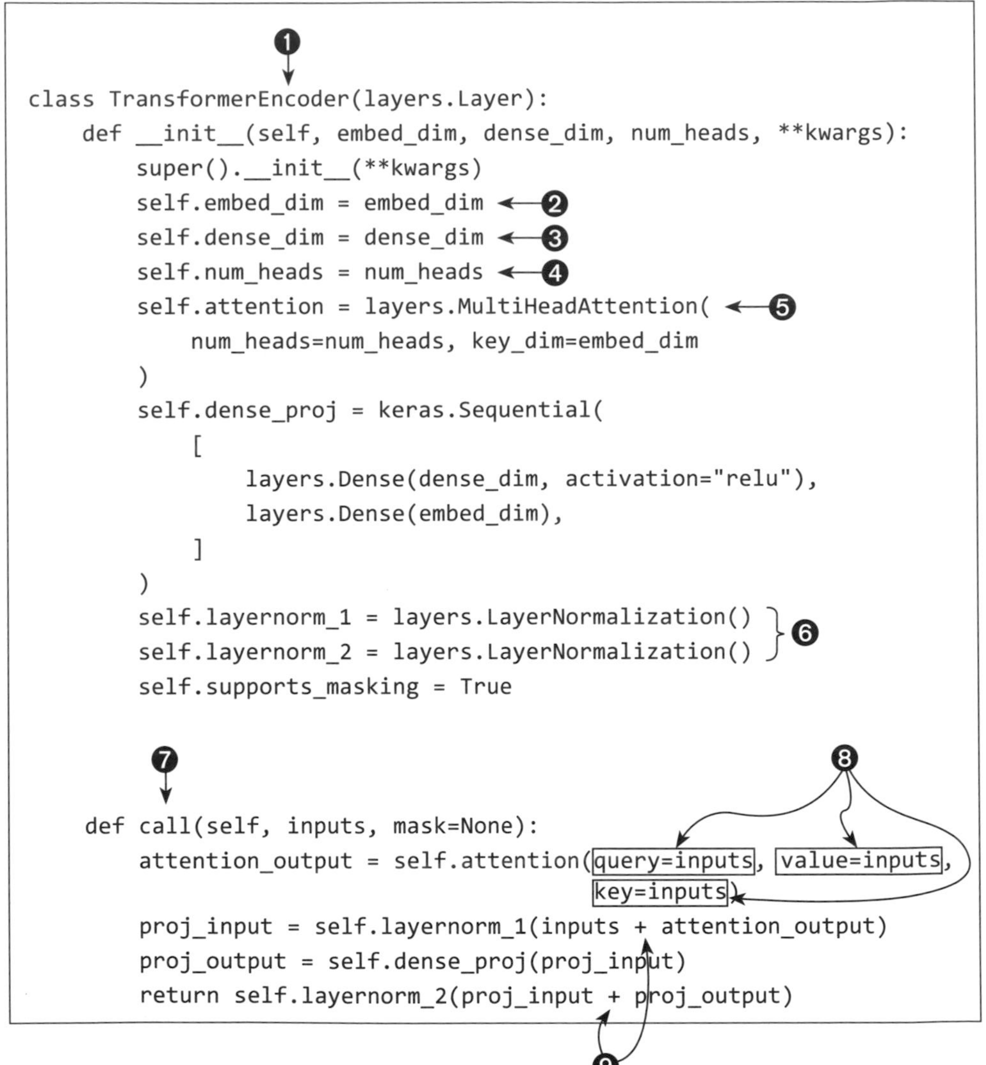

```
class TransformerEncoder(layers.Layer):
    def __init__(self, embed_dim, dense_dim, num_heads, **kwargs):
        super().__init__(**kwargs)
        self.embed_dim = embed_dim
        self.dense_dim = dense_dim
        self.num_heads = num_heads
        self.attention = layers.MultiHeadAttention(
            num_heads=num_heads, key_dim=embed_dim
        )
        self.dense_proj = keras.Sequential(
            [
                layers.Dense(dense_dim, activation="relu"),
                layers.Dense(embed_dim),
            ]
        )
        self.layernorm_1 = layers.LayerNormalization()
        self.layernorm_2 = layers.LayerNormalization()
        self.supports_masking = True

    def call(self, inputs, mask=None):
        attention_output = self.attention(query=inputs, value=inputs,
                                          key=inputs)
        proj_input = self.layernorm_1(inputs + attention_output)
        proj_output = self.dense_proj(proj_input)
        return self.layernorm_2(proj_input + proj_output)
```

❶ 定義一個 Transformer 編碼器類別，實作成 Layer 類別的子類別。

❷ 定義詞向量空間維度。

❸ 定義密集層的維度。

❹ 定義做 multi-head 的 self-attention 時，要用多少 head。

❺ 用 MultiHeadAttention() 類別做 multi-head 的 self-attention。

❻ 這些是**層正規化**的部分，編碼器上會做兩次層正規化，因此定義兩組。

❼ 定義一個 call() 函式來處理運算過程，做的事就是把上面定義的那些串起來。

❽ 由 MultiHeadAttention() 類別所建立的 attention 物件，提供前面提到的 query-key-value 參數設定。可以很清楚看到「q-k 算關聯性分數後，再跟 v 算加權和」這項工作是誰該跟誰算。

❾ 注意這裡的輸出都有額外再加上輸入，這就是 Transformer 架構圖中的「Add」跳接機制。

定義 Transformer「解碼器」的程式

接著也來看解碼器部分的程式，跟前面編碼器的程式架構都一樣，就是對照 Transformer 的架構圖堆疊起來就對了，我們著重看一些跟編碼器不一樣的地方：

▼ 程式 9-6：解碼器的相關程式

```
class TransformerDecoder(layers.Layer):   ❶
    def __init__(self, embed_dim, latent_dim, num_heads, **kwargs):
        super().__init__(**kwargs)
        self.embed_dim = embed_dim
```

NEXT

```
        self.latent_dim = latent_dim
        self.num_heads = num_heads
        self.attention_1 = layers.MultiHeadAttention(
            num_heads=num_heads, key_dim=embed_dim
        )                                                    ❷
        self.attention_2 = layers.MultiHeadAttention(
            num_heads=num_heads, key_dim=embed_dim
        )
        self.dense_proj = keras.Sequential(
            [
                layers.Dense(latent_dim, activation="relu"),
                layers.Dense(embed_dim),
            ]
        )
        self.layernorm_1 = layers.LayerNormalization()
        self.layernorm_2 = layers.LayerNormalization()      ❸
        self.layernorm_3 = layers.LayerNormalization()
        self.add = layers.Add() # instead of `+` to preserve mask
        self.supports_masking = True

         ❹
    def call(self, inputs, encoder_outputs, mask=None):
        attention_output_1 = self.attention_1(
            query=inputs, value=inputs, key=inputs,          ❺
               use_causal_mask=True
        )
        out_1 = self.layernorm_1(self.add([inputs, attention_output_1]))
                                           ❼
        attention_output_2 = self.attention_2(
            query=out_1,
            value=encoder_outputs,                           ❻
            key=encoder_outputs,
        )
        out_2 = self.layernorm_2(self.add([out_1, attention_output_2]))
                                                   ❼
        proj_output = self.dense_proj(out_2)
        return self.layernorm_3(self.add([out_2, proj_output]))
```

❶ 定義一個 Transformer 解碼器類別，實作成 Layer 類別的子類別。

❷ 解碼器裡面要做兩次 multi-head 的 attention，因此定義兩個。不過**請切記第 2 個不是做 self-attention，而是要跟編碼器那端算** (編註：若忘記請參考圖 9-5 的架構說明)。

❸ 編碼器上會做三次層正規化，因此定義三組。

❹ 定義一個 call() 函式來處理運算過程，做的事就是把上面定義的那些串起來。

❺ 運算第一個 multi-head 的 self-attention，別忘了那是有**屏蔽 (masked) 機制**的，因此看到這裡最後設了 use_casual_mask = True 參數。

❻ 這是架構圖中的第二個 multi-head attention 計算，再強調一次這不是解碼器這端自己跟自己算 self-attention。從程式可以清楚看到是以「**解碼器當下的輸出 (out_1) 為 query，編碼器的輸出 (encoder_outputs) 為 key 及 value**」算關聯性。

❼ 這兩處都是解碼器架構圖中的「Add」跳接機制。

針對 Transformer 範例的觀摩我們就介紹到這裡。

> **編註** 最後提一點，在 Transformer 架構圖中還有一塊重要的「位置編碼」模組，之前提到 Transformer 原始論文提出的位置編碼做法是透過 sin()、cos() 函數搭配設計好的公式來做，不過這個 Keras 創始者的範例是採用與 Embedding 層類似的另一種做法來做，簡單說是以訓練來產生位置編碼 (即位置編碼也是需訓練的參數)。這種技術稱為**位置嵌入法 (positional embedding)**。由於超出本書範圍這部分的程式我們就不細說了，有興趣的讀者可以自行參閱範例的程式內容進一步研究。

9-2 Transformer 架構的衍生模型：GPT、BERT

前面介紹的 Transformer 架構除了用於自然語言翻譯任務外，亦可應對其他自然語言處理 (NLP) 任務，這一節來介紹幾種基於 Transformer 架構的超熱門模型。

要訓練出大規模的高效能模型，一般作法是先以大型資料集預訓練 (pre-train) 模型、熟稔資料基本特徵與結構後，再轉用於不同類型任務。有些模型可單憑之前累積的知識，輕鬆應對新工作，有些可能得加上幾層神經層、再以任務資料集微調 (fine-tune) 參數才能應付該任務，這些都算是**遷移學習 (transfer learning)** 的技巧。

而本節要探討的幾種熱門語言模型就是應用遷移學習的精神，先設計一些任務來預訓練模型，以綜合各層能力應對多種任務。

9-2-1 認識 GPT 模型

GPT (Generative Pre-trained Transformer) 的名號應該不用多說了，它隨著 ChatGPT 而聲名大噪，ChatGPT 背後的技術就是 GPT。GPT 是一個相當強大的 NLP 生成模型 (Alec Radford et al., 2018)，如同其名「**Generative (生成式)**」，GPT 除了能照其預訓練目標完成 Auto-Complete 字詞預測外，其憑空生成文字的能力也非常出色。

GPT 的架構

針對 GPT 的架構其實我們已經學會了！它其實就是將 Transformer 的「解碼器」模組稍作修改、再堆疊而成的獨立語言模型，下圖是聚焦解碼器部分的架構：

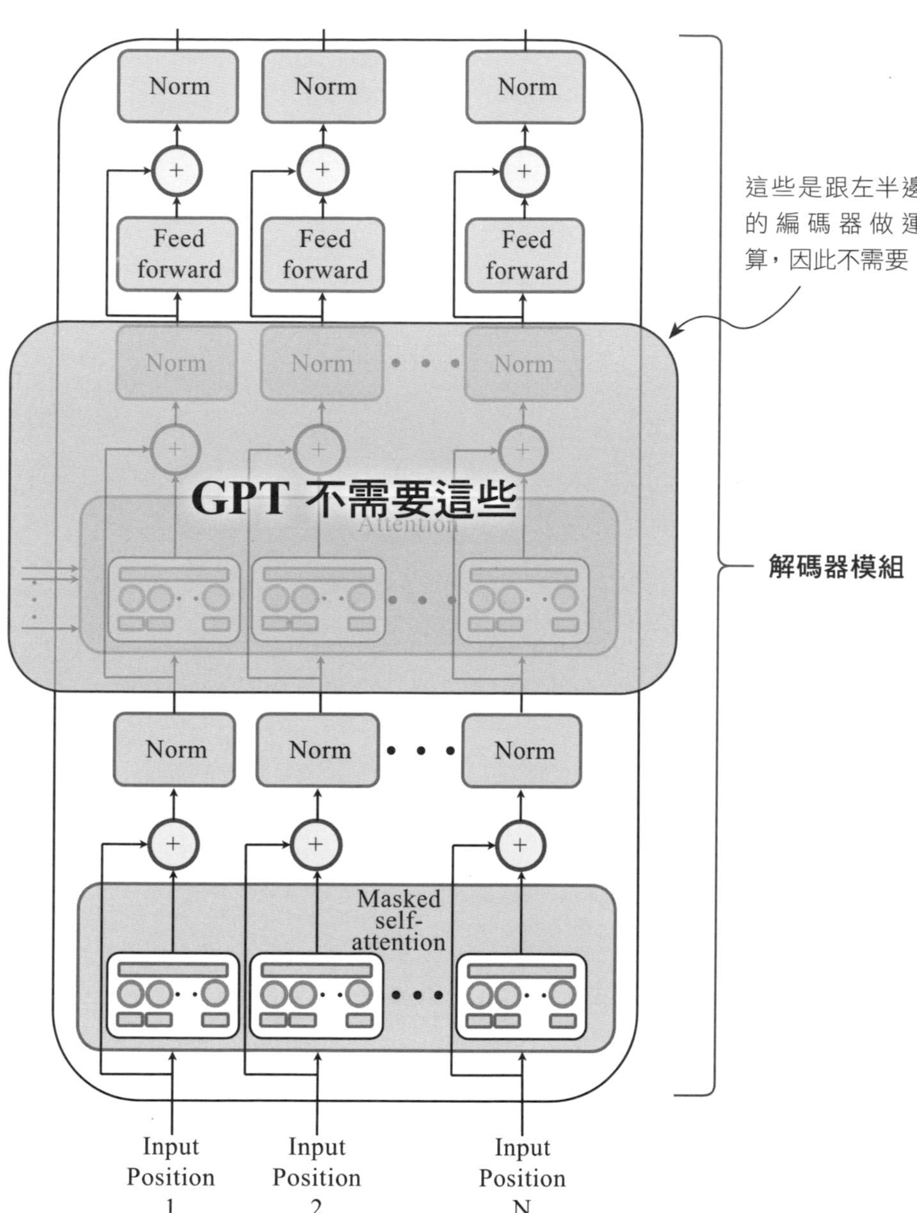

▲ 圖 9-8：基於 Transformer 的 GPT 架構

右圖則是 GPT 整體架構，由多個解碼器重覆運算組合而成：

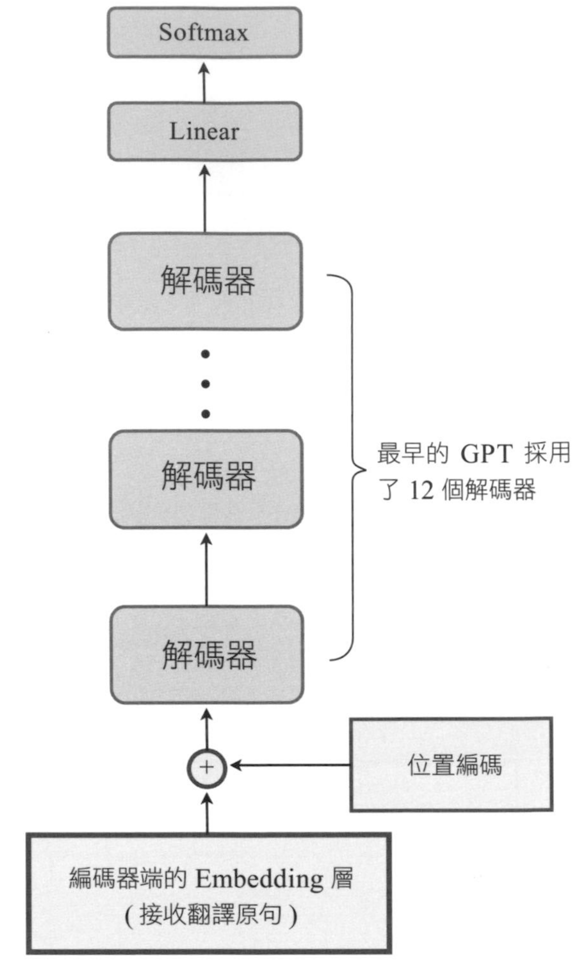

▶ 圖 9-9 : GPT 整體架構

GPT 的預訓練 (pre-train) 及微調 (fine-tune) 做法

GPT 模型是如何進行預訓練 (pre-train) 呢？我們先回憶一下第 7 章的 seq2seq 翻譯模型，編碼器負責將原句轉為 thought vector，解碼器再依據 thought vector 轉為譯句。GPT 既然要以 Transformer 解碼器端作為獨立語言模型，也就是與編碼器端脫鉤，就無須再關注編碼器那端所生成的內容 (註：也沒編碼器那端的內容可以關注了，任務得重新設計)。

而 GPT 模型的預訓練做法如下圖所示，是採用一般語言模型任務：

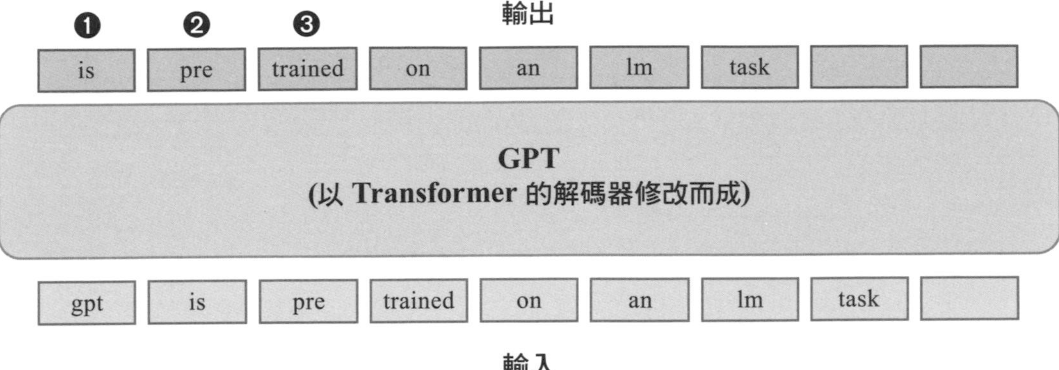

▲ 圖 9-10：GPT 的預訓練示意圖

上圖以「gpt is pre trained on an lm task」為例句示範。**GPT 模型要學會預測的正解跟輸入是同一句**，也就是用 gpt 預測 is ❶、用 gpt is 預測 pre ❷、用 gpt is pre 預測 trained ❸ ... 依此類推。而在圖 9-8 的 GPT 架構圖應該有注意到，GPT 的 self-attention 機制保留了**屏蔽 (masked) 功能**，意思是當用 gpt 預測 is 時，後面的「pre trained on an lm task」是要遮起來的，以避免較早生成的單字去關注後續單字，讓模型提早關注到正解而作弊。

由於預訓練不需要做過標記的資料，可以大幅壓低資料收集成本，故可採用超大量文字的資料進行訓練，GPT 的能力就這樣來的。

預訓練結束後，接著會再用監督式訓練進一步**微調 (fine-tune)** 模型參數。此階段要用標記過的資料搭配指定任務訓練模型，故輸入、輸出資料格式就得針對任務量身修改，這些任務包括**分類 (classification)**、**文章相似性 (similarity) 分析**、**自然語言推理 (textual entailment)**... 等等。

例如下圖展示的是**文章相似性 (similarity) 分析**任務，模型要學習判斷任意兩句子是否相似：

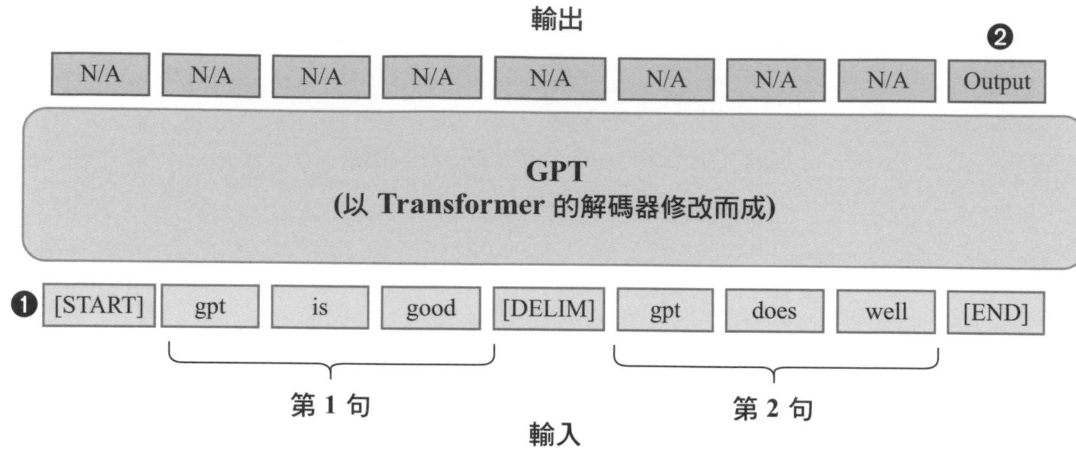

▲ 圖 9-11：用來微調模型參數的相似性任務

❶ 為方便任務進行，兩句子會先串接、中間以分隔標記 (DELIM) 隔開 (註：Delimit, 劃界的意思)，並在開頭與結尾各加上 START、END 標記，以此輸入模型。

❷ 模型接收完輸入，便會在對應的 END 這個時步輸出判斷結果。

除了得調整輸入輸出資料格式，亦得修改輸出層，初代 GPT 論文 (Radford et al., 2018) 描述了幾種因應不同類型任務的修改方式。而對相似性任務來說，兩句誰先誰後都沒差，故訓練時可將兩個句子以相反順序分別輸入 GPT，再將兩邊輸出相加、送至獨立線性分類器 (在此不用 softmax，因為非多元分類)，使之學習判斷兩句的相似性。

註 不過以監督式訓練微調參數時，不能只顧著優化模型對當下任務的表現，還得確保模型原有的語言模型能力不會因微調而退化。為此，微調期間的損失函數會是語言模型損失與應對任務損失的加權和。

GPT 內的其他設計細節

GPT 的模型還有不少細節，例如前一節提到，Transformer 的開山論文是以 sin()、cos() 公式計算位置編碼，而 GPT 則是改由**訓練**來產生位置編碼 (即位置編碼也是需訓練的參數)。之後就都一樣，詞向量得加上同長度的位置編碼方能輸入 GPT，如下圖所示，下圖是延續前面提到的「相似性」任務：

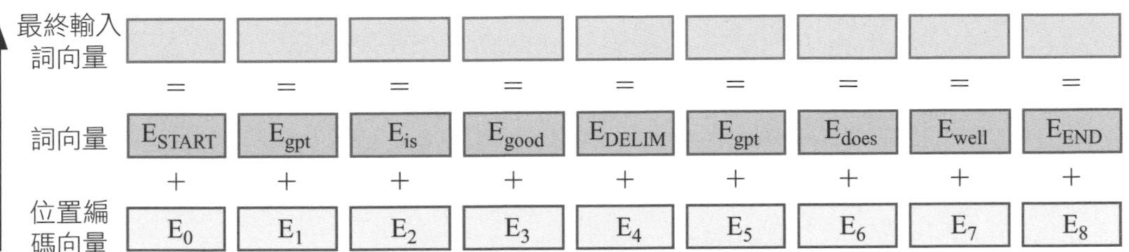

▲ 圖 9-12：詞向量加入位置編碼資訊後，再餵入 GPT 模型

另一個例子，GPT 模型中採用一種名為 **BPE (Byte-Pair Encoding，位元組對編碼)** 的編碼技術 (Sennrich, Haddow, and Birch, 2016) 替語料庫編碼。BPE 是一種資料壓縮演算法，有興趣的讀者可再自行研究。此處要說明的重點是，Radford 等人以 12 種任務來比較 GPT 與其他模型後發現，BPE 編碼方式明顯在其中 9 種任務取得更好效果。這也許是因為 GPT 在預訓練期間能將更多知識內化在其架構中，只要搭配些許遷移學習，就能將這些能力發揮出來。

持續進化中的 GPT 模型

GPT 開發團隊至 2018 年發佈 GPT-1 以來，能力不斷在提升，其後續版本 GPT-2 (Puri and Catanzaro, 2019; Radford et al., 2019) 問世後，其能力又進一步得到提升。而 Brown 等人 (2020) 又進一步做改良，推出了能在有限甚至無額外樣本的情況下、即可應對其他任務的 GPT-3。

GPT 模型歷代發展下來，都會繼續做優化，模型也越來越龐大，像是 GPT-3 有 96 層，每層有多達 96 個 head 做 multi-head self-attention。

在參數數量方面，從 GPT-1 的 1.17 億個，最新的 GPT3、GPT4 已經有上千億、甚至更多的參數，GPT 模型到目前為止仍持續在發展中。

9-2-2 認識 BERT 模型

除了 GPT 外，**BERT** (Bidirectional Encoder Representations from Transformers) 也是很著名的語言模型。現今除了 GPT 以外的 NLP 模型，例如 **RoBERTa** (Liu、Ott，2019)、**A Lite BERT** (ALBERT) 都是由 BERT 發展而來，往後閱讀 NLP 相關文章也免不了會提到 BERT，拿它跟 GPT 做比較，因此還是要稍微認識一下它。

BERT 的英文全名很長，重點有兩點。首先它是基於 Transformer 的「**編碼器 (Encoder)**」(Devlin et al., 2018) 發展而來；其次它具備**雙向 (Bidirectional)** 的機制，故其優勢在於能夠提取單字與其前後文的關聯。

編註 回憶一下第 5 章提到的「雙向」訓練技巧，像是雙向 RNN 就是一邊從「頭」分析輸入序列，另一邊則從序列「末端」反方向分析，因此較能綜合上下文做出判斷。

針對「雙向」這一點，採用 Masked (屏蔽式) self-attention 層、避免模型窺視未來單字的 Transformer 解碼器這一端 (GPT) 做不到，但編碼器這端就沒問題了，以此衍生出的 BERT 當然也可以導入雙向機制。

BERT 的預訓練做法

為了配合 BERT 架構的雙向性，其預訓練 (pre-train) 做法需要稍微設計過，最經典的就是**屏蔽句訓練 (masked language model)** 與**後續句判斷 (next-sentence prediction)** 這兩種預訓練任務。

■ 屏蔽句訓練

前一節的 GPT 預訓練是採一般語言模型作法，也就是讓模型能根據前文預測後續單字，而此模型的預訓練做法，是把一些字遮起來，希望模型能根據句子前文與後文來判斷被遮起來的單字為何，白話一點就是讓模型練習「克漏字」填充。

以下用「my dog is a hairy beast」(我的狗是頭毛茸茸的野獸) 作為例句來說明，這句話算是致敬 BERT 當年 (Devlin et al., 2018) 用的例句。一開始先照以下步驟隨機屏蔽句中某些單字，再訓練模型還原這些單字：

- 隨機選擇 15% 的單字作為屏蔽目標，本例假設要屏蔽的是句子中的「dog」跟「hairy」。
- 以指定的屏蔽標記 (例如 [MASK]) 替換 80% 的屏蔽目標，例如「my dog is a **[MASK]** beast」就是用 [MASK] 把 hairy 換掉 。
- 以隨機單字 (例如 apple) 取代 10% 的屏蔽目標，例如「my **apple** is a hairy beast」就是用 apple 把 dog 換掉 。
- 剩下 10% 的屏蔽目標則不做取代、保持原狀 (維持「my dog is a hairy beast」)。這樣聽起來跟沒屏蔽有啥不同？只要被列為屏蔽目標，模型就得設法預測該單字，其效能也是根據屏蔽目標的還原成功度來評斷。

以上訓練策略是讓模型藉由重建這 15% 的屏蔽目標，揣摩出各種語言結構，進而練成預測文本所有位置單字的能力。

■ 後續句判斷任務

後續句判斷 (next-sentence prediction) 任務的目標則是讓模型學習判斷前後句的關聯，學會輸出後續句子。訓練時的輸入資料是以連續兩個句子串成、中間用 **[SEP]** 分隔標記隔開。模型得負責判斷後句在邏輯上是否能接上前句。若邏輯接得上，則將樣本歸為 **InNext** (接得上)；若接不上，則歸為 **NotNext** (接不上)。換言之，模型於訓練期間會遇到以下兩種樣本：

- 50% 的樣本是以真實的兩個**相關句子**組成，比方說「the man went to [MASK] store」、「he bought a gallon [MASK] milk」兩句。這裡舉的例子是與屏蔽句子的訓練任務同時進行，故某些單字會被遮起來；模型得將這個樣本判為 InNext。

- 另外 50% 的樣本則是以兩**不相關的句子**組成，比方說「the man went to [MASK] store」、「penguins [MASK] flight less birds.」兩句，兩句明顯沒什麼關係，模型得將其判為 NotNext。

> **編註** 以上是採用短短的句子作為樣本，但 BERT 的預訓練任務能接受多句組成的樣本，只要將這幾句用 SEP 標記拆成「兩大段」、且總單字數不超過上限即可。一般 BERT 能接受的輸入上限為 512 個單字。

下圖是一個「後續句判斷任務」的模型示意圖：

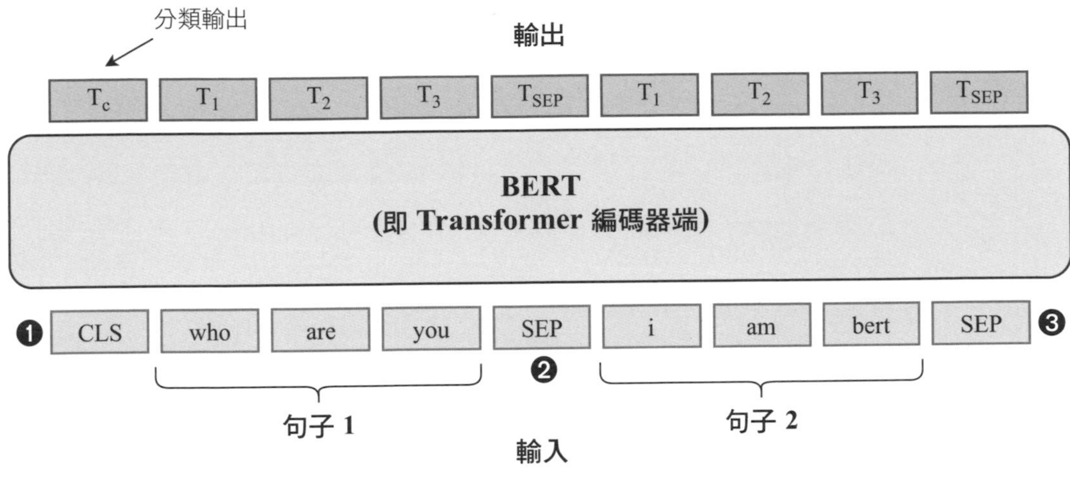

▲ 圖 9-13：後續句任務模型示意圖

由於是要做分類，即兩句 InNext (接得上) 還是 NotNext (接不上)，因此輸入會以一個特殊的分類標記 [CLS] 做開頭 ❶，表示做 Classification (分類)。[CLS] 的後面接第一句，然後接一個分段標記 [SEP] ❷ 做第一句結尾；再接上第二句，最後以 [SEP] ❸ 標記結尾。餵入模型的輸入資料就長這個樣子。

若任務僅需輸入單段句子 (比方說情感分析)，就得稍微調整一下輸入格式，例如以 CLS 標記開頭、後接該句子、再以 SEP 標記結尾即可。

BERT 的位置編碼做法

BERT 當中的位置編碼 (positional encoding) 方式跟 GPT 一樣，是藉由訓練得來，為了進一步簡化模型學習手續，BERT 還採用「分段編碼」區分「前後段」，例如前段的單字通通標為 E_A，後段的單字標為 E_B，藉此識別單字是屬於前一段還是後一段。

故最後進入模型的詞向量是詞向量、分段向量、位置向量三者的加總 (跟 GPT 模型相比多了個**分段向量**)，如下圖所示：

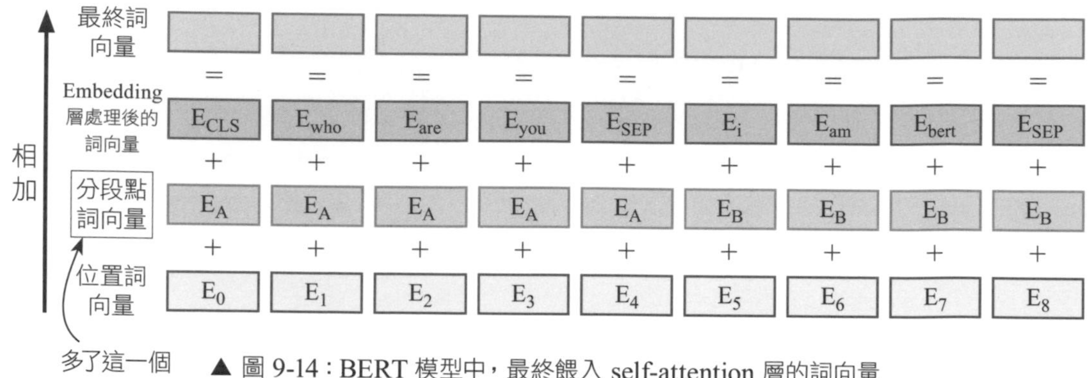

▲ 圖 9-14：BERT 模型中，最終餵入 self-attention 層的詞向量

以 BERT 應對的 NLP 任務

為驗證 BERT 的功能，開發團隊將其應用於下列幾種任務的表現都很優異 (Devlin et al., 2018)，這些任務與 GPT 模型專注在「生成 (generative)」方面略有不同：

- 文章 (推文、影評) 的情感分析。
- 垃圾郵件檢測。
- 文章蘊含 (Textual Entailmen) 分析，即判斷後句與前句的邏輯是否一致、矛盾還是互不相干。
- 問答任務，模型得根據給定問題和包含答案的文章敘述，判斷「解答」在文章中的何處。比方說問題是：「水滴與冰晶在何處碰撞以形成降雨？」，該問題的解答在「微型水滴在雲中與其他雨滴或冰晶碰撞後凝聚，形成降雨」這句裡面，模型就得回答「該解答句在文章中的第 m 個字～第 n 字之間」。

9-2-3 其他從 Transformer 衍生出的模型

ERINE、ERINE 2.0 模型

ERINE (Enhanced Representation through Knowledge Integration，知識集成增強表示法) 模型則採用與 BERT 同架構，但藉由改良訓練方式來提高其性能 (Sun et al., 2019)；其中一種改良是在做屏蔽單字的訓練時，視情況屏蔽「連續單字」。

例如當出現「Harry Potter」這種經常一起出現的字串，照原版 BERT 的作法僅屏蔽其中一個單字並不合理，要遮就得兩個一起遮。ERINE 會以某種機制將常連續出現的單字組合成片語，屬同一片語的單字串，要嘛全遮，要嘛全不遮。

而 ERNIE 2.0 (Sun et al., 2020) 不但進一步改良訓練流程，亦增添更多預訓練任務。甚至在 BERT 原有的位置編碼向量、分段點編碼向量外，又引進**任務詞向量 (task embedding)**，以明確告知模型當前任務。在中英文等多種 NLP 任務上，ERNIE 2.0 表現均勝過 BERT。

XLNet 模型

Yang 等人指出，雖然 BERT 的屏蔽句訓練方式很有效，但相較於 GPT 用的傳統語言模型任務，該隨機屏蔽機制反而會使模型在訓練時看不到「真實」的文章內容。因為單字既然能出現在同一句，它們之間多少會有點關聯，這關聯性很可能因隨機屏蔽而被破壞了。

為兩全其美，XLNet 的預訓練採用一般 (單向) 語言模型任務 (根據前文預測後續單字)，但輸入句子會在模型內部「隨機調換詞序」，使得模型在預測時有機會觀察到前、後文單字。如此一來，既能避免單字間的關聯因隨機屏蔽而被破壞，又能像 BERT 般能同時從前後文學習。

Yang 等人 (2019) 表示 XLNet 的表現優於 BERT。不過 Liu、Ott 等人的 RoBERTa 的研究指出 (2019)，只要訓練更充分，BERT 即使不調整架構也能勝過 XLNet。這些你來我往的較量很難確定架構與訓練過程對效能的影響，但可以確定的是，未來鐵定還會再出現更強大的自然語言模型架構。

Appendix

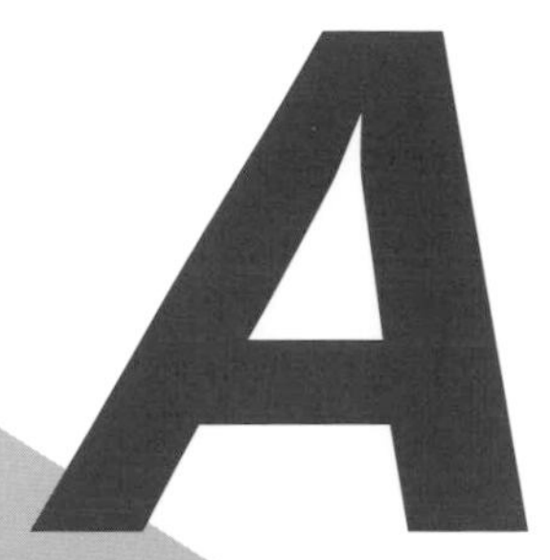

延伸學習 (一)：多模態、多任務...等模型建構相關主題

本書的模型任務著重在影像處理和 NLP 領域，各章內容環環相扣，尤其從第 5 章開始觸及 NLP 模型之後，您應該不難感受到次一章的模型幾乎都是為了解決前一章的模型的特定問題所產生的。希望這種層層舖墊的方式能讓您深刻理解各技術的脈絡，進而看懂 Transformer、GPT 等最熱門的神經網路技術。

然而除了熟悉先進的模型架構外，很多技術是涉及建模的觀念、手法。例如資料一定非得全是文字或全是影像嗎？模型一次只能解決一個任務嗎？模型怎麼調校比較快？如何快速找到理想的模型架構？…等，先前的章節多半是「任務導向」，很少探究這些主題，本附錄就來做個介紹，補足您的深度學習大局觀。

本附錄各節是獨立的，我們將依續介紹**多模態學習 (multimodal learning)**、**多任務學習 (multitask learning)**、**神經網路調校 (network tuning)** 等主題。

A-1 多模態學習 (multimodal learning)

神經網路模型可用於自然語言、影像、商品價格等不同類型的資料，不同類型資料能帶給模型不同體驗，而所謂的**模態 (modalities)** 就是指表達或體驗事物的方式，例如影像資訊是一種模態，而聽覺、文字資訊也是一種模態。甚至，兩種語言也可以視為兩種模態。又或者，序列資料是一種模態，單一特徵是一種模態。

當研究的問題或資料集涉及多種模態時，就稱為**多模態學習 (multimodal learning)**，指的是建構一個能消化多種模態資料、或是輸出不同模態的神經網路。例如一個**圖片 (輸入序列) -to- 文字 (輸出序列)** 的架構就算是一個多模態模型。

編註 **多模態**這個名稱近來很紅，例如 GPT-4 就是一個多模態的 AI 模型，除了輸入文字給它生成內容外，也可以輸入圖片來生成內容。

Baltrušaitis 等人 (Baltrušaitis, Ahuja, and Morency, 2017) 將多模態學習的挑戰分成幾大項。當想進行多模態的設計時，就不能無視這些挑戰。本節會先對這些挑戰摘要說明，最後實作一個輸入資料為「圖片 + 文字」的雙模態分類模型。

A-1-1 多模態學習的挑戰

挑戰一：不同模態的輸入資料該如何表示 (representation)

建構多模態模型時，得先決定該如何向模型呈現不同模態的輸入資料。直覺的想就是將各模態串接在一起再輸入模型，但此法不是任何情況都能用，若一個模態是序列資料、另一模態為單一特徵，硬串接就不太適合。可能導致某一模態在無意間過度主導模型行為。

打個比方，若輸入資料是用圖片和文字敘述同一物件，高解析度圖片動輒上百萬像素，但文字可能只有區區幾個字，應設法讓模型理解這區區幾個字的資訊量與上百萬像素的圖片同等重要：

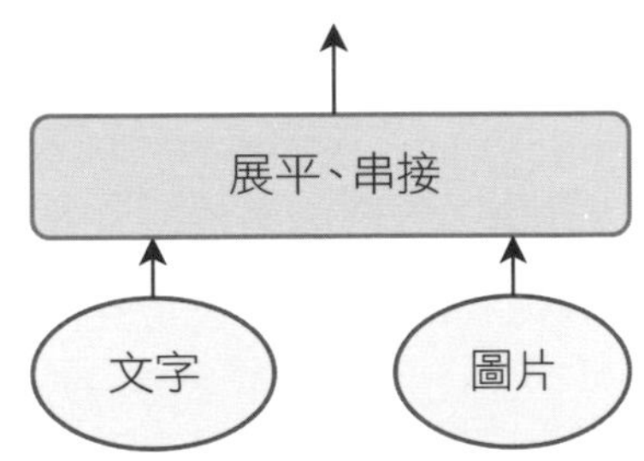

▲ 圖 A-1：純粹展平後進行串接，不是太理想

因應這種情況，可以用「並行的子架構」處理不同模態輸入，再將兩邊初步擷取的特徵結合起來。像文字資料可採用循環層轉換成固定維度的向量，而圖片資料就以 CNN 擷取重要特徵，化為更精簡的特徵。兩邊資料經子架構處理後，維度差距拉近，模型較能公平看待兩模態的資訊。

而以並行子架構處理不同模態輸入後，下一步就是將子架構擷取的多模態特徵組合起來，做法有兩種：

- **做法 (一)：**最直接的作法一樣是串接後再輸入密集層彙整、重組成另一表示法，如下圖所示。Baltrušaitis 等人 (Baltrušaitis, Ahuja, and Morency (2017)) 將之稱為**聯合表示法 (joint representation)：**

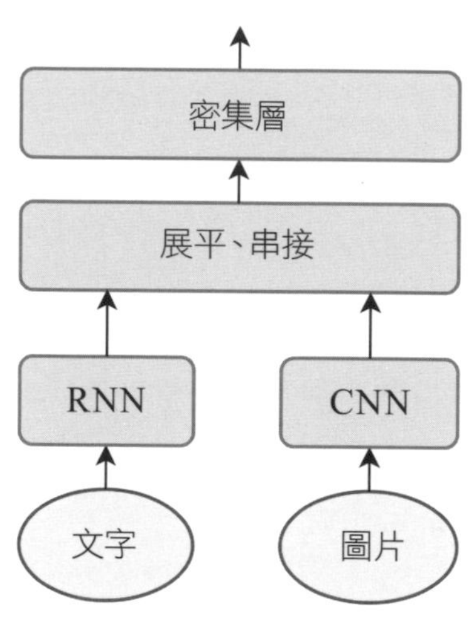

▲ 圖 A-2：聯合表示法

- **做法 (二)：**另一種做法是讓各模態資料流在模型內部各自獨立，但在訓練期間對兩者施加某種約束 (constraint)，常見的約束是使用模態映射函數 (參數得從資料學習)，使得同物件的不同模態特徵映射到一個「多模態空間 (coordinated multimodal space)」，藉此將兩者「束」在一起。

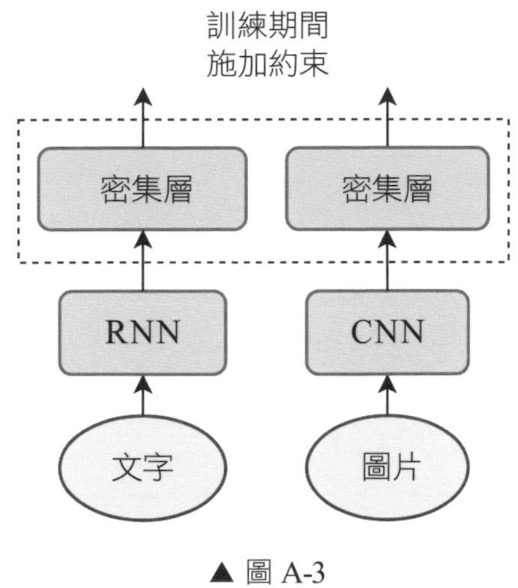

▲ 圖 A-3

> **註** 舉個例子，以一張狗的圖片和文字「dog」餵入模型，狗圖片與單字「dog」映射到多模態空間後，應該會反映出其相似性，因為兩者對應的是同一物件 (**編註**：類似之前介紹的詞向量空間)。當模型僅能根據其中一種模態進行推斷，這種相似性就能派上用場。

挑戰二：模型如何綜合各模態資料做出判斷 (fusion)

把輸入資料呈現給模型後，接下來的挑戰就是「模型如何綜合各模態資料做出判斷」，Baltrušaitis 等人將此挑戰稱為 **fusion (融合)**。若以「根據視訊和音訊對影片進行分類」為例，可用 **early fusion** (早期融合) 或 **late fusion** (晚期融合) 來規劃這個分類模型的架構：

- **early fusion**：在模型前幾層 (甚至輸入層) 就串接不同模態的特徵，後幾層再根據此特徵學習權重參數：

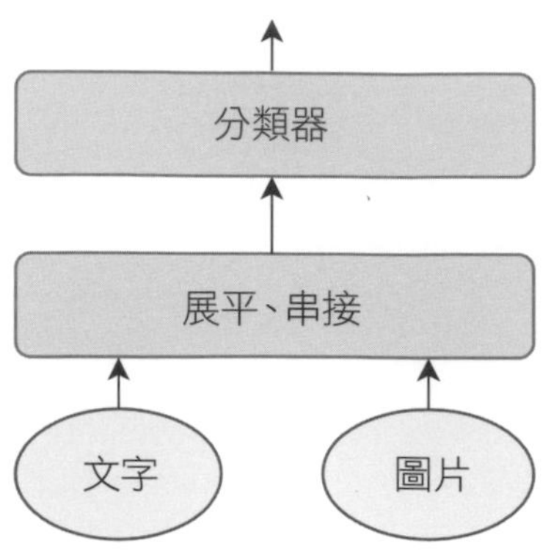

▲ 圖 A-4：以 early fusion 方式規劃分類模型

- **late fusion**：以並行子架構分析不同模態資料，例如分別以圖片與文字資料各訓練一個分類器後，再以加權 (weighted) 等方式結合兩模型做輸出：

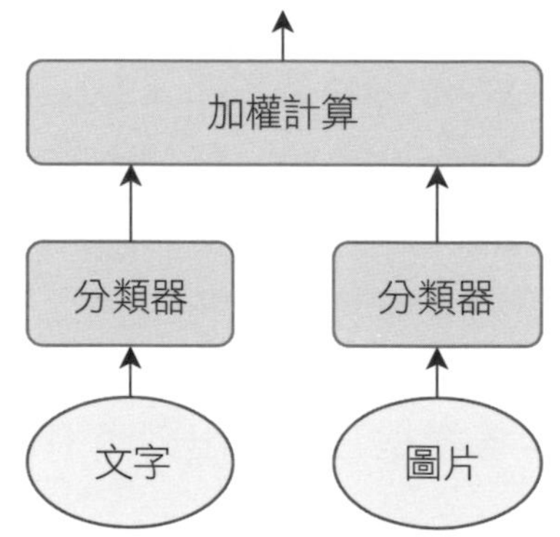

▲ 圖 A-5：以 late fusion 方式規劃分類模型

挑戰三：模態的轉換 (translation)

這裡的 translation 不是翻譯的意思，不過意思有點接近，translation 是指將一種模態轉為另一種模態，這項挑戰的關鍵是要找出各模態之間的映射方式。例如一個**圖片標註 (image captioning)** 模型可以對輸入的圖片 (原模態) 生成文字敘述 (另一模態)，這就是典型的 translation。

也有不少人將之前介紹的「法翻英」視為轉換的一種，因為是將同一資訊以不同面向 (語言) 陳述，所以也算多模態。此論點是將模態視為更細緻的概念，也就是同一媒介下可存在不同的模態，例如把兩種不同的語言當做兩種模態。

挑戰四：尋找模態間的關聯性 (alignment)

此挑戰是辨識出某模態資料與其他模態資料之間的「關聯性」，也就是前兩章提到的 attention 機制。以圖片標註 (image captioning) 模型中的「圖片」與「文字敘述」兩模態為例，將文字與圖片內的元素連結，就是去尋找關聯性。或者在一個分類模型中，若模型能學會尋找多個模態資料 (比方說視訊與音訊) 的關聯性，就能綜合不同觀察角度，進而提昇分類準確率。

> **註** 建立關聯性被專家們稱作 **alignment (對齊)**，大概知道此術語的含義就好。這部分的實作第 8、9 章已經介紹過，讀者應該已經很有概念了。

A-1-2 範例程式：用雙模態輸入資料進行分類

這次要打造的模型可同時根據圖片、文字兩種模態資料來辨識手寫數字圖片。訓練用的圖片採用 MNIST 資料集，文字資料 (例如：此數字為奇數 / 偶數 / 比 5 大 / 比 5 小等文字敘述) 則我們另外手動建立。此分類模型的優點是當圖片難以辨認時，這些文字敘述可以協助判別圖片是哪個數字。完整程式請見 **《書附範例 Chaa / A-1-multi_modal.ipynb》**。

前置工作

一樣先從載入套件、載入 MNIST 資料集、做資料標準化開始，如程式 A-1 所示：

▼ 程式 A-1：程式初始化、載入 MNIST 資料集並做標準化

```
import tensorflow as tf
from tensorflow import keras
from tensorflow.keras.utils import to_categorical
from tensorflow.keras.preprocessing.text import Tokenizer
from tensorflow.keras.preprocessing.text \
    import text_to_word_sequence
from tensorflow.keras.preprocessing.sequence \
    import pad_sequences
from tensorflow.keras.layers import Input
from tensorflow.keras.layers import Embedding
from tensorflow.keras.layers import LSTM
from tensorflow.keras.layers import Flatten
from tensorflow.keras.layers import Concatenate
from tensorflow.keras.layers import Dense
from tensorflow.keras.models import Model
import numpy as np
import matplotlib.pyplot as plt
import logging
tf.get_logger().setLevel(logging.ERROR)

EPOCHS = 20
MAX_WORDS = 8
EMBEDDING_WIDTH = 4

# 載入訓練與測試資料集
mnist = keras.datasets.mnist
(train_images, train_labels), (test_images,
                               test_labels) = mnist.load_data()

# 做資料標準化
mean = np.mean(train_images)
stddev = np.std(train_images)
train_images = (train_images - mean) / stddev
test_images = (test_images - mean) / stddev
```

程式 A-2 則是根據手寫圖片內容手動建立文字敘述，作為第 2 種輸入模態來訓練模型：

▼ **程式 A-2：為訓練和測試樣本建立文字模態的函式**

```
# 定義一個建立文字模態的函式
def create_text(tokenizer, labels):
    text = []
    for i, label in enumerate(labels):
        if i % 2 == 0:
            if label < 5:
                text.append('lower half')        ❶
            else:
                text.append('upper half')
        else:
            if label % 2 == 0:
                text.append('even number')       ❷
            else:
                text.append('odd number')
    text = tokenizer.texts_to_sequences(text)
    text = pad_sequences(text)
    return text
# 為訓練集與測試集樣本一一建立文字敘述
vocabulary = ['lower', 'upper', 'half', 'even', 'odd', 'number']
tokenizer = Tokenizer(num_words=MAX_WORDS)
tokenizer.fit_on_texts(vocabulary)
train_text = create_text(tokenizer, train_labels)
test_text = create_text(tokenizer, test_labels)
```

為了給模型增加難度，本例建立的文字敘述寫的不那麼具體，僅能從中得出部份資訊，並按照訓練 (測試) 樣本順序給予不同描述：

❶「**偶數序**」的樣本以 5 為界，標明手寫數字為 'upper half' (大於等於 5) 或 'lower half' (小於 5)。

❷「**奇數序**」的樣本則根據手寫數字為奇 / 偶數分別標為 'odd number' 或 'even number'。

如同前述，文字敘述雖未具體指明圖片是哪個數字，但當圖片難以辨認時也可以派上用場，等於是為辨識手寫數字買個保險。

模型建構及訓練

建構及訓練圖片分類模型如程式 A-3 所示：

▼ **程式 A-3：能根據兩種輸入模態做分類的模型**

```
# 以函數式 API 建構模型
image_input = Input(shape=(28, 28))
text_input = Input(shape=(2, ))

# 宣告各神經層
embedding_layer = Embedding(output_dim=EMBEDDING_WIDTH,
                            input_dim = MAX_WORDS)
lstm_layer = LSTM(8)
flatten_layer = Flatten()
concat_layer = Concatenate()
dense_layer = Dense(25,activation='relu')
output_layer = Dense(10, activation='softmax')

# 連接各神經層
embedding_output = embedding_layer(text_input)  } ❶
lstm_output = lstm_layer(embedding_output)
flatten_output = flatten_layer(image_input)     } ❷
concat_output = concat_layer([lstm_output, flatten_output])
dense_output = dense_layer(concat_output)       } ❸
outputs = output_layer(dense_output)

# 建構、編譯、訓練模型
model = Model([image_input, text_input], outputs)
model.compile(loss='sparse_categorical_crossentropy',
                       optimizer='adam', metrics =['accuracy'])
model.summary()
history = model.fit([train_images, train_text], train_labels,
                    validation_data=([test_images, test_text],
                                      test_labels), epochs=EPOCHS,
                       batch_size=64, verbose=2, shuffle=True)
```

此模型的架構跟第 3 章的範例類似，但多了一個以 Embedding 層和 LSTM 層組成的子架構 ❶，用來處理文字輸入。LSTM 層的輸出與展平後的輸入圖片資料串接 ❷ 後，送入後面的密集層，再送往殿後的 softmax 密集層 ❸，輸出分類結果。

訓練結果

先講結論。作者在訓練滿 20 個週期後，得出的驗證準確率為 97.2%，表現還不錯。

另外補充一點，若想知道文字資訊為模型貢獻了多少準確率，可以把文字這個模態去掉，再看看準確率如何。不過要注意，若直接取消文字模態輸入，會讓模型的權重變少，以不同複雜度進行比較會不客觀。為此，我們可以修改文字模態的建構流程，「刻意」將所有文字敘述都改成「lower half」，給一些錯的訊息，看看多了這麼多誤植標記的樣本會不會影響模型訓練。經作者實驗，若全樣本都採用同樣文字敘述，驗證準確率會下滑至 96.7%，不要小看這一點點百分比，仍足以證明額外的文字模態的確能輔助模型判斷。

以上內容的實作程式大致如下：

▼ **程式 A-4**

```
# 印出一個測試集的輸入模態和輸出

print(test_labels[0])
print(tokenizer.sequences_to_texts([test_text[0]]))
plt.figure(figsize=(1, 1))
plt.imshow(test_images[0], cmap=plt.get_cmap('gray'))
plt.show()

# 預測測試集中的範例
y = model.predict([test_images[0:1], np.array(
    tokenizer.texts_to_sequences(['upper half']))])[0] #7
print('Predictions with correct input:')
```

NEXT

```
for i in range(len(y)):
    index = y.argmax()
    print('Digit: %d,' %index, 'probability: %5.2e' %y[index])
    y[index] = 0

# 用修改後的文字敘述再次預測相同的測試集範例
print('\nPredictions with incorrect input:')
y = model.predict([test_images[0:1], np.array(
    tokenizer.texts_to_sequences(['lower half']))])[0] #7
for i in range(len(y)):
    index = y.argmax()
    print('Digit: %d,' %index, 'probability: %5.2e' %y[index])
    y[index] = 0
```

```
7
['upper half']
```

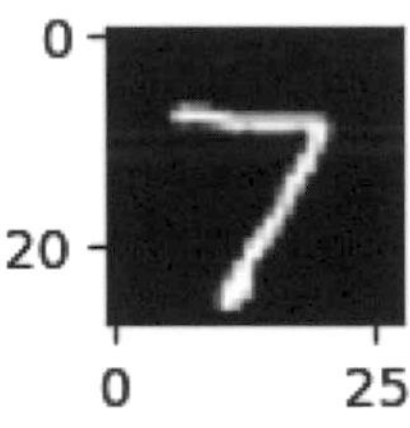


```
1/1 [==============================] - 1s 510ms/step
Predictions with correct input:
Digit: 7, probability: 1.00e+00
Digit: 5, probability: 1.13e-07
Digit: 9, probability: 1.06e-07
Digit: 8, probability: 1.79e-08
Digit: 3, probability: 7.67e-11
Digit: 1, probability: 7.49e-16
Digit: 2, probability: 1.22e-17
Digit: 6, probability: 1.54e-19
Digit: 4, probability: 1.01e-19
Digit: 0, probability: 3.08e-20
```

先列出「用正確的文字敘述來訓練模型並做預測」，下一頁則是「刻意給一些錯的資訊」的結果

NEXT

```
Predictions with incorrect input:  ← 刻意給一些誤植輸入資料的結果如下

1/1 [==============================] - 0s 24ms/step
Digit: 7, probability: 5.68e-01  ← 預測能力受到影響 (7 的機率從
Digit: 3, probability: 4.32e-01     原先 100% 變成 56.8% 左右 )
Digit: 2, probability: 5.81e-05
Digit: 1, probability: 8.65e-06
Digit: 9, probability: 9.06e-07
Digit: 8, probability: 3.84e-07
Digit: 0, probability: 2.42e-07
Digit: 4, probability: 2.41e-07
Digit: 5, probability: 1.12e-08
Digit: 6, probability: 9.09e-19
```

A-2 多任務學習 (multitask learning)

前一節的**多模態學習**是以同一模型處理多種類型的資料，而本節要介紹的**多任務學習 (multitask learning)** 則是訓練單一模型應對多種任務。有時也會結合多模態 + 多任務兩者，打造一個能處理多種模態資料、並解決多種任務的模型，後面會示範如何實作。

A-2-1 多任務學習的基本概念

多任務學習的概念是：當多個任務具有一定程度的相關性時，那就乾脆訓練出一個能同時應對這些任務的模型，以提高訓練及運作效率。

例如某個模型的任務是分類圖片內的物件，並標出其邊框，不難看出這些任務的確有關聯，不管是「任務 A」辨識圖片物件是否為狗，或者「任務 B」把圖中的狗框起來，都得先學會辨識狗的特徵。

> **註** 多任務學習跟遷移學習的差別在於，模型不是先訓練來從事某任務、再「轉」用於別的任務，而是一開始就被訓練來應對多種任務。

多任務學習的實作要點

模型要能應對多種任務，首先得要有多組、但不同類型的輸出神經元。以前面所舉的「分類圖片內的物件，並標出其邊框」模型為例，要實現此模型，一般作法是採用平行輸出，一邊以 softmax 層分類物件，另一邊則以 4 個線性神經元表示物件邊框 4 個角的位置：

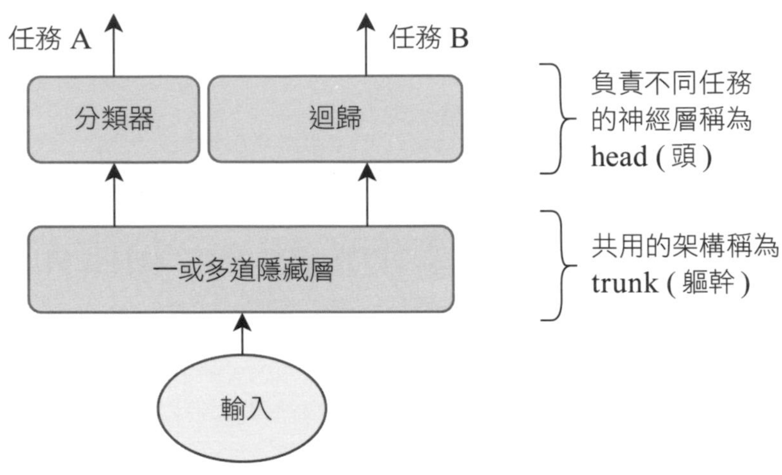

▲ 圖 A-6：用於多任務學習的模型。
一頭做分類，另一頭做迴歸

多頭輸出自然得搭配多頭損失函數，說穿了就是把各頭的損失函數組合起來就好。以這個「分類圖片內的物件，並標出其邊框」模型為例，多元分類那頭使用分類交叉熵，迴歸那頭使用均方誤差，然後對這兩頭損失求加權和，就能當該模型的多頭損失函數。至於加權和的權重該怎麼設？最單純的方法是把它當訓練的超參數來調。

> **註** 多任務模型是以多個 head 共構，當然 trunk 的參數也得兩頭共用，這種參數與架構共享方式被稱為「**剛性**」**參數共享 (hard parameter sharing)**。至於「**柔性**」**參數共享 (soft parameter sharing)** 是指各 head 有自己的 trunk，各 trunk 採用相似架構，參數可以不一樣，只是在訓練期間會以損失函數約束各 trunk 某些層的權重，使其權重不會差太多。這樣的設計能賦予模型一些變通性：兩邊參數能相似最好，但若能讓模型表現更好，稍微不同也行。

最後，多任務學習要考量的東西不少，例如先前所介紹的 early stop 常規化技巧 (在效能最高的訓練週期點停止訓練)，此技巧在單任務學習很理所當然，但面臨多任務學習就不單純了。假設模型的學習曲線如下圖所示，要在哪個任務表現最佳時停止訓練？A、B、還是 C？尤其是當各任務因成本限制而不得不多人共用架構時，要決定就更難了，此時就得好好協商才能決定。

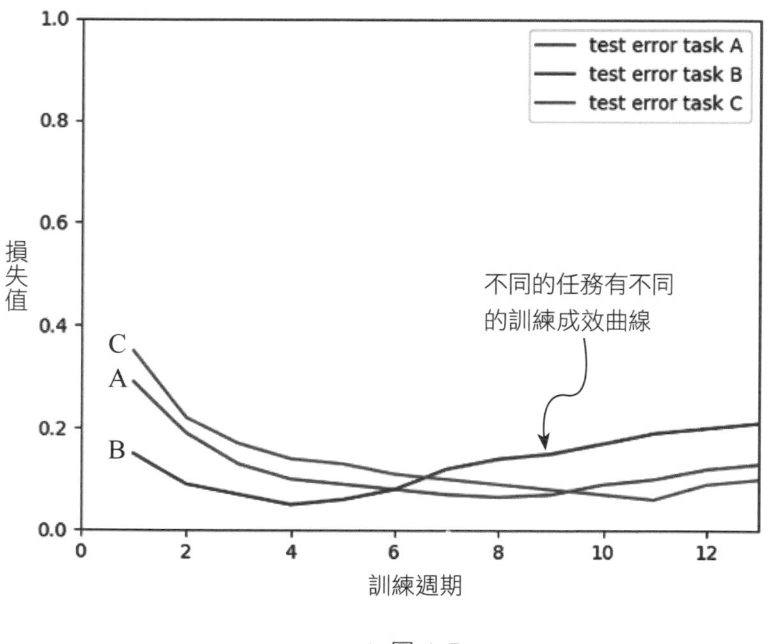

▲ 圖 A-7

A-2-2 範例程式：以單一模型應對多元分類與問答任務

大致多任務學習的概念後，接著就來實作一個結合多模態與多任務的模型。只要將前一節實作的多模態模型稍做修改，多加一個 head (任務)，就能變成一個能以多模態輸入進行多任務學習的模型。

延續前一節的 MNIST 分類模型，本例我們要賦予模型的另一個任務是「根據隨機出現的問題回答 yes/no」。題庫中的問題有 4 題，包括：**upper half (大於等於 5 嗎？)**、**lower half (小於 5 嗎？)**、**odd number (是奇數嗎？)**、**even number (是偶數嗎？)**…等，本例是設計每次只隨機顯示一題問模型。也就是說，這是一個「辨識數字 0-9」以及「回答問題」的多任務模型。完整程式請見**《書附範例 Chaa / A-2-multi_modal_multi_task.ipynb》**。

前置工作

一如既往，先從載入套件、資料預處理開始，這些我們都很熟悉了，如程式 A-5 所示：

▼ **程式 A-5：模型初始化**

```
import tensorflow as tf
from tensorflow import keras
from tensorflow.keras.utils import to_categorical
from tensorflow.keras.preprocessing.text import Tokenizer
from tensorflow.keras.preprocessing.text \
    import text_to_word_sequence
from tensorflow.keras.preprocessing.sequence \
    import pad_sequences
from tensorflow.keras.layers import Input
from tensorflow.keras.layers import Embedding
from tensorflow.keras.layers import LSTM
from tensorflow.keras.layers import Flatten
from tensorflow.keras.layers import Concatenate
from tensorflow.keras.layers import Dense
```
NEXT

```
from tensorflow.keras.models import Model
import numpy as np
import logging
tf.get_logger().setLevel(logging.ERROR)

EPOCHS = 20
MAX_WORDS = 8
EMBEDDING_WIDTH = 4

# 載入訓練集與測試集
mnist = keras.datasets.mnist
(train_images, train_labels), (test_images,
                               test_labels) = mnist.load_data()
# 標準化資料
mean = np.mean(train_images)
stddev = np.std(train_images)
train_images = (train_images - mean) / stddev
test_images = (test_images - mean) / stddev
```

接著得將題庫內容整理成資料集，步驟如程式 A-6 所示。我們的設計是：題庫內有 4 組問答，得照訓練與測試樣本順序，決定該樣本得搭配哪組問答，並根據正解決定正確答案為「yes」還是「no」：

▼ 程式 A-6：在資料集中加入問答內容

```
# 定義一個建立問答題庫的函式
def create_question_answer(tokenizer, labels):
    text = []
    answers = np.zeros(len(labels))
    for i, label in enumerate(labels):
        question_num = i % 4
        if question_num == 0:
            text.append('lower half')        label ( 正解 ) 內一部分 (1/4) 的
            if label < 5:                    樣本問「該數字是否小於 5」
                answers[i] = 1.0
        elif question_num == 1:
            text.append('upper half')        一部分樣本問「數字
            if label >= 5:                   是否大於等於 5」
                answers[i] = 1.0
                                                                    NEXT
```

```
        elif question_num == 2:
            text.append('even number')
            if label % 2 == 0:
                answers[i] = 1.0
        elif question_num == 3:
            text.append('odd number')
            if label % 2 == 1:
                answers[i] = 1.0
    text = tokenizer.texts_to_sequences(text)
    text = pad_sequences(text)
    return text, answers

# 為訓練集與測試集樣本一一建立文字敘述
vocabulary = ['lower', 'upper', 'half', 'even', 'odd', 'number']
tokenizer = Tokenizer(num_words=MAX_WORDS)
tokenizer.fit_on_texts(vocabulary)
train_text, train_answers = create_question_answer(tokenizer,
                                                   train_labels)
test_text, test_answers = create_question_answer(tokenizer,
                                                 test_labels)
```

（第一個 elif 區塊旁註）一部分問：「是否為偶數」

（第二個 elif 區塊旁註）一部分問：「是否為奇數」

模型建構及訓練

然後是建構並訓練模型，步驟如程式 A-7 所示：

▼ 程式 A-7：建構並訓練模型

```
# 以函數式 API 建立模型
image_input = Input(shape=(28, 28))
text_input = Input(shape=(2, ))

# 宣告各神經層
embedding_layer = Embedding(output_dim=EMBEDDING_WIDTH,
                            input_dim = MAX_WORDS)
lstm_layer = LSTM(8)
flatten_layer = Flatten()
concat_layer = Concatenate()
dense_layer = Dense(25,activation='relu')
```

NEXT

```
class_output_layer = Dense(10, activation='softmax')
answer_output_layer = Dense(1, activation='sigmoid')

# 連接各神經層
embedding_output = embedding_layer(text_input)
lstm_output = lstm_layer(embedding_output)
flatten_output = flatten_layer(image_input)
concat_output = concat_layer([lstm_output, flatten_output])
dense_output = dense_layer(concat_output)
class_outputs = class_output_layer(dense_output)  ← ❶
answer_outputs = answer_output_layer(dense_output)  ← ❷

# 建構、訓練模型
model = Model([image_input, text_input], [class_outputs,
                                           answer_outputs])
model.compile(loss=['sparse_categorical_crossentropy',  ← ❸
                    'binary_crossentropy'], optimizer='adam',
                    metrics=['accuracy'],
                    loss_weights = [0.5, 0.5])  ← ❹
model.summary()
history = model.fit([train_images, train_text],
                    [train_labels, train_answers],  ← ❺
                    validation_data=([test_images, test_text],
                    [test_labels, test_answers]), epochs=EPOCHS,
                    batch_size=64, verbose=2, shuffle=True)
```

大部份架構與前面打造的多模態模型差不多，但改用兩並行的輸出層。一邊是以 10 個單元組成的 softmax 層，用於多元分類 (辨識 0-9) ❶。另一邊則是 sigmoid 激活函數的輸出層，以便回答「yes」或「no」❷。既然輸出有兩組，損失函數當然也得準備兩種，並以加權方式結合，這樣模型才能在訓練過程權衡兩邊損失調整其參數 ❸；此權重通常是照一般超參數處理，在此就姑且用同樣權重 (0.5/0.5) ❹。最後呼叫 fit() 時，得提供模型各 head 正解，兩個 head 的正解分別是 train_label 及 train_answers ❺。

訓練結果

每輪訓練週期結束時，tf.Keras 會將指定指標變化以不同任務 head 各自顯示：

```
Model: "model"
_________________________________________________________________
Epoch 1/20
938/938 - 8s - loss: 0.5095 - dense_1_loss: 0.4209 - dense_2_loss:
0.5980 - dense_1_accuracy: 0.8764 - dense_2_accuracy: 0.6613 - val_
loss: 0.4161 - val_dense_1_loss: 0.2828 - val_dense_2_loss: 0.5495
- val_dense_1_accuracy: 0.9191 - val_dense_2_accuracy: 0.7035 - 8s/
epoch - 9ms/step
Epoch 2/20
938/938 - 5s - loss: 0.3334 - dense_1_loss: 0.2390 - dense_2_loss:
0.4277 - dense_1_accuracy: 0.9314 - dense_2_accuracy: 0.7969 - val_
loss: 0.3672 - val_dense_1_loss: 0.2251 - val_dense_2_loss: 0.5094
- val_dense_1_accuracy: 0.9338 - val_dense_2_accuracy: 0.7453 - 5s/
epoch - 5ms/step

(………中間略)

Epoch 19/20
938/938 - 4s - loss: 0.1274 - dense_1_loss: 0.1210 - dense_2_loss:
0.1337 - dense_1_accuracy: 0.9631 - dense_2_accuracy: 0.9523 - val_
loss: 0.2117 - val_dense_1_loss: 0.1948 - val_dense_2_loss: 0.2286
- val_dense_1_accuracy: 0.9438 - val_dense_2_accuracy: 0.9246 - 4s/
epoch - 4ms/step
Epoch 20/20
938/938 - 4s - loss: 0.1260 - dense_1_loss: 0.1194 - dense_2_loss:
0.1327 - dense_1_accuracy: 0.9646 - dense_2_accuracy: 0.9519 - val_
loss: 0.2264 - val_dense_1_loss: 0.2003 - val_dense_2_loss: 0.2525 -
val_dense_1_accuracy: 0.9441 - val_dense_2_accuracy: 0.9156 - 4s/epoch -
4ms/step          ↑—— 最後一週期時兩個任務的準確率
```

本例將兩邊損失函數權重設為 0.5/0.5，訓練出的模型在分類任務的驗證準確率會是 94.4%，問答任務則是 91%。有興趣的話可試著提高問答任務損失的權重，看能否提升模型的準確率。

A-3 模型的調校 (tuning) 技巧

本書嘗試以不同神經網路配置實作模型，但還沒有將訓練方法做系統性的整理。要知道模型調校的重要性不下於探索最先進、最具威力的模型架構。本節就針對模型調校 (tuning) 的做法整理出一些建議。

A-3-1 模型建構流程建議

❶ 從一開始的資料集就無比重要了。首先得確保資料內容是否夠精實。一開始先花點時間清理並詳細檢查資料，對之後的模型建構大有幫助。除了用本書示範過的幾種資料預處理做法，亦可將資料視覺化成散點圖、直方圖等圖表，方便查看其中是否有明顯的 pattern 或是不全的資料點。

❷ 接著可以建構一個「超精簡模型」作為比較基準。若打算以多層 CNN 搭配循環層、甚至用 attention 機制建構出較複雜的模型，有個精簡的比較基準可以方便驗證這些複雜架構是否值得。

❸ 然後就能著手建構模型，但一樣得從精簡架構起步，先建立一個應該能死記少數資料、但結構簡單的初始模型，並從訓練集抽取一小批資料、組成專用於測試模型效果的小型資料集，如此可省去大量反覆訓練、計算的時間，進而加速模型測試。

以 seq2seq 翻譯模型為例，可先從資料集中抓出 4 句僅含 3、4 個單字的短句，組成迷你資料集；若初始模型連這些句子都記不住，勢必是架構出了問題。此時可試著調整優化器、學習率 ... 等超參數看能不能改善。畢竟如果如果連一丁點資料都記不住，增加資料量應該也沒多大幫助。

註 老實說，雖然作者建議用短一點的的迷你資料集出發，但作者也不見得每次都這樣做，或許是覺得那種蠢到不行的錯誤不會發生在自己身上，所以就草草建構完模型後把完整資料集丟進去；有一次不幸出了問題，不得不將模型和資料集剝到只剩最後一點，才找到癥結所在。

❹ 確定現有架構能記住小型資料集後，便可將樣本往裡頭加。隨著樣本增加，應會逐漸察覺模型學習能力越來越跟不上，此時就能開始加神經層或加大各層的維度。但在增加層數，不僅要監看訓練損失變化，亦得注意測試損失；若訓練損失還在降、但測試損失持平，代表模型無法學會普適化，需配置常規化技術，可先從最基本的 dropout 和 L2 常規化開始試。若實作的是圖片類型的模型，可考慮擴增資料量，因為用影像擴增的手法來增加資料量很方便。

若觀察到測試損失在減少，或是訓練損失開始增加，代表配置的常規化技術有效抑制了過度配適。此時就可再次擴充模型，看能否進一步壓低損失。實務上通常得反覆進行多次常規化與模型擴充，才能打造出符合預期效果的模型。

註 在此過程中，還可嘗試用不同的初始學習率以及 Adam、AdaGrad、RMSProp 等不同優化器。

下圖整理了模型調校的大致流程。**神經網路的調校與其說是科學，不如說是藝術**。要完成各方面的調校，得具備足夠耐心，不斷嘗試不同的模型架構和參數。最好能搭配一個能快速反覆計算的高效率測試平台，不然改個參數還得跑個一晚上測試才知有沒有用，豈不很浪費時間。

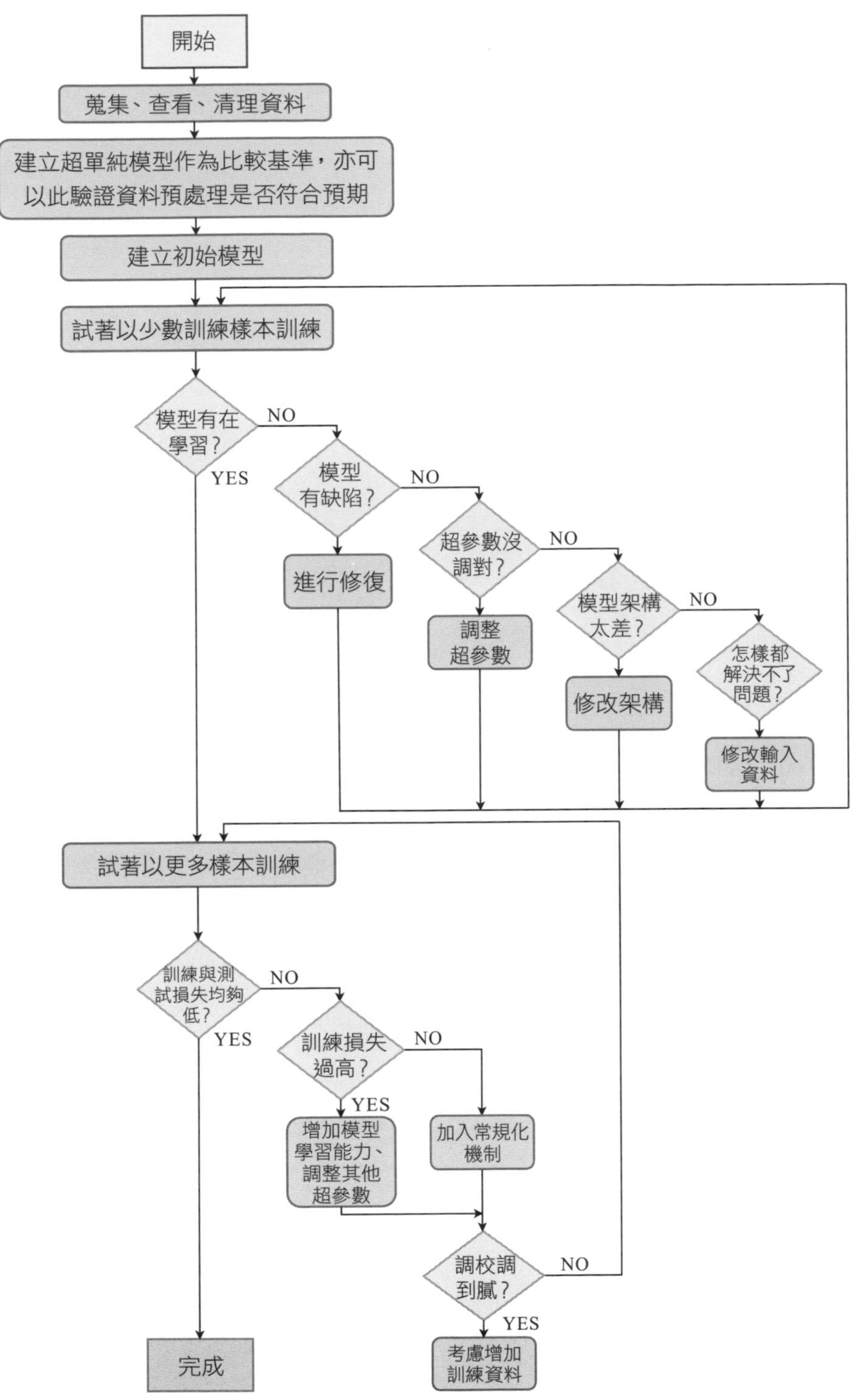
開始
蒐集、查看、清理資料
建立超單純模型作為比較基準，亦可以此驗證資料預處理是否符合預期
建立初始模型
試著以少數訓練樣本訓練
模型有在學習？
NO
YES
模型有缺陷？
NO
進行修復
超參數沒調對？
NO
調整超參數
模型架構太差？
NO
修改架構
怎樣都解決不了問題？
修改輸入資料
試著以更多樣本訓練
訓練與測試損失均夠低？
NO
YES
訓練損失過高？
NO
YES
增加模型學習能力、調整其他超參數
加入常規化機制
調校調到膩？
NO
YES
考慮增加訓練資料
完成

▲ 圖 A-8：模型調校流程

註 上圖的流程是針對「從零開始」打造模型來規劃，若您是沿用別人預訓練好的模型，再搭配遷移學習用於自己的任務。調校過程亦可從預訓練模型著手，逐漸擴增架構、試驗不同參數。不過在訓練初期得先凍結預訓練權重，確保權重隨機初始化時不會連預訓練權重也被重置。

A-3-2 何時該蒐集更多訓練資料？

資料通常不便宜而且不見得蒐集得到，因此要做蒐集樣本的決定前，最好有實際的數據支撐「資料不夠用」的論點。只不過，要確認現有資料是否足夠，還是得以現有資料做試驗。吳恩達 (Ng, 2018) 建議直接畫出曲線來看，這裡的曲線不是以往看到的「**訓練週期** VS 訓練損失 / 測試損失」，而是「**樣本數** VS 訓練損失 / 測試損失」，以此判斷模型是缺乏資料訓練，還是結構上根本有問題。

參考做法如下：先將訓練集大部份樣本抽出擱一邊，僅留下一小批樣本，以此訓練模型，再用完整測試集評估；接著將之前擱一邊的樣本放一些回去、稍微擴大訓練集，訓練完模型後再以測試集評估；反覆進行下來，就能觀察到訓練和測試損失如何隨訓練樣本數變化。

例如圖 A-9 模型的訓練損失在訓練樣本極少時特別低，這表示模型還有強記樣本的能力；但隨著樣本數增加，訓練損失卻沒有下降的趨勢，這表示模型不適配訓練資料，此時即使增添更多訓練樣本也可能無法改善。當所選架構不適配應對任務時，就可能出現此情況：

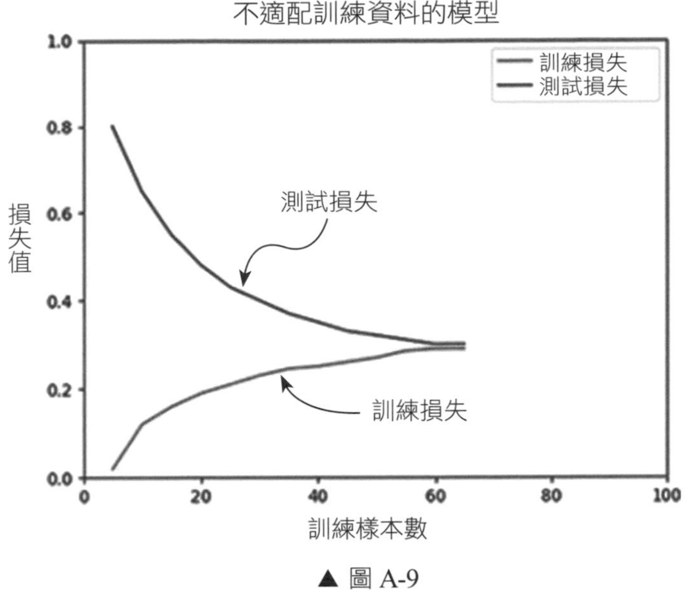

▲ 圖 A-9

若是下圖的情況，訓練損失雖然隨著訓練樣本增加而上升，但測試損失仍在降低，兩邊還有逼近空間，這代表模型可能有機會因訓練樣本增加而提昇效能：

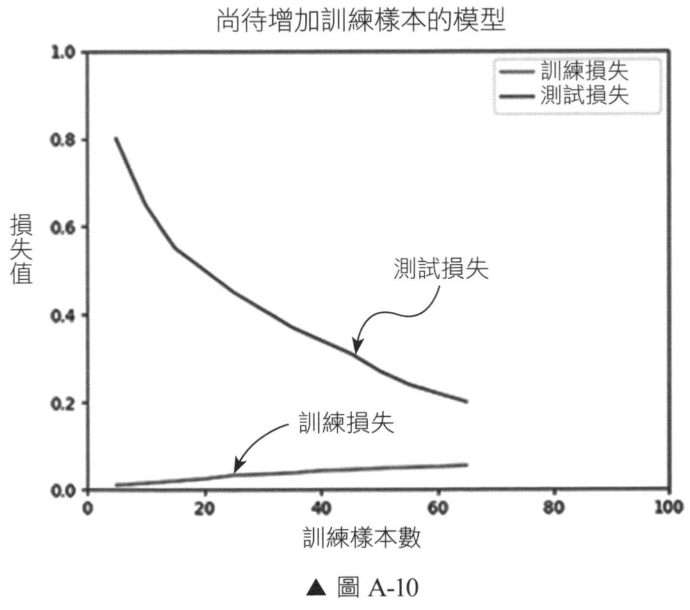

▲ 圖 A-10

MEMO

Appendix

B

延伸學習(二)：自動化模型架構搜尋

針對模型的訓練、調校，由於一次次調校、摸索出模型的架構與超參數並非易事，第 3 章曾提到窮舉或隨機格點搜尋 ... 等超參數調校技巧，不過本節要介紹的**神經網路架構搜尋 (Neural Architecture Search，後續簡稱 NAS)** 更方便，可以將摸索最佳模型架構、參數的過程自動化。

B-1 自動搜尋模型架構的 3 大重點

顧名思義，NAS 是將模型的調校當成搜尋問題來解。Elsken 等人 (Elsken, Metzen, and Hutter (2019)) 在其論文中將此搜尋問題分成**搜尋空間 (search space)**、**搜尋策略 (search strategy)**、**策略評估 (evaluation strategy)** 3 部份，我們先大致介紹其概念。

首先得定義「**搜尋空間**」作為搜尋的範圍；接著套用「**搜尋策略**」從中選出一或數個候選參數解，再做「**策略評估**」來衡量候選參數解的優劣。之後就是反覆進行搜尋策略→評估→搜尋策略→評估 ... 直到找出理想組合。

> **編註** 這裡的「參數解」指的是模型架構的細項組合，例如要用哪種神經層 (dense、conv2D)？要用神經層中的哪些參數 (activation、dropout)？參數值要設多少 (dropout = 0.4 或 0.7、activation = relu 或 tanh)？...等等。

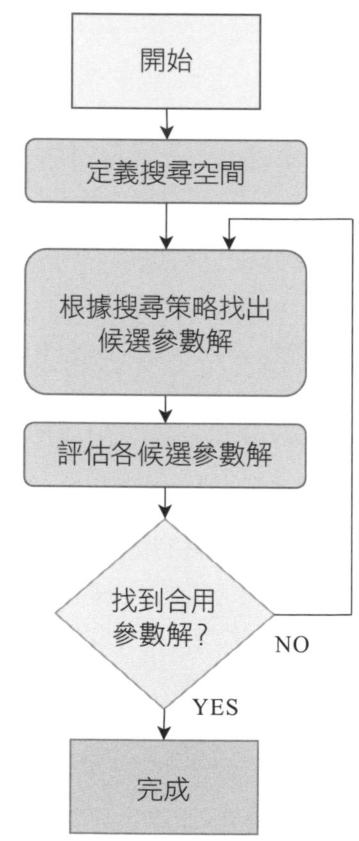

▲ 圖 B-1：模型架構搜尋的自動化流程

B-1-1 搜尋空間

一開始得先定義搜尋空間。當然也有人會說幹嘛要限制搜尋範圍，直接套用搜尋演算法暴力找出最佳參數解不就得了？但現實就是一定會面臨某些限制。例如至少要將範圍限縮在您用的框架類型吧！如本書用的是的 tf.Keras。另外，也得限縮在「與資料集格式相容的模型」，例如想找出一個能對 CIFAR-10 影像進行分類的最佳架構，那搜尋空間就得限制在「輸入維數為 32×32×3」且「輸出 10 類機率」的模型。

搜尋空間指的就是這類「先決條件」。

B-1-2 搜尋策略

定義搜尋空間後，下一步是定義搜尋演算法，以便搜到適合的組合。搜尋演算法是一門很大的學問，本節礙於篇幅無法著墨太深，底下簡單提一下 3 種不同複雜度的演算法，讓讀者大致了解一下。

- **隨機搜尋 (pure random search) 法**：是指不斷從搜尋空間隨機挑選一組參數解，然後評估其效果是否比已知解更好，若結果為 True，則以此取代已知解。不斷重複此步驟直到找出滿足需求的解為止。此法基本上跟第 3 章提到的隨機格點搜尋法的概念類似。

  底下的示意圖是以「影像分類模型」為例，為方便說明，圖中除了「卷積層」和「密集層」的數量做為要搜尋的對象外 (註：即模型各要用卷積層幾層、密集層幾層會有好的效果)，其他超參數均固定，方便將搜尋空間畫出來。圖中的 為模型最佳參數解，各 則是搜尋的經過：

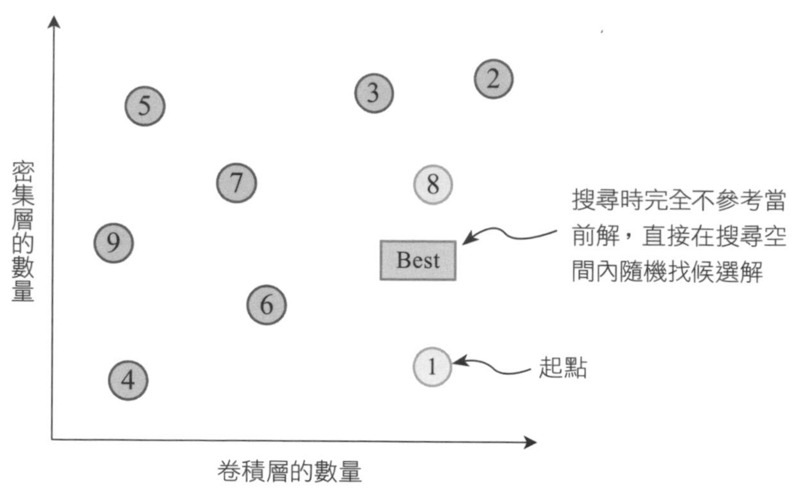

▲ 圖 B-2：隨機搜尋法

註 但由於是隨機「亂點」，加上點完還要評估，不但搜尋費時，能觸及的範圍可能僅佔搜尋空間的一小部份。這種「隨機亂點」的演算法雖不完美，但可作為起點，再搭配底下的其他演算法來運作。

- **登山 (hill climbing) 法**：是一種區域搜尋演算法，說白了就是附近哪個架構效能更好就往哪邊發展。登山法有多種變化，例如**最陡方向登山法 (steepest ascent hill climbing)** 會評估所有「鄰近」的參數解、從中找出最佳解作為下次搜尋起點。但由於 NAS 的參數包括神經層維度、類型、層數增減等超參數，用此法就得將各種組合一一評估過。

  登山法的缺點在於它依然是區域搜尋演算法，故搜尋出的架構很容易受起點影響，且搜尋亦可能卡在局部最佳解，若改成可從不同起點出發找最佳解的**隨機重啟登山法 (random restart hill climbing)**，加點隨機性後可稍微解決此問題。

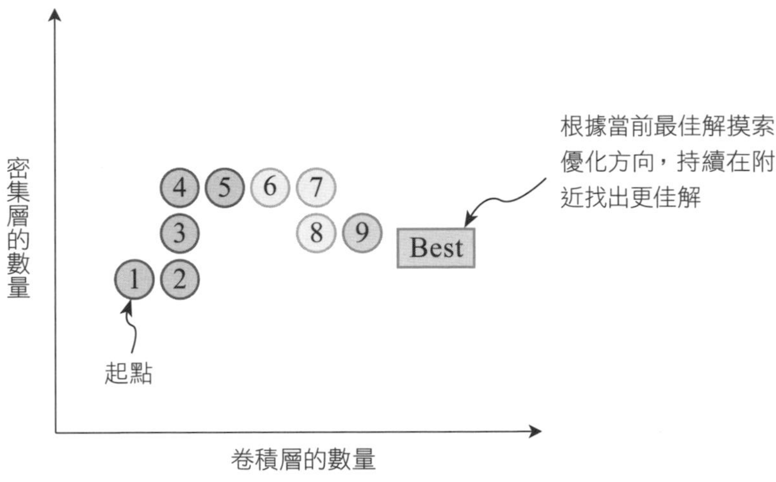

▲ 圖 B-3：登山法

- **進化 (evolutionary) 法：**顧名思義，其靈感是來自於「物競天擇、適者生存」。剛才的登山法是以單一架構作為起點、試圖往表現好的參數解前進。進化法則是能以一個參數解集合 (一批模型) 作為起點，從中選出表現較佳的解 (上一代)，並讓它們自由結合成新解 (下一代)，看能不能進化成更好的模型。進化法還可搭配隨機變化機制 (類似**突變**的隨機概念)，藉此探索鄰近架構。

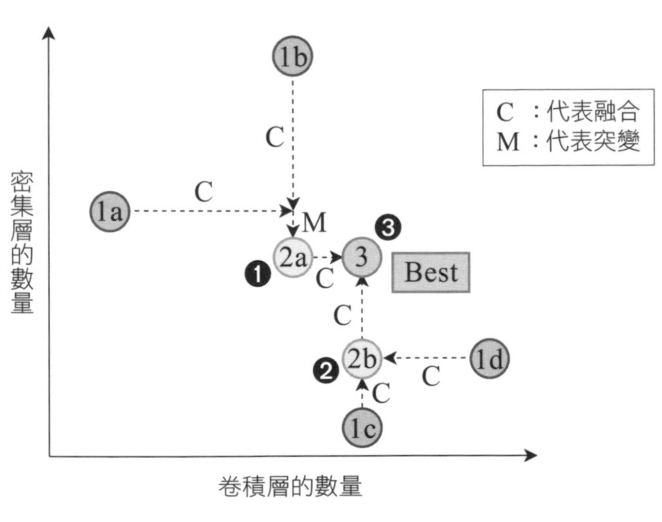

▲ 圖 B-4：進化法

上圖是採用交叉運算 (標有 C 的箭頭)，從兩個上一代各取一個參數組成新的下一代。最初的候選解有 1a、1b、1c、1d 這幾個。

❶ 先結合 1a、1b，並加上一個隨機突變 (標有 M 的箭頭) 微調其中一個參數，成為 2a (編：從結果來看此突變恰好使 2a 往最佳解 BEST 更靠近了些，但突變的當下不知道，只能多嘗試)。

❷ 從 1c、1d 結合成下一代的 2b。

❸ 2a 和 2b 又結合出離最佳解 BEST 更近的下下代 ③。

註 上圖雖僅秀出 2a、2b 兩組下一代，但實務上通常會拿更多來組合，然後保留所有候選解中表現較好的 (類似天擇)，使候選解數量在代代演化中維持固定，才不至於「沒得選」。

B-1-3 評估策略

NAS 流程第 3 步是**評估候選模型**。打造模型的理想情況是花一半時間訓練、評估各候選架構，再用另一半時間將最終模型丟進實際要上線的環境進行最終調整。不過現實上光是訓練最終模型往往就要數天，實在很難多給你幾十、幾百天來訓練所有候選模型再一個個評估。因此，實務上為了能盡可能評估、試驗多種架構，通常會設法壓低候選模型的訓練成本。

Elsken 等人 (Elsken, Metzen, and Hutter (2019)) 在其論文中介紹了許多壓低候選模型訓練成本的方法，例如：

- 減少訓練週期。
- 使用較小規模資料集訓練。
- 縮小模型規模。

● 設法沿用之前模型訓練習得的權重，而非每次都從零開始訓練，不過這得在模型架構有一定相似度才能如此。

B-2 範例實作：自動搜尋最佳的 CIFAR-10 影像分類模型架構

第 4 章曾示範如何一層層堆疊出 CIFAR-10 影像分類模型，我們就以此模型來示範如何從零開始打造前一節提到的 3 種搜尋演算法。若是其他模型也可參考一樣的概念來進行。

前兩種 (隨機搜尋、登山法) 的完整程式請見**《書附範例 Chbb / B-1-nas_random_hill.ipynb》**，最後的進化法完整程式請見**《書附範例 Chbb / B-1--nas_evolution.ipynb》**。

B-2-1 各種初始化設定

程式 B-1 先載入套件、載入資料集、宣告可用層類型與其對應參數等搜尋空間相關變數。3 種演算法的初始化部份都一樣。

▼ **程式 B-1：程式初始化、宣告相關變數、載入並標準化資料集**

```
import tensorflow as tf
from tensorflow import keras
from tensorflow.keras.utils import to_categorical
from tensorflow.keras.models import Sequential
from tensorflow.keras.layers import Lambda
from tensorflow.keras.layers import Dense
from tensorflow.keras.layers import Flatten
from tensorflow.keras.layers import Reshape
from tensorflow.keras.layers import Conv2D
from tensorflow.keras.layers import Dropout
from tensorflow.keras.layers import MaxPooling2D
import numpy as np
```
NEXT

```
import logging
import copy
import random
tf.get_logger().setLevel(logging.ERROR)
MAX_MODEL_SIZE = 500000
CANDIDATE_EVALUATIONS = 500
EVAL_EPOCHS = 3
FINAL_EPOCHS = 20

# 宣告搜尋空間相關變數 (可用層類型、對應參數等)
layer_types = ['DENSE', 'CONV2D', 'MAXPOOL2D']
param_values = dict([('size', [16, 64, 256, 1024, 4096]),
                ('activation', ['relu', 'tanh', 'elu']),
                ('kernel_size', [(1, 1), (2, 2), (3, 3), (4, 4)]),
                ('stride', [(1, 1), (2, 2), (3, 3), (4, 4)]),
                ('dropout', [0.0, 0.4, 0.7, 0.9])])

layer_params = dict([('DENSE', ['size', 'activation', 'dropout']),
                     ('CONV2D', ['size', 'activation',
                                 'kernel_size', 'stride',
                                 'dropout']),
                     ('MAXPOOL2D', ['kernel_size', 'stride',
                                    'dropout'])])

# 載入資料集
cifar_dataset = keras.datasets.cifar10
(train_images, train_labels), (test_images,
                    test_labels) = cifar_dataset.load_data()
# 各樣本做標準化
mean = np.mean(train_images)
stddev = np.std(train_images)
train_images = (train_images - mean) / stddev
test_images = (test_images - mean) / stddev

# 將標籤轉為 one-hot 編碼
train_labels = to_categorical(train_labels,
                              num_classes=10)
test_labels = to_categorical(test_labels,
                             num_classes=10)
```

跟第 3 章的模型差在要多設定以下 3 個變數，把可能用的神經層、相關參數、參數值都羅列出來讓演算法搜尋

B-2-2 定義「建構草創架構」的函式

為求簡化，本例對搜尋空間設了一些條件。第一，只能用序列式模型；第二，模型只能採用指定的拼接架構，模型的**前段 (bottom)** 限用卷積層和最大池化層堆疊，**後段 (top)** 則限用密集層，至於 dropout 在任何層都能用。以上是根據我們對該任務 (影像分類) 所設下的限制。為確保能生成有效的模型，前後兩段架構之間以一展平層做橋接。

首先得寫一些能自動生成模型架構的工具函式：

▼ **程式 B-2：在定義的搜尋空間內隨機取一組參數、生成對應架構草案的函式**

```
# 生成模型架構草案的相關函式
def generate_random_layer(layer_type):  ←❶
    layer = {}
    layer['layer_type'] = layer_type
    params = layer_params[layer_type]
    for param in params:
        values = param_values[param]
        layer[param] = values[np.random.randint(0, len(values))]
    return layer

def generate_model_definition():  ←❷
    layer_count = np.random.randint(2, 9)  ← 隨機生成層數
    non_dense_count = np.random.randint(1, layer_count)
    layers = []
    for i in range(layer_count):
        if i < non_dense_count:
            layer_type = layer_types[np.random.randint(1, 3)]
            layer = generate_random_layer(layer_type)
        else:
            layer = generate_random_layer('DENSE')
        layers.append(layer)
    return layers
```

❶ 從前述的 layer_type、param_values、layer_params 變數中隨機取值，生成神經層相關參數

NEXT

```
def compute_weight_count(layers):   ← ❸
    last_shape = (32, 32, 3)
    total_weights = 0
    for layer in layers:
        layer_type = layer['layer_type']
        if layer_type == 'DENSE':  ← 如果生成的是 DENSE 層
            size = layer['size']
            weights = size * (np.prod(last_shape) + 1)
            last_shape = (layer['size'])
        else:
            stride = layer['stride']
            if layer_type == 'CONV2D':  ← 如果生成的是 CONV2D 層
                size = layer['size']
                kernel_size = layer['kernel_size']
                weights = size * ((np.prod(kernel_size) *
                                   last_shape[2]) + 1)
                last_shape = (np.ceil(last_shape[0]/stride[0]),
                              np.ceil(last_shape[1]/stride[1]),
                              size)
            elif layer_type == 'MAXPOOL2D':  ← 如果生成的是
                weights = 0                      MAXPOOL2D 層
                last_shape = (np.ceil(last_shape[0]/stride[0]),
                              np.ceil(last_shape[1]/stride[1]),
                              last_shape[2])
        total_weights += weights
    total_weights += ((np.prod(last_shape) + 1) * 10)  ← 加上輸出層的權重數量
    return total_weights
```

上述程式的前兩個函式 ❶ ~ ❷ 會在該搜尋空間中隨機取一組超參數、生成架構草案，最後一個函式 ❸ 則會計算架構內可訓練權重的數量，以此量化架構規模。

這些函式僅是建立草創的架構，並不涉及 tf.Keras 提供的介面或物件，之後會再將架構草案轉為有效的 tf.Keras 模型。

B-2-3 定義「根據架構草案建構模型、並做評估」的函式

接著定義一些「根據架構草案建構模型、並做評估」的函式：

▼ 程式 B-3：將隨機生成的架構表示法轉成 TensorFlow 模型、並在訓練少數週期後評估其效果

```
# 根據架構草案來建構模型、然後評估的函式
def add_layer(model, params, prior_type): ←❶
    layer_type = params['layer_type']
    if layer_type == 'DENSE':
        if prior_type != 'DENSE':
            model.add(Flatten())
        size = params['size']
        act = params['activation']
        model.add(Dense(size, activation=act))
    elif layer_type == 'CONV2D':
        size = params['size']
        act = params['activation']
        kernel_size = params['kernel_size']
        stride = params['stride']
        model.add(Conv2D(size, kernel_size, activation=act,
                         strides=stride, padding='same'))
    elif layer_type == 'MAXPOOL2D':
        kernel_size = params['kernel_size']
        stride = params['stride']
        model.add(MaxPooling2D(pool_size=kernel_size,
                               strides=stride, padding='same'))
    dropout = params['dropout']
    if(dropout > 0.0):
        model.add(Dropout(dropout))

def create_model(layers): ←❷
    tf.keras.backend.clear_session()
    model = Sequential()
    model.add(Lambda(lambda x: x, input_shape=(32, 32, 3)))
    prev_layer = 'LAMBDA' # Dummy layer to set input_shape
    prev_size = 0
```

NEXT

```
    for layer in layers:
        add_layer(model, layer, prev_layer)
        prev_layer = layer['layer_type']
    model.add(Dense(10, activation='softmax'))
    model.compile(loss='categorical_crossentropy',
                  optimizer='adam', metrics=['accuracy'])
    return model
                        ┌❸
def create_and_evaluate_model(model_definition):
    weight_count = compute_weight_count(model_definition)
    if weight_count > MAX_MODEL_SIZE:  ┐
        return 0.0                     ┘❹
    model = create_model(model_definition)
    history = model.fit(train_images, train_labels,
                        validation_data=(test_images, test_labels),
                        epochs=EVAL_EPOCHS, batch_size=64,
                        verbose=2, shuffle=False)
    acc = history.history['val_accuracy'][-1]
    print('Size: ', weight_count)
    print('Accuracy: %5.2f' %acc)
    return acc
```

程式 B-3 的前兩個函式 ❶ ～ ❷ 分別負責建立神經層及建構模型。最後的 create_and_evaluate_model() 函式 ❸ 則會照前面 generate_model_definition() 傳回的架構草案，生成相應的 tf.Keras 模型，並訓練幾個週期後評估效果。該函式會限制模型規模、自動排除太複雜的模型 ❹；若架構草案所需的權重參數太多，就會拒絕評估、直接傳回 0.0 準確率。

B-2-4 實作 (一)：隨機搜尋演算法

函式都定義好後，萬事具備，便可著手實現第一種、也是最簡單的**隨機搜尋演算法**，如程式 B-4 所示。基本上就是用 for 迴圈重複隨機生成模型、然後進行評估。若生成模型參數太多，就會以其中的 while 迴圈重新生成、直到生成架構參數量符合上限為止。

▼ **程式 B-4：實作隨機搜尋演算法**

```
# 隨機搜尋
np.random.seed(7)
val_accuracy = 0.0
for i in range(CANDIDATE_EVALUATIONS): ←— 進行多次候選模型評估
    valid_model = False
    while(valid_model == False): ←— 不斷循環進行，直到生成有效模型
        model_definition = generate_model_definition()
        acc = create_and_evaluate_model(model_definition)
        if acc > 0.0:
            valid_model = True        } 標記模型為有效
    if acc > val_accuracy:
        best_model = model_definition
        val_accuracy = acc
    print('Random search, best accuracy: %5.2f' %val_accuracy)
                                        更新最佳模型和最佳準確率
```

隨機法的結果說明

以上程式的執行結果大致如下所示：

```
輸出

Epoch 1/3
782/782 - 11s - loss: 3.0953 - accuracy: 0.1094 - val_loss: 2.1659 -
val_accuracy: 0.1682 - 11s/epoch - 14ms/step
Epoch 2/3
782/782 - 10s - loss: 2.3533 - accuracy: 0.1322 - val_loss: 2.1156 -
val_accuracy: 0.1740 - 10s/epoch - 13ms/step
Epoch 3/3
782/782 - 9s - loss: 2.3027 - accuracy: 0.1477 - val_loss: 2.0820 -
val_accuracy: 0.1964 - 9s/epoch - 11ms/step
Size:  306570.0 ←— 模型規模 (權重參數量)
Accuracy:  0.20 ←— 這一輪的準確率
Random search, best accuracy:  0.20 ←— 迄今最佳準確率
............反覆重覆進行 (略)
```

此程式在運作期間會生成 500 個合乎規模的架構，並在訓練 3 個週期後根據其準確率評估是否要取代當前最佳架構。作者以此法找出的最佳模型準確率為 59%。從結果可看出，若不善用對既往架構的觀察結果、而是像隻無頭蒼蠅隨機亂撞，很難有效率地找到最佳架構。

B-2-5 實作 (二)：登山搜尋演算法

接著改用登山法看是否能找到更優架構，步驟如程式 B-5 所示。

▼ **程式 B-5：實作登山法**

```
# 登山法輔助函式
def tweak_model(model_definition):  ←❶
    layer_num = np.random.randint(0, len(model_definition))
    last_layer = len(model_definition) - 1
    for first_dense, layer in enumerate(model_definition):  ┐
        if layer['layer_type'] == 'DENSE':                  ├❷
            break                                           ┘
    if np.random.randint(0, 2) == 1:
        delta = 1
    else:
        delta = -1
    if np.random.randint(0, 2) == 1:
        # 加/減層
        if len(model_definition) < 3:
            delta = 1 # 該架構不允許減層
        if delta == -1:
            # 減層
            if layer_num == 0 and first_dense == 1:
                layer_num += 1 # 非密集層至少要一道
            if layer_num == first_dense and layer_num == last_layer:
                layer_num -= 1 # 密集層至少要一道
            del model_definition[layer_num]
        else:
            # 加層
            if layer_num < first_dense:
                layer_type = layer_types[np.random.randint(1, 3)]
```

NEXT

```
            else:
                layer_type = 'DENSE'
            layer = generate_random_layer(layer_type)
            model_definition.insert(layer_num, layer)
    else:
        # 調整參數
        layer = model_definition[layer_num]
        layer_type = layer['layer_type']
        params = layer_params[layer_type]
        param = params[np.random.randint(0, len(params))]
        current_val = layer[param]
        values = param_values[param]
        index = values.index(current_val)
        max_index = len(values)
        new_val = values[(index + delta) % max_index]
        layer[param] = new_val

# 以隨機搜尋找出的最佳架構作為登山法起點
model_definition = best_model

for i in range(CANDIDATE_EVALUATIONS):
    valid_model = False
    while(valid_model == False):
        old_model_definition = copy.deepcopy(model_definition)
        tweak_model(model_definition)  ← ❸
        acc = create_and_evaluate_model(model_definition)  ← ❹
        if acc > 0.0:
            valid_model = True    } ❺
        else:
            model_definition = old_model_definition  ← ❻
    if acc > val_accuracy:
        best_model = copy.deepcopy(model_definition)
        val_accuracy = acc
    else:
        model_definition = old_model_definition
    print('Hill climbing, best accuracy: %5.2f' %val_accuracy)   } ❼
```

前半段是定義一個 tweak_model() 輔助函式 ❶。此函式會試著隨機調整當前架構某參數，看是否能在搜尋空間內找到類似、但效能更高的模型。做法是先以 for 迴圈找出前半部 (非密集層) 和後半部 (密集層) 的分界點 ❷，接著決定該藉由加層、減層來調整模型學習能力，還是要調整其他超參數。大部份程式都是為了確保修改後的架構依然在搜尋範圍內。

至於登山法真正實作部份在程式的後半段，在此採用「**隨機**」**登山法 (stochastic hill climbing)** 的做法。首先，從之前隨機搜尋找到的最佳架構出發，隨機修改一參數 ❸，並評估微調後的模型準確率 ❹。若調整後效果比當前設定更好，則以此取而代之 ❺；若表現沒比較好，就保留當前設定，繼續嘗試修改別的參數 ❻。最後，更新最佳模型和最佳準確率 ❼。如此便能確保模型逐漸朝提升預測準確率的方向調整。

登山法結果說明

以上程式的執行結果大致如下所示，一開始會跑出以下結果，然後不斷進行優化：

輸出

```
......(中間略)......
Epoch 1/3
782/782 - 8s - loss: 2.1973 - accuracy: 0.2593 - val_loss: 1.8195 -
val_accuracy: 0.3574 - 8s/epoch - 10ms/step
Epoch 2/3
782/782 - 8s - loss: 1.9063 - accuracy: 0.3214 - val_loss: 1.7451 -
val_accuracy: 0.3820 - 8s/epoch - 10ms/step
Epoch 3/3
782/782 - 9s - loss: 1.8439 - accuracy: 0.3432 - val_loss: 1.7031 -
val_accuracy: 0.3962 - 9s/epoch - 11ms/step
Size:  23946.0
Accuracy:  0.40
Hill climbing, best accuracy:  0.40
.........
(後略)
```

本例以前面隨機搜尋挑出的最佳架構為起點出發，再搭配登山法評估 500 個鄰近架構後，得出的最佳架構評估準確率大幅升至 74%。

最後，前面實作的隨機搜尋與登山法，其評估策略是假設模型在「短暫」訓練後的驗證準確率就足以反映訓練表現，故僅在訓練 3 個週期後就比較其驗證準確率。為更精準評估這個從 1000 種架構中脫穎而出的最佳模型實際效能，作者把它訓練了整整 20 個週期，訓練的程式 B-6 所示：

▼ **程式 B-6：實際評估從千個架構中出線、並經充分訓練後的最佳模型**

```
# 將最後脫穎而出的模型經充分訓練、進行最後評估
model = create_model(best_model)
model.summary()
model.compile(loss='categorical_crossentropy',
              optimizer='adam', metrics=['accuracy'])

history = model.fit(
    train_images, train_labels, validation_data =
    (test_images, test_labels), epochs=FINAL_EPOCHS, batch_size=64,
    verbose=2, shuffle=True)
```

一如預期，作者跑的結果是測試準確率提升到 76%。這個結果跟第 3 章實作的最模型佳配置差不多，但當初可是訓練了足足 128 個週期。

B-2-6 實作 (三)：進化搜尋演算法

最後要實作**進化演算法**，完整的程式如《**書附範例 Chbb / B-1-nas_evolution.ipynb**》所示。此範例的前半段跟前面兩個演算法都一樣，就不多贅述，程式有點龐大，我們把重點擺在進化演算法該如何實作，摘要出一些重點來說明，細節讀者可再慢慢研究。

▼ **程式 B-7：進化演算法**

```
POPULATION_SIZE = 50 ←❶

# 進化演算法輔助函式
def cross_over(parents): ←❷
    # 將一「上一代」的前半段與另一「上一代」的後半段結合成下一代
    # 若上一代兩個的代規模都很小，就乾脆把兩邊前半段結合、後半段也結合，
      再串接成下一代
    bottoms = [[], []]
    tops = [[], []]
    for i, model in enumerate(parents):
        for layer in model:
            if layer['layer_type'] != 'DENSE':
                bottoms[i].append(copy.deepcopy(layer))   ❸
            else:
                tops[i].append(copy.deepcopy(layer))   ❹

    i = np.random.randint(0, 2)
    if (i == 1 and compute_weight_count(parents[0]) +
        compute_weight_count(parents[1]) < MAX_MODEL_SIZE):
        i = np.random.randint(0, 2)
        new_model = bottoms[i] + bottoms[(i+1)%2]
        i = np.random.randint(0, 2)
        new_model = new_model + tops[i] + tops[(i+1)%2]
    else:
        i = np.random.randint(0, 2)
        new_model = bottoms[i] + tops[(i+1)%2]
    return new_model

# 設定進化演算法的亂數種子
np.random.seed(7)

# 生成第一批「上一代」的架構 ←❺
population = []
for i in range(POPULATION_SIZE):
    valid_model = False
    while(valid_model == False):
        model_definition = generate_model_definition()
        acc = create_and_evaluate_model(model_definition)
        if acc > 0.0:
            valid_model = True
    population.append((acc, model_definition))
```

NEXT

```
# 進化過程 ←❻
generations = int(CANDIDATE_EVALUATIONS / POPULATION_SIZE) - 1
for i in range(generations):
    # 隨機兩兩結合成下一代
    print('Generation number: ', i)
    for j in range(POPULATION_SIZE):
        valid_model = False
        while(valid_model == False):
            rand = np.random.rand()
            parents = random.sample(
                population[:POPULATION_SIZE], 2)
            parents = [parents[0][1], parents[1][1]]
            if rand < 0.5:
                child = copy.deepcopy(parents[0])
                tweak_model(child)
            elif rand < 0.75:
                child = cross_over(parents)
            else:
                child = cross_over(parents)
                tweak_model(child)
            acc = create_and_evaluate_model(child)
            if acc > 0.0:
                valid_model = True
        population.append((acc, child))

    # 表現最佳的一批保留，最差的一批去掉，剩下的隨機挑選 ←❼
    population.sort(key=lambda x:x[0])
    print('Evolution, best accuracy: %5.2f' %population[-1][0])
    top = np.int(np.ceil(0.2*len(population)))
    bottom = np.int(np.ceil(0.3*len(population)))
    top_individuals = population[-top:]
    remaining = np.int(len(population)/2) - len(top_individuals)
population = random.sample(population[bottom:-top],
                           remaining) + top_individuals

best_model = population[-1][1]
```

首先，我們會在此將候選解總數定為 50 ❶。進化演算法的關鍵在於如何實現交叉 (cross over) 運算 ❷，也就是是如何**將兩個現有候選解 (上一代) 組合**

成新解 (下一代)。在此採用的作法是從上一代其一取得「前」半部 (非密集) 架構做為「底層 (bottom)」❸，再從上一代的另一個取得「後」半部 (密集) 架構做為「頂層 (top)」❹，拼接成的新架構就是下一代新解。若上一代的兩架構均夠小，會乾脆將兩者的前後半部各組合起來、再拼接成下一代。

註 既然前半部架構是從影像提取有用特徵，後半部則是將提取特徵重組後分類，若上一代其中一個善於提取特徵，另一個善於根據特徵分類，繼承兩者優點的下一代模型表現應該更好，本範例程式就是在實驗此構想的可行性。

進化演算法會先根據既有候選解，藉由隨機組合、調整，生成一批新候選解❺，再根據評估結果留下較有前途的候選解，然後重複以上步驟逐漸進化整個群體❻。

新候選解生成途徑有 3 種：

- 微調現有模型。
- 將兩親代模型結合為子代模型。
- 將兩親代模型結合為子代模型，再對其微調。

生成新一代模型後，演算法會將親代與子代模型按照評估效能排列，效能最高的一批必取，最低的一批必棄，剩下的則視候選解尚餘額度隨機挑選 ❼，然後下一輪迭代繼續競爭。親代與子代均得一同參與競爭，表現勝出的才能進入下一回合，這種作法在進化計算領域被稱為**菁英主義 (elitism)**。

進化法的結果說明

此範例程式會先隨機生成、評估 50 個符合標準的模型；兩兩結合成新一代後，照前述流程留下其中 50 個。繁衍了 10 代、共 500 個模型後，得出的最佳架構準確率為 65%，比登山法還差。

為進一步驗證模型潛力，故也將模型訓練 20 週期，最後得出的測試準確率為 73%。到此這個範例就結束了。

小結

前述 3 種搜尋演算法都有隨機成份，故每次執行結果可能會不太一樣。就作者跑出的結果是，登山法比進化演算法好，但兩者都比純隨機搜尋好。不過這些範例目的在於說明、展示 3 種自動化模型架構搜尋的做法，並不是得出最佳參數組合。

註 讀者應該也看到了， NAS 的計算成本相當龐大，光是前面實作的簡單搜尋演算法就要跑很久。此外，「無豐富知識也能用 NAS 產出適用架構」這一點其實尚未有定論。有一派的說法是，並不是所有任務都需要自己的獨特架構。要讓深度學習普及到非專業大眾、降低開發門檻，最好的方法應是採用遷移學習搭配預訓練模型。至於探索新架構的任務還是該交給預訓練出這些模型的少數專家，畢竟他們才有龐大的計算資源。

編註 更方便的自動化模型架通搜尋

除了 NAS 以外，Jin、Song、Hu (2019) 等人更開發了名為 **Auto-Keras** 的 NAS 軟體框架，只須區區 3 行程式碼，即可找到適用的分類架構，第一行還是匯入套件呢！

```
from autokeras import StructuredDataClassifier
search = StructuredDataClassifier(max_trials=20)  ← 這一行就負責找理想的架構
search.fit(x = X_train, y = y_train)
```

有興趣進一步研究的讀者可以參考旗標出版的「**AutoML 自動化機器學習：用 AutoKeras 超輕鬆打造高效能 AI 模型**」一書。

MEMO

Appendix

C

延伸學習 (三)：後續學習方向建議

本書的內容著重在影像處理和自然語言處理 (NLP) 領域所用的模型技術，本節列出其他幾個較重要的技術供讀者參考。

強化式學習 (Deep Reinforcement Learning)

機器學習領域通常可分為三大類：

- 監督式學習
- 非監督式學習
- 強化式學習 (Deep Reinforcement Learning, DRL)

本書大部份內容屬於監督式學習的範疇，少部份則是非監督式學習。**監督式學習**是以含正解的標記資料集訓練模型，以便讓模型從中學習開發者希望它學會的東西。**非監督式學習**則是以無標記資料集訓練，模型得藉由演算法自行從資料挖掘出隱含的資訊。

而**強化式學習 (Deep Reinforcement Learning, DRL)** 又與這兩類不太一樣。其概念是模型中存在一個**代理人 (agent)**，它會以將**獎勵 (reward)** 為目標與**環境 (environment)** 互動。換言之，代理人是藉由回饋 (獎勵) 來推測某個 (或一系列的) 行動是好是壞。代理人需要採取所有可能的行動，學習爭取最多獎勵。這裡所說的環境可以是電子遊戲、或者自駕車要面對的道路場景 ...，而這些例子的代理人就會是電子遊戲的虛擬玩家 / 演算法、或是自駕車的隱形司機 / 演算法。

Mnih 等人當年 (2013) 以此法訓練出能玩古早 Atari 遊戲的深度學習模型，這是強化式學習領域相當知名的例子。代理人得在遊戲期間組織自己的行動，以贏得高分；在沒看過標準操作 (高手示範破關過程) 的情況下，只能自行摸索訣竅，從一次次失敗中領會哪些行動能讓獎勵 (遊戲最終分數) 最大化。

編註 有興趣的讀者可以進一步閱讀旗標出版的「**強化式學習：打造最強 AlphaZero 通用演算法**」及「**深度強化式學習**」兩本書來深入了解。

對抗式生成網路 (Generative Adversarial Network, GAN)

回憶一下第 6 章展示了如何用 Auto-Complete 語言模型生成**單字**，若想利用模型生成原創、未知的**影像**，這方面較流行的模型要屬**對抗式生成網路 (Generative Adversarial Network, GAN)** 了。

Goodfellow 等人 (2014) 所提出的 GAN 模型，是將兩個神經網路組合成一個深度學習模型，並且訓練這兩個網路彼此互相競爭。其中一個神經網路負責生成假圖片，而另一個神經網路則像鑑定師一樣負責辨識圖片的真假 (編註：辨識的時候會混入真圖片讓該網路一塊辨識)，簡言之希望藉由兩個敵對神經網路的對抗，使彼此的能力不斷提升。

當**生成器網路 (generator)** 製造的假圖片愈來愈像真的，**鑑別器網路 (discriminator)** 就必須進化出更好的鑑定能力，而這又會促使生成器網路生成更加精良的假圖。最後，這樣的循環就可以讓模型生成出風格與原始訓練圖片十分接近的假圖。

編註 對 GAN 有興趣的讀者可以進一步閱讀旗標出版的「**GAN 對抗式生成網路**」來深入了解。

推薦系統 (recommender system)

許多線上服務都會使用「推薦系統」引導用戶訪問他們可能感興趣的內容和產品，例如線上購物網站根據客戶購買紀錄推薦商品，或者影音串流服務根據用戶觀賞紀錄顯示感興趣的電影或歌曲。

好的推薦系統必須要能學習從用戶的歷史紀錄揣摩個人喜好，而深度學習正好精通此道。若想進一步了解，建議閱讀 Zhang 等人撰寫的推薦系統綜述論文 (2019，https://arxiv.org/abs/1707.07435)，裡面列出了多種參考資料。

小結

最後提醒讀者，鑽研特定主題的時候，免不了得花點時間了解一些與深度學習無關的領域知識 (domain knowledge)。例如想鑽研語音模型，就得了解混淆度指標 (perplexity metric)。若想研究機器翻譯，還得知道 BLEU 分數。雖然深度學習是個能應對多種任務的技術，但要打造出卓越的模型，還是得先了解任務本身，並探討各種解決方案及客觀的效能指標。

若讀完本書覺得意猶未盡，底下推薦幾個線上課程：

- **NVIDIA 深度學習學院提供的課程**：https://www.nvidia.com/dli
- **Coursera 上的課程**：https://www.coursera.org/instructor/andrewng
- **懶惰程式設計師的 ML/DL 課程**：**h**ttps://lazyprogrammer.me
- **fast.ai 研究小組提供的免費課程**：https://www.fast.ai

本書就介紹到此，深度學習是一門進展飛快的領域，幾乎每週都會有新論文發表，出版的相關書籍也不少。希望這本書能幫你建立一些基礎，賦予你繼續探索深度學習知識的動力。

Appendix

D

使用 Google 的 Colab 雲端開發環境

Google Colaboratory (簡稱 Colab) 是 Google 免費提供的雲端程式開發環境，只要使用瀏覽器就可撰寫 Python 程式，並使用各種套件來實作深度學習。這裡帶您熟悉如何新增、儲存檔案，並開啟本書的範例程式來使用。

D-1 Google Colab 的基本操作

連到 Google Colab 開發環境

首先，請利用搜尋引擎搜尋「Google Colab」或直接輸入 https://colab.research.google.com/notebooks/intro.ipynb 進入官方網站：

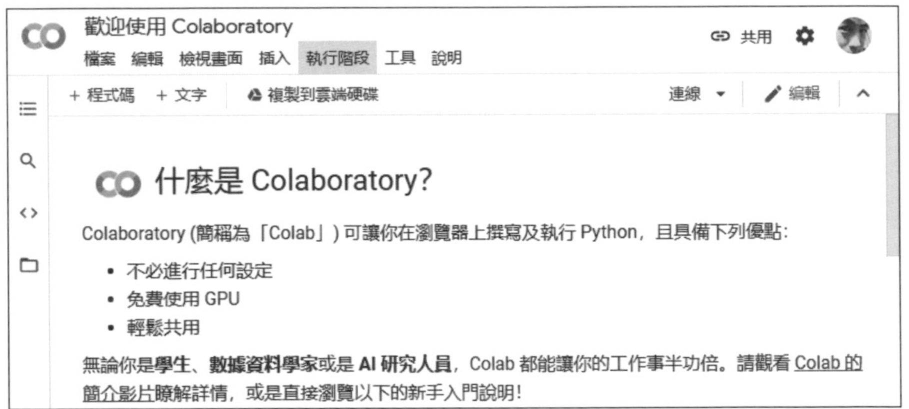

新增記事本

Colab 用來儲存程式碼的檔案格式比較特別，副檔名為 **.ipynb**，就是所謂的「筆記本」(notebook)，有點像一般文字檔和程式編輯器的綜合體，你可以在程式碼前後寫筆記。我們來建立一個新的 .ipynb 筆記本試試：

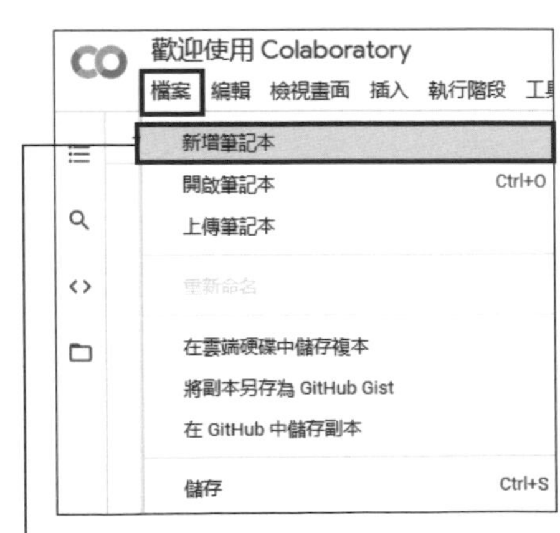

點選**檔案**選單內的**新增筆記本**

點下去後，會跳出一個新畫面，這便是筆記本的編輯畫面，本書都是在這個畫面撰寫和執行程式：

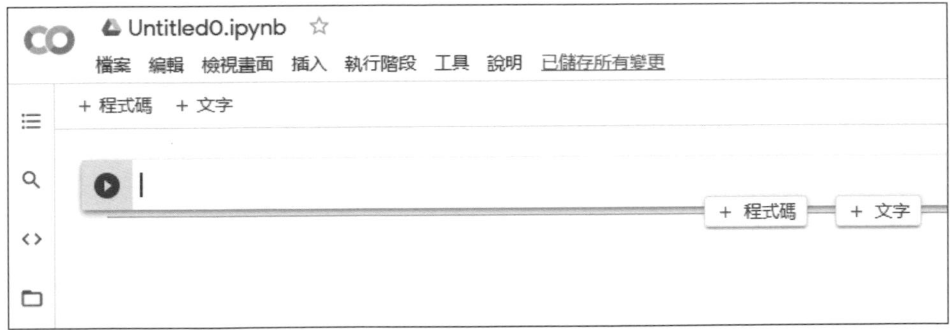

在程式碼儲存格 (cell) 內執行程式碼

在上面的畫面中，前面有著 的地方就是輸入和執行程式之處，這格子稱為一個 cell（程式碼儲存格）。您可以試試看在這裡輸入算式，比如 8 + 9：

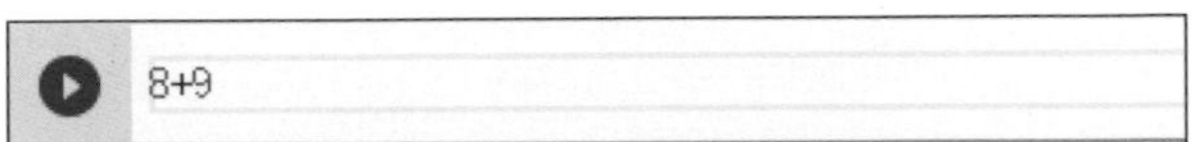

想要執行這行程式，點一下前面的 就可以了。另一個執行方式是點一下儲存格後，按鍵盤的 Shift + Enter，如此一來除了執行程式外，也會在底下新增新的儲存格，方便您繼續輸入其他程式：

在上圖中，可看到下方出現一個前面有著 的格子，裡面就是執行結果，而上方 [ ] 內的數字代表您在這個筆記本執行的第 N 個儲存格。

> **編註** 若筆記本中有許多程式儲存格，執行**執行階段**選單當中的**全部執行**，會由上而下執行這個筆記本中所有的程式儲存格。你也可以按鍵盤的 Ctrl + F9 來全部執行。

儲存筆記本

凡是在 Colab 中建立的筆記本，一般會定時自動儲存，或者您也可以按下 Ctrl + S 手動儲存，存下來的檔案會固定放在 Google 雲端硬碟的 **Colab Notebooks** 資料夾中。建議您可以在電腦端安裝**雲端硬碟電腦版** (https://www.google.com/intl/zh-TW_tw/drive/download/)，如此一來就可以在電腦上看到雲端硬碟內的程式檔，後續開檔、管理檔案會比較方便：

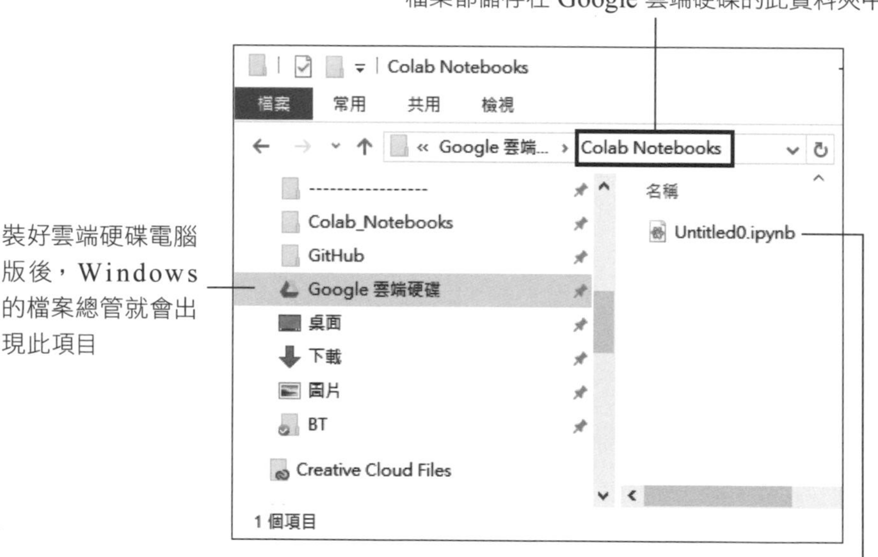

開啟檔案 (使用本書範例檔)

如果要開啟已建立好的 .ipynb 筆記本，或者您想要開啟本書的範例程式 (可從 **https://www.flag.com.tw/bk/st/F4391** 下載取得)，可參考以下步驟來操作。

底下是以開啟本書範例檔案為例來示範，請先利用上一頁的網址下載範例程式後，將檔案複製到 Google 雲端硬碟當中的 Colab Notebooks 資料夾，然後如下操作：

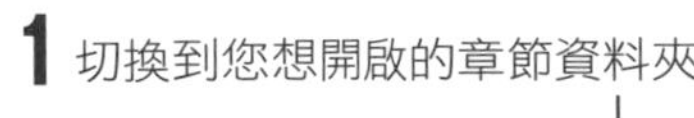

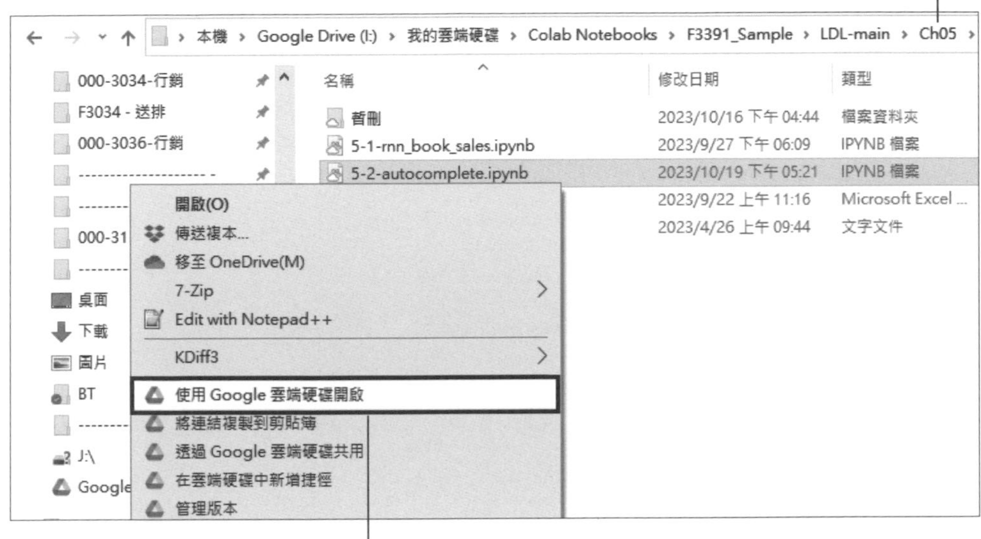

2 在該章的 .ipynb 檔案上按右鈕，執行**使用 Google 雲端硬碟開啟**命令

3 接著點選這裡來開啟

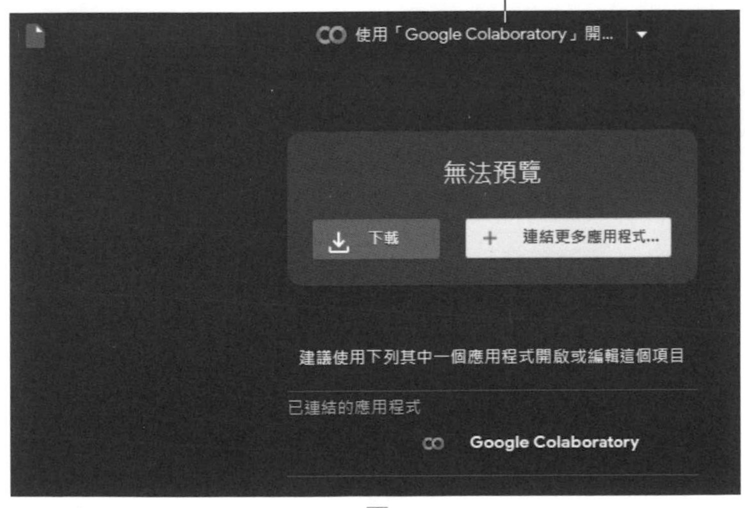

4 想要執行當中的各程式儲存格，只要如前面的介紹，點選儲存格前面的 ▶ 圖示（或者按鍵盤的 Shift + Enter ）就可以了

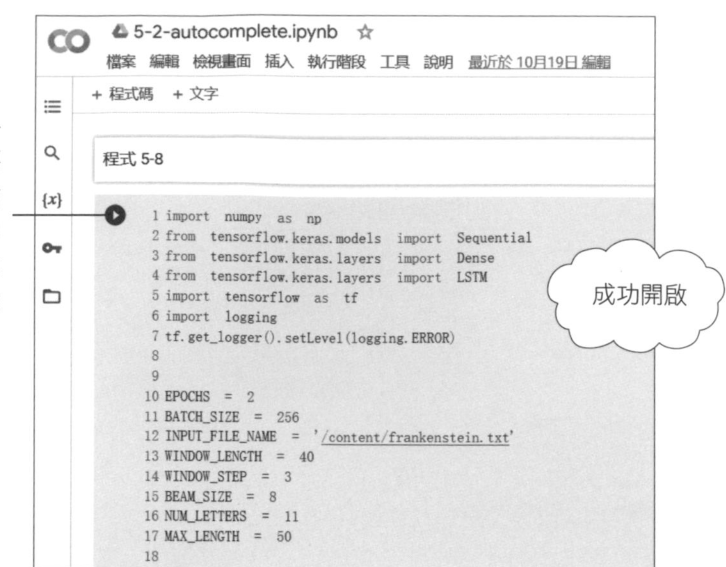

如果您沒有安裝 Google 雲端硬碟電腦版，也可以透過網頁版 https://drive.google.com/ 開啟 *.ipynb 範例：

1 登入您的帳號後，將範例上傳到雲端硬碟，然後在想開啟的檔案上按右鈕

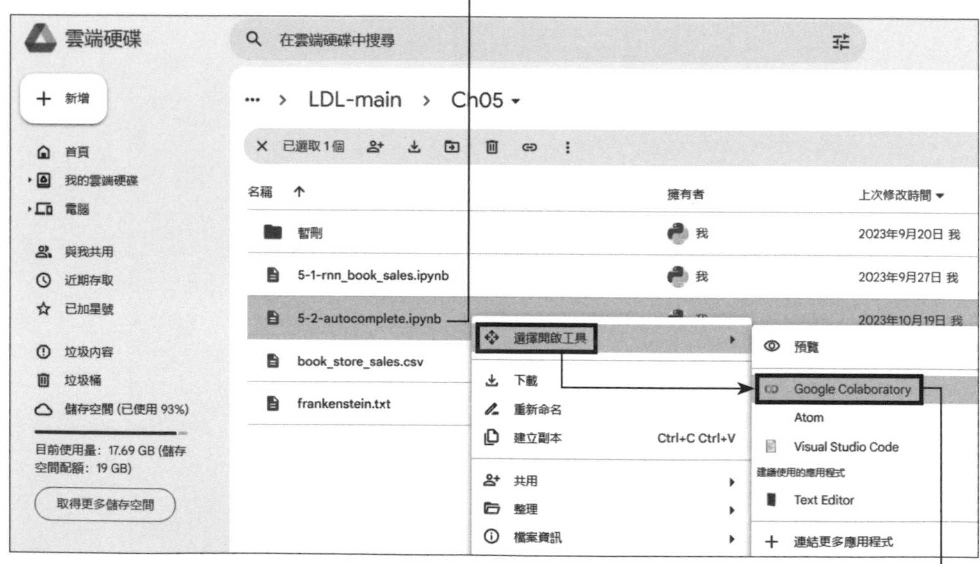

2 執行**選擇開啟工具 / Google Colaboratory** 就可以在 Colab 開啟此範例了

上傳各種資料 (文字檔、圖片) 到 Colab 的虛擬主機空間

本書不少範例中的程式會需要讀取文字檔、或者圖片內容後，才能進行後續作業，為此您需要了解如何將需要的檔案上傳到 Colab 的虛擬主機空間，並在程式中指明檔案的路徑，這樣程式才讀的到資料。

例如 5-4-2 節實作 Auto-Complete 範例時，我們需要用到**書附範例 Ch05 / frankenstein.txt** 這個文字檔，只要依照以下步驟就可以將檔案上傳到 Colab 上：

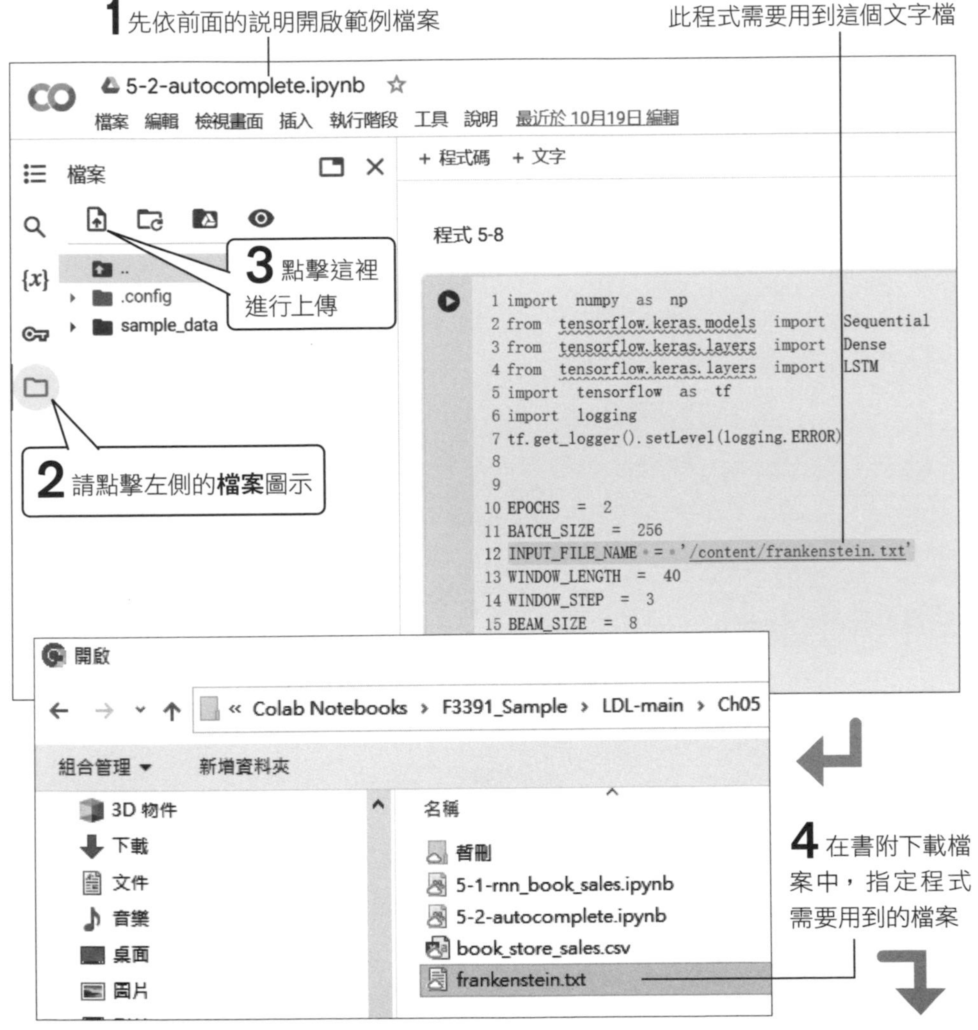

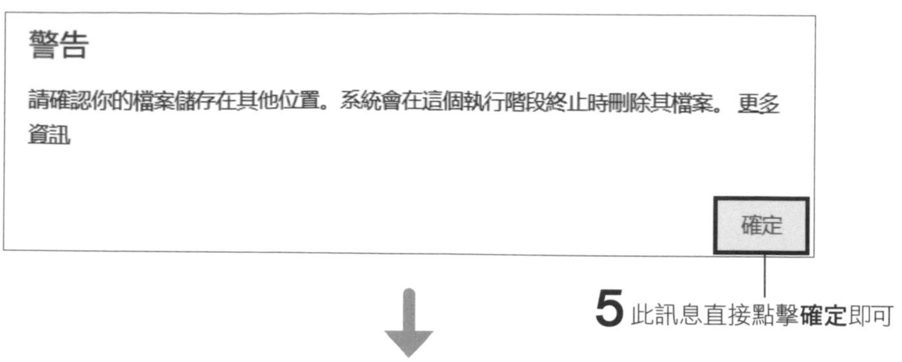

5 此訊息直接點擊**確定**即可

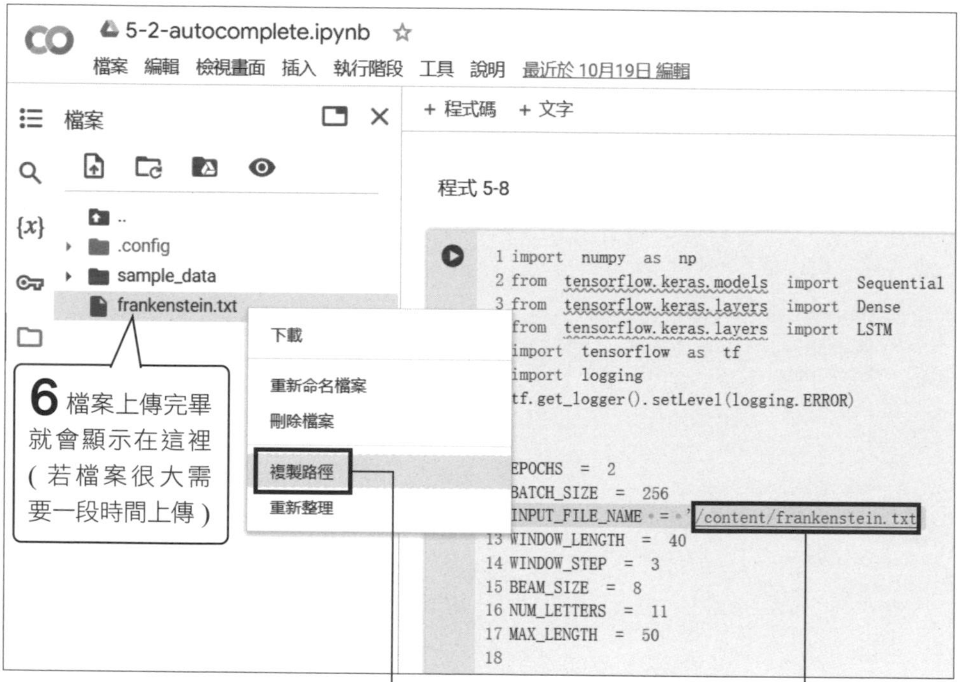

5-2-autocomplete.ipynb

檔案 編輯 檢視畫面 插入 執行階段 工具 說明 最近於 10月19日 編輯

檔案

..
.config
sample_data
frankenstein.txt

下載
重新命名檔案
刪除檔案
複製路徑
重新整理

+ 程式碼 + 文字

程式 5-8

```
import numpy as np
from tensorflow.keras.models import Sequential
from tensorflow.keras.layers import Dense
from tensorflow.keras.layers import LSTM
import tensorflow as tf
import logging
tf.get_logger().setLevel(logging.ERROR)

EPOCHS = 2
BATCH_SIZE = 256
INPUT_FILE_NAME = '/content/frankenstein.txt
WINDOW_LENGTH = 40
WINDOW_STEP = 3
BEAM_SIZE = 8
NUM_LETTERS = 11
MAX_LENGTH = 50
```

6 檔案上傳完畢就會顯示在這裡(若檔案很大需要一段時間上傳)

7 如何得知路徑呢?直接在檔案上按右鈕執行**複製路徑**命令

8 在需要指定檔案路徑的地方貼上路徑即可

要提醒的是，Colab 虛擬主機的空間是「暫存」性質的，當 Colab 網頁畫面閒置約 30 分鐘沒有使用，暫存的檔案就會被刪除；此時若想執行程式，只要重新上傳一次檔案即可。

D-2 Colab 雲端虛擬主機的管理與設定

當我們在 Colab 中新增或開啟筆記本時，由於尚不需要執行程式，所以 Colab 不會立即幫我們建立雲端的虛擬主機：

按一下上圖的**連接**鈕，或執行筆記本中的程式，或是進行與主機有關的操作，Colab 都會針對目前筆記本建立一個虛擬主機供我們使用，因此需要等待幾秒的時間才會完成連線：

請注意，每個筆記本都會連接到獨立的虛擬主機，因此無法共用彼此的主機設定。另外，當虛擬主機關閉時，存放在虛擬主機上的資料都將跟著消失，因此如有重要資料，請記得儲存到自己的雲端硬碟中。

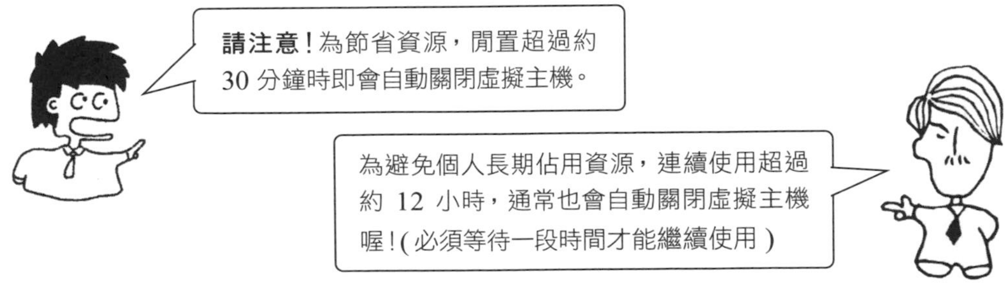

如果不小心關閉了網頁或網路斷線，別擔心，虛擬主機仍會持續運作一段時間，而且正在執行的程式也會繼續執行，此時只要盡快重新連接主機，仍可接續使用。

> **編註** 如果要長時間訓練神經網路模型，請務必每隔一段時間就將模型儲存到雲端硬碟中，以便當虛擬主機意外關閉時，可以從最後一次儲存的模型繼續未完成的訓練。

設置筆記本要使用的程式語言與 GPU/TPU

除了在新建筆記本時可指定使用的程式語言外，也可點選『**執行階段 / 變更執行階段類型**』來更改設定，另外也可指定筆記本是否要使用硬體加速器 GPU/TPU：

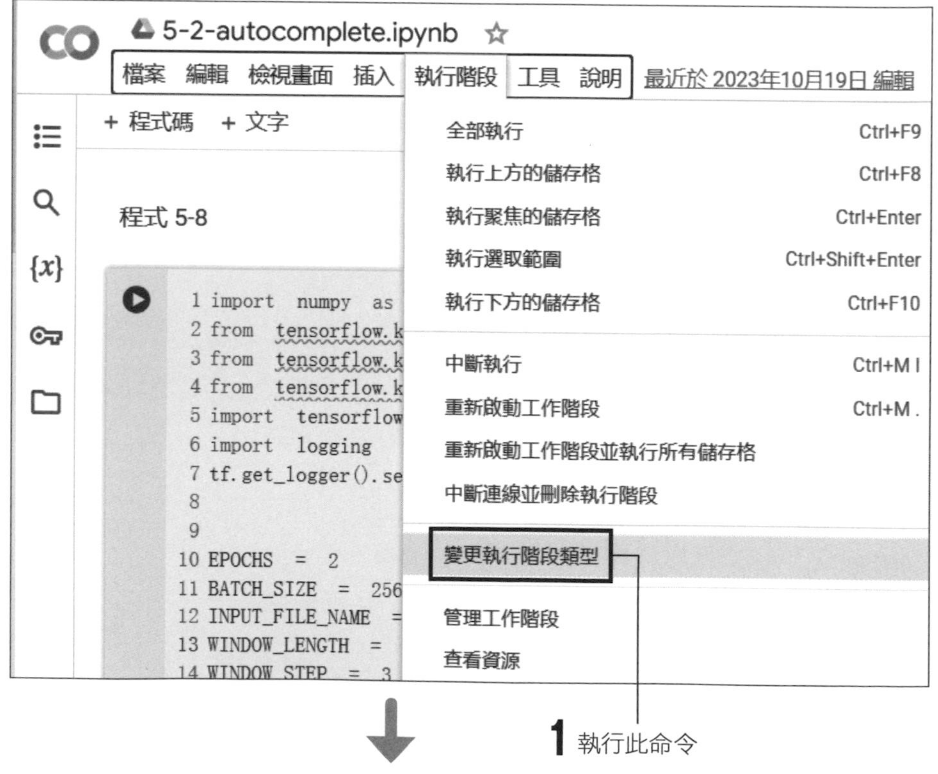

選取程式語言，目前只有 Python 3 和 R 可選

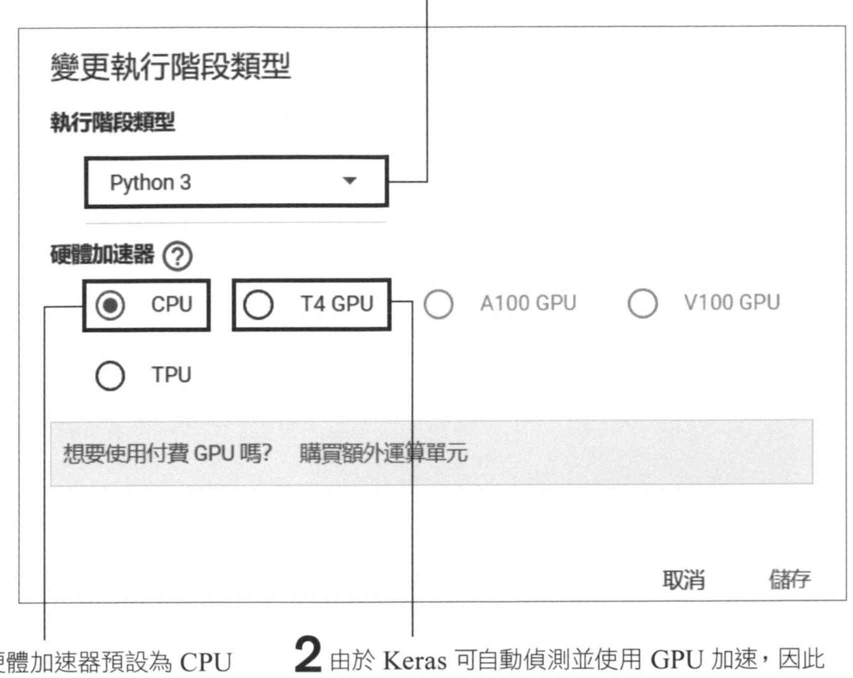

硬體加速器預設為 CPU

2 由於 Keras 可自動偵測並使用 GPU 加速，因此若要執行較耗時的 Keras 程式時，建議選擇 GPU

3 使用 GPU 後會自動重建虛擬主機

編註 GPU 就是圖形處理器，具備強大的平行運算能力。TPU 則是 Google 自行研發且效能更強的處理器。

這裡所做的設定都會儲存在目前筆記本中，因此每次開啟這個筆記本時都會套用相同設定。而其他筆記本若要使用 GPU，則必須另行設定。底下是訓練 MNIST 資料集的速度比較：

```
Epoch 1/5
 - 4s - loss: 0.2551 - acc: 0.9255
Epoch 2/5
 - 4s - loss: 0.1031 - acc: 0.9687
Epoch 3/5
 - 4s - loss: 0.0684 - acc: 0.9799
Epoch 4/5
 - 4s - loss: 0.0502 - acc: 0.9850
Epoch 5/5
 - 4s - loss: 0.0376 - acc: 0.9884
```

未加速時，每週期約 4 秒

```
Epoch 1/5
 - 2s - loss: 0.2567 - acc: 0.9250
Epoch 2/5
 - 2s - loss: 0.1033 - acc: 0.9696
Epoch 3/5
 - 2s - loss: 0.0682 - acc: 0.9794
Epoch 4/5
 - 2s - loss: 0.0492 - acc: 0.9851
Epoch 5/5
 - 2s - loss: 0.0367 - acc: 0.9892
```

使用 GPU 加速，速度快一倍

不過像以上這類較簡單的程式其實不太需要加速，效果也不顯著。底下是執行 Colab 教學文件中一支 CNN 程式的結果：

```
Time (s) to convolve 32x7x7x3 filter over random 100x100x100x3 images
CPU (s):
3.5300294259999987
GPU (s):
0.18213015399999222
GPU speedup over CPU: 19x
```

GPU 比 CPU 快了 19 倍！

最後，如果想要在程式中檢查主機是否有提供 GPU，可使用底下的程式：

▼ **程式 D-1：偵測是否有 GPU 可以使用**

```
import tensorflow as tf

gpu_name = tf.test.gpu_device_name()
if gpu_name != '/device:GPU:0':
    raise SystemError('無 GPU')  ◀── 若無 GPU 則終止程式並顯示訊息
print(f'有 GPU: {gpu_name}')
```

輸出

```
有 GPU: /device:GPU:0
```

在虛擬主機中安裝 Python 套件

Colab 的虛擬主機中已預先安裝好了許多常用的 Python 套件，包括 Tensorflow、Keras、Numpy、pandas、beautifulsoup4、... 等，我們可在代碼單元格中用！來執行 pip 程式：

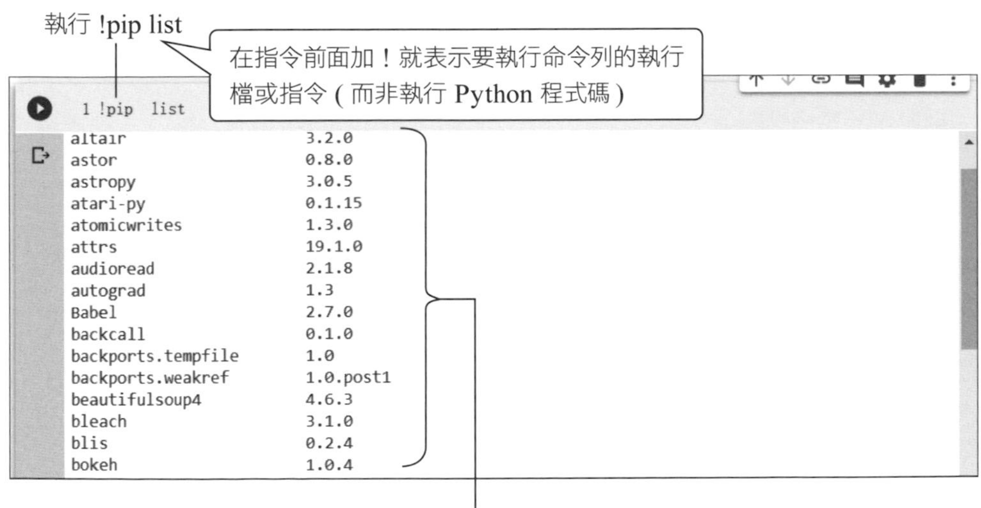

若需要使用尚未安裝的套件，則可用加 ! 的「!pip install 套件名稱」來安裝，若執行「!pip install --upgrade 套件名稱」則可將套件升級為最新版本，而執行「!pip install 套件名稱 == 版本編號」則可安裝指定的版本。不過請注意，自行安裝或更新的套件在虛擬機器關閉後即失效，因此建議將安裝指令保存在筆記本的單元格中，以方便未來重複使用。

> **編註** 如果已經執行過匯入套件的 Python 程式，然後才升級套件，那麼 Colab 會提示舊套件已載入記憶體中，必須重啟執行環境才能重新載入升級後的套件，此時請點選此訊息下方的 RESTART RUNTIME 鈕 (或功能表的『**執行階段 / 重新啟動工作階段**』)。

管理目前所開啟的虛擬主機

執行不同的筆記本即會使用不同的虛擬主機，可點選『**執行階段 / 管理工作階段**』來管理目前所有開啟的虛擬主機：

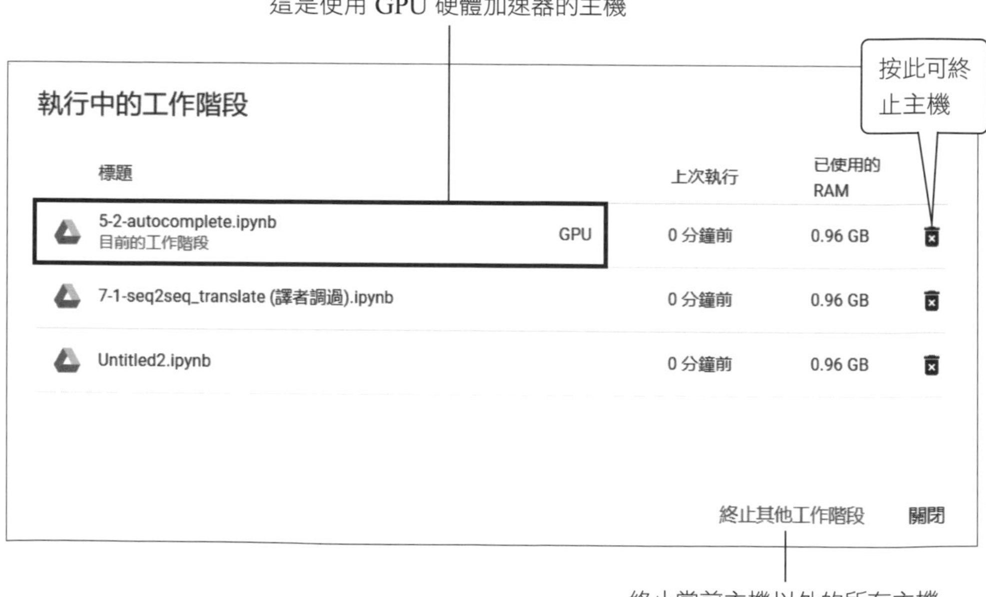

跟NVIDIA學
深度學習

跟NVIDIA學

深度學習